数据挖掘中的特征约简

陈黎飞　吴　涛　著

科 学 出 版 社
北　京

内 容 简 介

特征约简是数据挖掘的一项基础性技术，其目的在于降低数据的维度和提取数据中的重要特征或特征组合。本书系统地阐述了特征变换、特征选择的基本原理、基本过程，介绍了针对连续型、类属型等不同类型数据的过滤型、封装型及嵌入型特征约简方法。着重讨论了近年兴起的软特征选择技术，以及嵌入自动特征约简的子空间聚类、子空间分类技术，并以实例的方式给出了不同方法在文档挖掘、信息安全以及生物信息学等领域的应用。

本书可以作为数据挖掘、机器学习、模式识别理论与技术的教学、实践和应用的教科书或参考书，适合高等院校高年级本科生、研究生以及学习数据挖掘课程的学生使用，也适合相关企事业的技术人员使用。

图书在版编目 (CIP) 数据

数据挖掘中的特征约简/陈黎飞，吴涛著．—北京：科学出版社，2016

ISBN 978-7-03-049657-7

Ⅰ．①数…　Ⅱ．①陈…　②吴…　Ⅲ．①数据处理－研究　Ⅳ．①TP274

中国版本图书馆 CIP 数据核字（2016）第 201396 号

责任编辑：王　哲　邢宝钦 / 责任校对：郭瑞芝

责任印制：徐晓晨 / 封面设计：迷底书装

科 学 出 版 社 出版

北京东黄城根北街 16 号

邮政编码：100717

http://www.sciencep.com

北京凌奇印刷有限责任公司 印刷

科学出版社发行　各地新华书店经销

*

2016 年 8 月第　一　版　开本：720×1 000　1/16

2019 年 1 月第四次印刷　印张：13 1/2

字数：250 000

定价：81.00 元

（如有印装质量问题，我社负责调换）

前　言

随着“大数据”的兴起，数据挖掘研究和应用已深入人心。通过数据挖掘，人们可以在大量数据中提取出概念、规则、变化模式或规律等感兴趣的知识。近年来，信息化技术快速发展，数据挖掘需要处理和分析的数据益显复杂，表现为各式应用中描述事物属性的特征越来越繁杂，特征量也越来越庞大。作为数据归约的一项主要技术，特征约简在数据挖掘任务中的重要性也随之凸显，现已成为许多实用数据挖掘系统的一个基础构件。

特征约简也称为属性约简，在结构化数据的数据挖掘等领域还称为维度约简等，其目的是通过移除冗余特征或对原始特征的重新表示，以减少描述事物的特征数目，提取描述事物最合适的特征空间，降低各种数据挖掘方法计算代价的同时，提升数据质量，进而提高数据挖掘系统的性能。实际上，人们对特征约简的研究要早于数据挖掘。例如，早在 1970 年 10 月，美国阿贡国家实验室举行的专题研讨会（Symposium on Feature Extraction and Selection in Pattern Recognition）就已经关注图像处理、语音处理、光学字符识别及高能物理等模式识别领域中特征抽取和特征选择技术。

在早期的数据挖掘系统中，特征约简主要以一种数据预处理技术出现，它通过特征变换或特征选择将数据归约到低维空间，使得各种数据挖掘算法可以在归约后的特征空间完成挖掘任务，是应对高维数据挖掘等难题的一种有效手段。如今，特征约简已经渗透到数据挖掘过程的其他环节，事实上，一些新型数据挖掘模型和算法已将特征约简作为一个内在的组成部分；在机器学习领域，近年风生水起的表征学习（representation learning）的主要研究内容即为如何为分类等预测性挖掘任务抽取有用信息以有效表达数据。本书重点考察应用于数据挖掘系统的特征约简技术，在讨论理论知识的基础上，介绍过滤型、封装型及嵌入型特征约简的主流方法及其应用，以及聚类、分类挖掘领域近年开发的嵌入型软特征约简技术。

全书由 3 部分构成，共 6 章：第 1 部分包括第 1 章和第 2 章，分别介绍数据挖掘、特征约简的基础知识和主要特征约简技术；第 2 部分包括第 3 章和第 4 章，分别介绍主要的特征变换方法和特征选择方法；第 3 部分包括第 5 章和第 6 章，结合作者近年在相关领域的研究成果，分别介绍基于聚类和分类挖掘的嵌入型特征约简方法及其应用。除第 1 章和第 2 章外，后续各章具有相对独立性，方便读者根据自己的需要和时间、精力的不同情况选择使用。

福建师范大学数学与计算机科学学院人工智能实验室的研究生范宇杰编写了本书部分章节，并为内容整理等做了大量工作；杨天鹏、田健、兰天、林品乐、乔小双和李海超等同学参与了部分章节的材料整理工作；张健飞等同学提供了部分研究材料。

在写作过程中，参考了大量国内外文献资料，在此一并表示感谢。本书的顺利出版得到国家自然科学基金项目（No.61175123）的支持。

本书部分素材取自陈黎飞教授近年在特征约简尤其是嵌入型软特征选择技术领域发表的研究论文。由于水平有限，书中内容难免有不妥之处，恳请读者批评指正。

作　者

2016 年 5 月

于福建师范大学

符 号 定 义

$\mathrm{Tr}=\{(\boldsymbol{x}_1,z_1),(\boldsymbol{x}_2,z_2),\cdots,(\boldsymbol{x}_i,z_i),\cdots,(\boldsymbol{x}_N,z_N)\}$	训练数据集
$\mathrm{DB}=\{\boldsymbol{x}_1,\cdots,\boldsymbol{x}_i,\cdots,\boldsymbol{x}_N\}$	无类别标号数据集
N	样本数目
$\boldsymbol{x}_i=(x_{i1},\cdots,x_{ij},\cdots,x_{iD})^{\mathrm{T}}$	第 $i(i=1,2,\cdots,N)$ 个样本（列向量）
D	样本的属性/特征数目
D'	约简属性/特征数目
$\boldsymbol{x},\boldsymbol{y}$	数据集中的任意样本
$\boldsymbol{x}',\boldsymbol{y}'$	样本在约简特征空间的投影
z	类别标号或预测属性
A_j	第 j 个属性
$\mathcal{A}$	属性的集合
x_j 或 x_d	样本 $\boldsymbol{x}$ 的第 j 或第 d 维属性 $(j,d=1,2,\cdots,D)$
O_d	第 d 个离散型属性取值的集合
$\lvert O_d\rvert$	O_d 包含的符号数目
$o\in O_d$	O_d 中的任一符号（离散值）
K	类（簇）数目
c_k	第 k 个类 $(k=1,2,\cdots,K)$
$\lvert c_k\rvert$	c_k 包含的样本数目
$\boldsymbol{v}_k=(v_{k1},\cdots,v_{kj},\cdots,v_{kD})^{\mathrm{T}}$	第 k 个类的中心向量
$\boldsymbol{w}_k=(w_{k1},\cdots,w_{kj},\cdots,w_{kD})^{\mathrm{T}}$	类 k 的特征权重向量
u_{ki}	样本 $\boldsymbol{x}_i$ 相对于 c_k 的隶属度
X,Y	随机变量（自变量）
Z	随机变量（因变量）
$\boldsymbol{A},\boldsymbol{B},\boldsymbol{E},\boldsymbol{H},\boldsymbol{S},\boldsymbol{U},\boldsymbol{V},\boldsymbol{W}$	矩阵
κ	核函数（数值型数据）
ℓ	核函数（类属型数据）

目 录

第 1 章 概　　论

1.1 数据挖掘基础

Internet 的出现和通信技术的迅猛发展使得各种信息以指数级增长，受益于数据库等技术的进步，收集和保存各种类型的数据变得越来越容易。面对海量的数据，人们已不再满足于简单数据查询或统计，更为需要的是从大量数据资源中挖掘出对各类决策有指导意义的概念、规则、模式或规律等知识。面对数据极其丰富而信息或知识相对贫乏的现象，数据挖掘（Data Mining，DM）这一现代数据分析和处理技术应运而生，以从大量数据中提取隐含的、事先未知的，并且潜在有用的知识，已引起学术界和工业界的广泛关注[1-4]，也是当前数据库和信息决策领域的一个前沿研究方向。

一般认为，数据挖掘的概念最早是由美国计算机协会（Association for Computing Machinery，ACM）在 1995 年年会上提出。此前，1989 年第 11 届国际联合人工智能学术会议提出了一个更为广泛的概念——数据库的知识发现（Knowledge Discovery in Database，KDD）[1-3]。KDD 过程包括目标数据选择、数据预处理、数据转换，进行数据挖掘和解释并评价发现的知识等阶段。可以认为，数据挖掘是数据库中知识发现过程的一个基本的、最重要的步骤，因为它是从存放在数据库、数据仓库或其他数据源中的大量数据中挖掘隐藏的模式，包括数学方程、规则、聚类、图、树结构以及用时间序列表示的循环模式等。历史上，数据挖掘也被称为“数据打捞”、“数据探查”和“数据垂钓”等。

一个典型的数据挖掘系统结构如图 1.1 所示。其中的数据挖掘引擎根据指定的挖掘任务结合模式评估模块从数据中挖掘有趣的模式，图形用户界面则提供用户和数据挖掘系统间的通信与交互；知识库中存放领域知识，用于指导数据挖掘引擎或评估结果模式的有趣度等。数据挖掘引擎是系统的基本组成部分，按照挖掘结果模式的不同，可完成描述性和预测性两大数据挖掘任务。描述性数据挖掘提供数据内在特性的描述，预测性挖掘通过历史数据的分析和推理，对未来的行为进行预测。具体来说，数据挖掘任务可分为概念描述、关联分析、聚类分析、分类、异常分析和演化分析等。

数据挖掘是一门有较强应用背景的学科，从某种意义上说，正是实际应用的需要推动了数据挖掘的产生和发展。商业智能（Business Intellegence，BI）就是其中一个典型的应用。商业智能由 Gartner Group 于 1996 年提出，定义为一类由数据仓库或数据集市、报表查询、数据分析、数据挖掘等部分组成的，以帮助企业决策为目的的技术及其应用。数据挖掘是实现商业智能的一项关键技术，它把先进的信息技术应用到整个企业，不仅为企业提供信息获取能力，而且通过对信息的开发将其转变为企业的竞争优势。

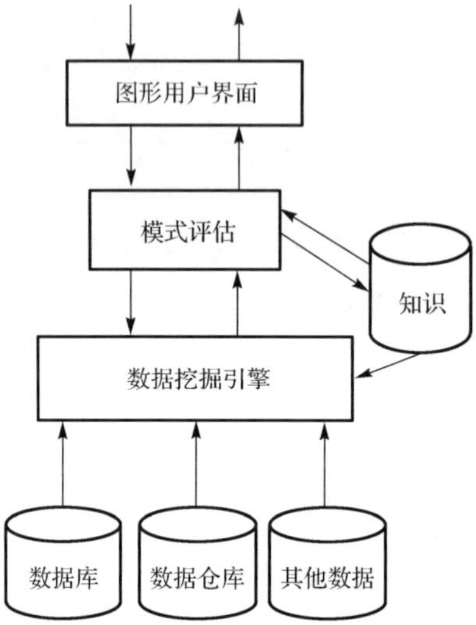

图 1.1 数据挖掘系统结构

1.2 数据挖掘模型

数据挖掘涉及许多学科，涵盖统计学、机器学习、人工智能、数据库技术、数据可视化技术和高性能计算等，是数据库系统、数据库应用以及高级数据处理和分析领域中一项欣欣向荣的科技前沿。对数据挖掘过程模型的研究很多，也已出现多种过程模型，如 SEMMA（Sample Explore Modify Model Assess）过程模型、CRISP-DM（Cross-Industry Process for Data Mining）过程模型、KDD Process 模型等。

图 1.2 显示了 CRISP-DM 过程模型[5]，即跨行业数据挖掘过程标准模型，是数据挖掘业界通用的标准之一，获得了人们的广泛认同。它为一个数据挖掘项目提供了一个完整的过程描述，并从数据挖掘技术的应用角度将一个数据挖掘项目分为 6 个不同的、但顺序并非完全不变的阶段，包括商业理解（business understanding）、数据理解（data understanding）、数据准备（data preparation）、模型构建（modeling）、模型评估（evaluation）和模型发布（deployment）。CRISP-DM 过程模型实施一个数据挖掘项目时，各阶段需开展的工作汇总在表 1.1 中，分述如下。

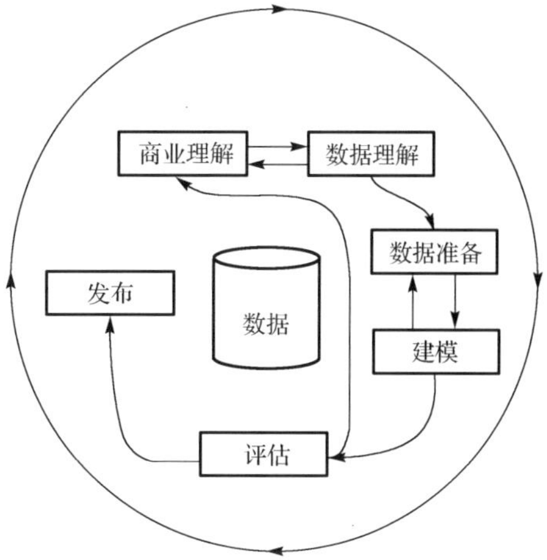

图 1.2　CRISP-DM 过程模型

表 1.1　CRISP-DM 各阶段任务

商业理解	数据理解	数据准备	模型构建	模型评估	模型发布
确定商业目标	收集初始数据	数据选择	选择模型技术	结果评估	模型发布
评估形势	数据描述	数据清洗	生成、测试设计	过程回顾	监控和维护设计
确定挖掘任务	观察数据	数据构造	模型创建	下一步计划	生成最终报告
项目实施计划	确认数据质量	集成数据	评估模型		任务回顾
		数据格式化			

（1）商业理解：这一初始阶段主要从商业角度理解项目目标及需求，并转化为数据挖掘的问题定义，制定达成目标的初步计划。

（2）数据理解：此阶段从数据采集工作开始，并进行诸如熟悉数据、探测数据（以发现其中有趣的数据子集等）、描述数据、检验数据质量等工作。

（3）数据准备：数据准备阶段涵盖了从原始数据中构建最终数据集的全部工作。根据实际情况，此阶段工作有可能反复进行。

（4）模型构建：在实际应用中，对同一个数据挖掘问题，可能存在多种方法供选择。因此，在这个阶段，需要选择和使用不同类型的数据挖掘模型、方法，同时校准模型参数为最优的值。另外，一些模型方法可能对数据格式、数据类型、数据质量有特别的要求，为构建这些模型，有时需要重新回到数据准备阶段执行某些任务。

（5）模型评估：从数据分析的角度看，高质量的模型已经在这一阶段之前构建完成。但为确保所建立的模型确实达到了预期目标，有必要在模型发布前回顾构建模型过程所执行的每一个环节并对模型进行评估。

（6）模型发布：将模型发现的结果以及数据挖掘过程以某种方式组织成可视化的形式（如文本形式），便于用户查看。

在模型构建阶段，当前已有许多模型方法可供选择，比较有代表性的方法包括分类分析、聚类分析、关联分析和回归分析等，分别需要建立分类模型、聚类模型、关联分析模型和回归分析模型，再使用相应的机器学习算法进行分析。根据机器学习算法是否利用和如何利用数据集中样本的类别标号信息，又可以分为监督学习（supervised learning）、半监督学习（semi-supervised learning）和无监督学习（unsupervised learning）等类型。其中，监督学习算法利用样本的类别信息来指导学习过程，无监督学习算法使用的数据均是未标记类别的，而半监督学习主要考虑如何同时利用大量没有类别标记的数据和少量已标记类别的数据进行学习。下面简要介绍这些数据挖掘模型以及它们的基本功能。

1.2.1 分类分析

分类（classification）是一种典型的有监督学习方法，它依据数据特征将数据对象分配到不同的类别，在实际应用中具有重要意义。例如，在银行客户信用评价中，要将客户分为“可信”和“不可信”等类别时，通过分析各类别客户的特征以及特征与类别之间的关系，以发现决定它们分类的关键特征和分类规则，从而预测新客户属于哪种类别，对是否授予客户信用额度等提供辅助决策支持；电商平台将用户在某一段时期内的购买或网页浏览记录划分为不同的类别，在此基础上根据这些分类情况向用户推荐他们可能感兴趣的商品，从而增加平台的销售量等。分类分析主要用于预测数据对象的（离散型）类别。

给定训练数据集 $\mathrm{Tr}=\{(\boldsymbol{x}_1,z_1),(\boldsymbol{x}_2,z_2),\cdots,(\boldsymbol{x}_i,z_i),\cdots,(\boldsymbol{x}_N,z_N)\}$，其中记号 $\boldsymbol{x}_i$ 表示第 i 个训练样本，$z_i\in\{1,2,\cdots,K\}$ 表示 $\boldsymbol{x}_i$ 的类别标号，$K(K>1)$ 是类别数目。设 $\boldsymbol{x}$ 表示任意一个样本，z 是 $\boldsymbol{x}$ 的类别标号，分类问题就是从 Tr 构造一种映射关系 $f:\boldsymbol{x}\to z$。给定一个未知类别的测试样本 $\boldsymbol{x}_t$ 时，可以使用 f 确定的映射关系赋予 $\boldsymbol{x}_t$ 的类别标号 z_t。这样的 f 就称为分类模型或分类函数。

机器学习、专家系统、统计学、生物计算等领域的专家提出了为数众多的分类模型和相应的分类器（classifier），总体而言，可以分为两种类型：“懒（lazy）”型分类器及与之对应的“急切（eager）”型分类器。前者以 k-近邻（k-NN）分类器为代表，它们在训练阶段并未显式地建立分类模型，而在预测阶段使用训练样本实施分类；后者则在训练阶段使用训练样本构造各式分类模型，在预测阶段使用分类模型对新样本进行分类，典型的方法包括贝叶斯分类、决策树、基于规则的方法、神经网络、遗传算法分类等，也有若干介于二者之间的分类方法，通常称为“半懒（semi-lazy）”型方法。一些常用的分类方法参见 6.1 节。

需要注意的是，各式分类器的性能与数据的特性密切相关。例如，有些数据包含较多的噪声，有些数据存在缺失值（missing values）问题，有些数据分布较为稀疏，有些数据的特征间存在显著相关性，而有些数据混合了数值型、类属型等属性。因此，一般认为，不存在适合于所有特性数据的分类方法。在实际应用中，需要根据数据的不同特点并结合应用背景来选择合适的分类方法。

1.2.2 聚类分析

“物以类聚”，聚类是现实世界中普遍存在的现象。数据聚类（data clustering）是根据数据内在的统计特性，发现其中未知的对象类。直观地说，聚类是一种对具有共同趋势和模式的数据对象进行分组的方法，它将数据对象分组成为多个类或簇（cluster），在一个簇中的对象之间具有较高的以某种度量为标准的相似度，而不同簇中的对象差异较大。通过聚类，人们能够识别密集的和稀疏的区域，发现全局的分布模式，以及数据属性之间有趣的相互关系。

给定数据集 $\mathrm{DB}=\{\boldsymbol{x}_1,\boldsymbol{x}_2,\cdots,\boldsymbol{x}_N\}$，其中 $\boldsymbol{x}_i=(x_{i1},x_{i2},\cdots,x_{iD})^{\mathrm{T}}$ 表示 D 维空间的一个数据对象，N 为对象数目。给定任意两个数据点 $\boldsymbol{x}_1$ 和 $\boldsymbol{x}_2$ 间的相似性度量 $\mathrm{sim}(\boldsymbol{x}_1,\boldsymbol{x}_2)$，所谓聚类，就是依据相似性度量将 DB 划分为若干个非空数据子集的集合 $C=\{c_1,c_2,\cdots,c_K\}$ 的过程，称 $c_1,c_2,\cdots,c_K$ 为 DB 的簇或簇类，使得同一个簇中的数据对象彼此相似，而隶属于不同簇的数据对象尽可能彼此不相似。这里 K 表示簇数目，通常 $K>1$。

作为统计学的一个重要分支，聚类分析已经被广泛研究了许多年，早期研究可以追溯到 20 世纪 40 年代，在发展过程中，一些研究曾归入统计学和机器学习范畴。在统计学中，聚类一般称为“聚类分析”（cluster analysis），主要集中于基于距离的聚类分析；在机器学习中，聚类称为无监督的学习，主要体现在聚类学习的数据对象没有类别标记，需要由聚类算法自动计算。在很多应用场合，数据集中蕴涵的聚类数目也是未知的，此时要求聚类方法能够评估聚类结果的质量，进而确定数据集的最佳聚类数目，这是聚类有效性（cluster validity）研究的主要内容。

由于这种无监督特性，聚类得以在许多领域广泛应用，包括模式识别、数据分析、图像处理、市场研究等。在商业上，聚类能帮助市场分析人员从他们的消费者数据库中区分出不同的消费群体，用购买模式刻画不同的客户群体特征，以更好地销售商品和拓展市场；在生物信息学中，聚类可以用于辅助研究动、植物的类别，识别具有相似功能的基因，获得对某种群体固有结构的认识。聚类还可以用来从地理数据库中识别出具有相似土地用途的区域；用于对 Web 文档的分类，以对相似主题的文档进行自动归类等。同时，聚类作为数据挖掘中的一个模块，既可以作为一个单独的工具以发现数据分布的一些深入信息，并且概括出每一类的特点；又可以作为数据挖掘其他分析算法的预处理步骤。

近些年来，随着 KDD 技术的兴起以及应用领域的扩展和深化，聚类研究进入蓬勃发展的阶段。在这个富有挑战性的研究领域中，聚类研究工作已集中于为大型数据库的有效和实际的聚类分析寻找适当的方法，活跃的研究主题集中在聚类方法的可伸缩性、对各种类型数据的有效性以及高维数据聚类分析等[1-4]。若干新型聚类方法参见第 5 章。

1.2.3 关联分析

关联（association）分析用于发现隐藏在交易数据、关系数据或其他信息载体中有价值的数据项之间的关系。所发现的关系通常以关联规则或频繁模式的形式来表示。典型的应用案例包括购物篮分析（market basket analysis）：在商业应用中，通过对顾客购买记录的关联分析，以发现顾客的购买习惯。下面是一个众所周知的例子：某超市通过关联分析，从其交易数据库中惊奇地发现，顾客在购买啤酒的同时经常也购买尿布（这种独特的销售现象出现在年轻的父亲身上）；于是，超市调整货架布局，将啤酒和尿布放在一起以增进销量。由此可见，从大型数据集中发现关联规则，对于改进部分商业活动的决策具有非常重要的作用。

关联规则可以使用表达式$\mathrm{IS}_L \to \mathrm{IS}_R$来形式化，其中$\mathrm{IS}_L$和$\mathrm{IS}_R$是两个不相交的项集，即$\mathrm{IS}_L \cap \mathrm{IS}_R = \varnothing$。关联规则的强度一般使用支持度（support）和置信度（confidence）来度量。支持度确定了规则在给定数据集中的频繁程度，而置信度则确定了IS_R在包含IS_L的事务中出现的频繁程度。支持度和置信度的计算方式分别为

$$\mathrm{Support}(\mathrm{IS}_L \to \mathrm{IS}_R) = \Pr[\mathrm{IS}_L \cup \mathrm{IS}_R] \tag{1.1}$$

$$\mathrm{Confidence}(\mathrm{IS}_L \to \mathrm{IS}_R) = \frac{\mathrm{Support}(\mathrm{IS}_L \cup \mathrm{IS}_R)}{\mathrm{Support}(\mathrm{IS}_L)} \tag{1.2}$$

式（1.1）和式（1.2）表明规则$\mathrm{IS}_L \to \mathrm{IS}_R$的置信度容易从$\mathrm{IS}_L$和$\mathrm{IS}_L \cup \mathrm{IS}_R$的支持度计算出来，即当我们知道$\mathrm{IS}_L$、$\mathrm{IS}_R$和$\mathrm{IS}_L \cup \mathrm{IS}_R$的计数，就很容易导出对应的关联规则$\mathrm{IS}_L \to \mathrm{IS}_R$或$\mathrm{IS}_R \to \mathrm{IS}_L$。这种规则在数据库中是常见的，而人们通常只对满足一定条件（如具有较大的支持度和置信度）的关联规则感兴趣。因此，为发现有价值的关联规则，需事先给定最小支持度和最小置信度两个阈值，前者表示一组商品（项）集在统计意义上需满足的最低程度，后者反映了关联规则的最低可靠度。满足上述条件的规则被称为强关联规则。在算法层面，挖掘强关联规则的问题可以首先归结为频繁项集的挖掘问题，通常包括以下两个步骤。

（1）找出所有的频繁项集：根据定义，这些项集在交易数据出现的频率至少与预定义的最小支持度阈值一样。

（2）由频繁项集产生强关联规则：根据定义，这些规则必须同时满足最小置信度条件。

上述关联分析思想还可用于序列模式挖掘。例如，顾客在购买商品时，除了具有上述关联规律外，还可能存在时间上或序列上的规律。一个典型的应用场景如下：顾客购买了某些商品之后，在下次采购时会购买与这些商品有关的另一些商品。

1.2.4 回归分析

回归分析是一种古老且影响深远的数量分析方法，最早由高尔顿在生物统计研究

中提出。其主要目的是研究目标变量（因变量）与影响它的若干相关变量（自变量）之间的关系，通过拟合类似 $Z=\beta_0+\beta_1X_1+\beta_2X_2+\cdots+\beta_DX_D$ 的关系式来揭示变量之间的关系。关系式中的待定系数 $\beta_0,\beta_1,\beta_2,\cdots,\beta_D$ 通过最小二乘法等从训练数据中学习得到，一旦确定了这些系数，对于一组新的 $X_1,X_2,\cdots,X_D$ 的值，基于关系式就可以预测未知的 Z 值。因此，回归分析通常用于预测分析、时间序列模型以及发现变量之间的联系。

根据涉及自变量数目的多少，回归分析可以分为一元回归分析和多元回归分析。仅考虑两个变量（一个自变量、一个因变量）间相关关系的分析通常称为一元回归分析，而含有两个或两个以上自变量的回归分析称为多元回归分析。根据因变量和自变量之间内在关系的不同，又可分为线性回归和非线性回归分析。上述的关系式 $Z=\beta_0+\beta_1X_1+\beta_2X_2+\cdots+\beta_DX_D$ 用于线性回归分析。

回归和 1.2.1 节所述的分类一样，都是用于预测未来数据的模型，区别之处在于，分类用于预测对象的离散型类别，回归则用于预测对象的连续或者有序取值。换句话说，分类主要用于定性预测，例如，基于历史股票交易数据建立分类模型，预测未来股市是“涨”还是“跌”（这里，“涨”和“跌”是两个离散型类别标号）；而回归主要用于定量预测，在上例中，对应于建立回归模型预测未来股市涨跌的幅度（这里的幅度是量化的数值）。

1.3　维灾问题

1.3.1　数据挖掘中的特征

现有的数据挖掘模型大多面向结构化数据，即可以用矩阵表示的关系数据。一些例子见 1.5 节。矩阵的每个行表示一个数据对象（data object），根据上下文有时也称为数据样本（sample）、实例（instance）等；矩阵的每个列为描述数据对象的属性（attribute），也称为特征（feature）、变量（variable）等。数据属性的作用是有差异的，特别在分类分析或回归分析中，需要至少包含一个“类”属性，它是分类或回归方法预测的目标属性。具有 D 个属性的数据对象可以看作 D 维空间的数据点（data point），这里，每个属性就是组成空间的一个特征，每个特征即为空间的一个维（dimension），因此我们也可以将数据对象看作该空间中的 D 维向量（vector）。

包括 1.2 节所述四大模型在内的多数数据挖掘模型都是以这样的矩阵数据为基础。例如，在决策树分类中，从一个数据集（子集）构造一颗决策树（子树）的关键步骤便是从数据矩阵中选择一个重要的列为分割属性；在聚类中，常基于欧几里得距离定义样本间的相似性，而距离函数的计算依据是两个对象属性间的差异；关联分析涉及的事务数据可以看作矩阵数据的一种紧凑表示，其中矩阵的每个行表示一笔交易，每个列对应一个项，交易包含的项对应的属性取值 1，未包含的取值 0，如此构成了一个稀疏矩阵。在文本挖掘中，这种表示称为向量空间模型（Vector Space Model，VSM）；在回归分析中，主要任务就是分析因变量（目标属性）与其他属性之间的关系，因此其处理的数据也可以用矩阵来表示。

当前，在数据挖掘的许多应用领域，数据正变得越来越复杂。实际上，各种类型的交易数据、文档数据、基因表达数据、网络通信数据等的特征数目（维数）可以达到成千上万。若将这些对象表示成高维属性空间的点，则客观世界中的对象可以用高维数据的集合来表示，对这种数据进行挖掘就是高维挖掘问题[1,6]。典型的高维数据如下。

1）购物篮数据

购物篮数据记录顾客的购买行为，主要用于客户关系管理[7]。考虑用一张表来记录顾客的购买行为，表中的每一行表示一次完整的交易记录，除客户的一些基本信息外，表中的列需要记录交易的时间、地点、交易方式、付款信息以及促销信息等。此外，还可以将每一种商品或服务品种看作一个列，若顾客购买了某种商品或服务，则对应的列做上标志或记录购买的数量或金额，这样购物篮数据就是一种高维的数据。

2）文档数据

各种类型的文档通常使用 VSM 表示。在文本挖掘中，一个典型的文本挖掘系统需要考虑几千个词[8]，每篇文档被表示成一个高维词向量，这里，向量的维数是词条的数目，向量元素为该篇文档中某个词条出现的频度或表示是否出现的 1/0 二元值。在实际应用中，一个文档集合涵盖的词条数量为数众多，有时甚至超过文档的数目。针对文档数据的挖掘有文本分类、文本聚类等方法[9-11]。

3）程序文件数据

程序文件数据是一种反映程序行为特征的数据，它是基于数据挖掘的计算机病毒或恶意软件检测系统的基础。例如，在 Microsoft Windows 操作系统下，可以使用程序调用的 API 函数名[12]或程序文件包含的特征字符串来描述一个程序，这样的数据通常具有几千个维度。

4）基因表达数据

基因表达数据由基因芯片实验产生，数据可以用一个矩阵来表示，矩阵的行代表一个样本，每个列对应一个基因，其数值表示该基因在样本上的表达水平。对基因表达数据的挖掘可以对未知样本进行分类、找到对某种生命现象具有相同表达水平的基因组合等[13]。基因表达数据具有很高的维度，如 ALL-AML 白血病数据[14]的数据维度高达 7129。

5）网络通信数据

网络入侵检测系统为识别网络攻击行为，需要使用许多特征来描述一次网络通信行为。例如，MIT Lincoln Labs 提供的 DARPA 通信数据[15,16]，每条数据由 41 个特征组成，若对其中的类属型属性展开成二元型属性（展开方法参见 1.5.2 节），则数据维度达 108 维。与上述的几种数据相比，通信数据的维度不算太高，但是通信数据具有海量、数据流的特点，这样的数据对基于数据挖掘的入侵检测系统也是一大挑战。

1.3.2 什么是维灾

维灾即维数灾难（the curse of dimensionality），最早由 Bellman 考虑动态优化问题时提出，指满足一定统计指标（期望与方差）的模型（精度），所需样本的数量将随着维数的增加呈指数增长（或模型复杂程度、表示长度呈指数增长）[17,18]。在数据挖掘领域，维数灾难泛指数据分析中遇到由于属性过多所引发的问题，主要表现在以下几个方面[19]。

1）稀疏性

稀疏性是随着维度增长数据对象在空间分布固有的一个特点。让我们用以下基于网格的直方图方法理解这种稀疏性：考虑一个 40 维的空间，将空间的每个维度沿中点划分成两个部分，这样可以得到 2^{40} 个单元；设样本数量为 10^6=100 万，那么有样本落入的单元数最多只有 10^6 个。注意到 $10^6/2^{40} < 10^{-6}$，这意味着在一个单元中发现样本的概率不超过 0.000001（假设样本是均匀分布的）。实际上，这是一种非常粗略的空间网格划分方法，即便如此，我们还是可以获得这样的观察：在一个 40 维的空间中，即使有 100 万个样本，其分布依然是极其稀疏的。

稀疏性特点提示我们需要谨慎地将一些概念迁移到高维空间，如全局密度的概念。通常，人们将密度定义为一个单元（单位邻域）内的样本数量，而根据上述粗略的空间单元划分方法，每个单元内的样本数目几乎为 0。因此，在高维空间中，人们更关心样本的局部密度（如某个子空间中的样本密度）而非全局密度。

2）空空间现象（empty space phenomenon）

空空间现象是维度增长到一定数量时产生的一种“奇怪”现象。下面以球体积随空间维度变化来说明这个现象。用 D（$D>1$）表示空间维度，半径为 r 的“球”（注：$D=2$ 时为二维平面的圆，$D=3$ 对应于三维空间的球，$D>3$ 时通常称为超球，这里统称为“球”）的体积用式（1.3）计算：

$$\text{Volume}(D)=\frac{\pi^{D/2}}{\Gamma(D/2+1)}r^D \tag{1.3}$$

根据式（1.3）计算若干单位球（即 $r=1$）体积如下：$\text{Volume}(3)\approx 4.18879$，$\text{Volume}(5)\approx 5.26379$，$\text{Volume}(6)\approx 5.16771$，$\text{Volume}(20)\approx 0.02581$ 和 $\text{Volume}(30)\approx 0.00002$。简单分析可知，当 $D<6$ 时，“球”体积随着维度增加而增大，但是，$D>6$ 时开始下降，$D>30$ 时，其数值已经接近 0 了。这个奇怪的现象告诉我们，用“球形”来描述高维空间（如 $D>30$）中的模式时，要谨慎使用“内部”的概念，因为此时球的“内部”可能是空的（体积接近于 0）。

3）差距趋零现象

在数据挖掘的许多模型中，通常采用闵考斯基距离（Minkowski distance）衡量样本之间的差距。考虑两个 D 维向量 $\boldsymbol{x}=(x_1,\cdots,x_j,\cdots,x_D)^{\mathrm{T}}$ 和 $\boldsymbol{y}=(y_1,\cdots,y_j,\cdots,y_D)^{\mathrm{T}}$，其闵考斯基距离为

$$\mathrm{dis}(\boldsymbol{x},\boldsymbol{y})=\left(\sum_{j=1}^{D}|x_j-y_j|^p\right)^{\frac{1}{p}} \tag{1.4}$$

式中，p 为正整数，也称为 L_p 距离函数。L_1 函数即为曼哈顿距离（Manhattan distance），L_2 对应于欧几里得距离（Euclidean distance）。所谓差距趋零现象，指在由相互独立的 D 个特征组成的空间中，由 L_p 衡量的样本间差距随着 D 的增长而趋向相同的现象，形式表示为[20]

$$\lim_{D\to\infty}\frac{\mathrm{DMAX}_D-\mathrm{DMIN}_D}{\mathrm{DMIN}_D}\to_p 0 \tag{1.5}$$

式中，DMAX_D 和 DMIN_D 分别表示任意一个样本与离它最远的和最近的样本间的差距，差距用 L_p 距离计算。这个现象使得高维空间中按 L_p 距离计算的近邻变得不稳定，有必要重新定义高维空间中的距离度量。

4）计算效率问题

随着数据维度的增长，许多算法的效率将显著下降。例如，使用 1-dependence 模型[21]时，人们要计算两两属性间的相关性，此算法相对于维度 D 的时间复杂度为 $O(D^2)$，尽管时间复杂度本身没有变化，但随 D 的增加，所需要的计算时间快速增长。此外，数据维度增加通常伴随着样本量的增长，这也对算法效率构成了压力。

受上述问题的影响，相比于低维数据，高维数据在很多方面表现出不同的特性，使得许多适用于低维数据的数据挖掘方法直接应用于高维数据时不再有效或有效性大大降低。鉴于此，高维数据处理被列为数据挖掘十大挑战性问题之一[22]。有必要研究适合于高维数据挖掘的理论和方法，这对完善数据挖掘理论以及拓展数据分析的应用都有重要意义。

2000 年，斯坦福大学统计系的 Donoho 在一次演讲中从另一个角度阐析了维度的影响：“The blessings of dimensionality”[23]，他认为，数据维度增加对数学分析是有帮助的，例如，人们可以通过引入惩罚系数 $\log D$ 更好地为线性回归模型选择恰当的变量。从这个角度说，数据维度增长也是有益处的，至少它为数据挖掘提供了更多的信息来源。但是，对于一个数据挖掘模型，这些信息并不都是有用的，事实上，当维度很高时，数据通常包含大量无用的信息（噪声等），不加甄别地利用所有信息在高维空间建立数据挖掘模型，将由于模型过于复杂而导致性能的下降。图 1.3 呈现了这种变化关系。

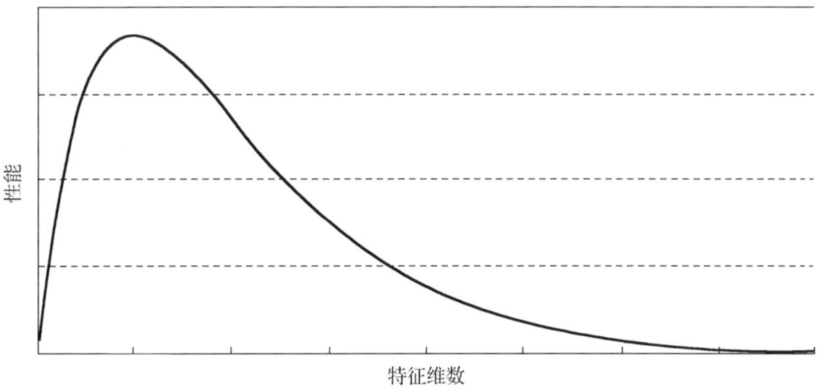

图 1.3　数据挖掘模型的性能与特征数间一种典型的变化关系

对于一定样本量的数据，图 1.3 显示，通常存在一个最大的特征数令特定数据挖掘模型取得最好的性能，当使用的特征数超过这个最大值时，可能引发“过拟合”（over-fitting）问题，导致其性能不升反降[24]。这种变化关系与集成分类领域著名的结论——“Many could be better than all”[25]——不谋而合：仅在部分相关属性上建立的模型可以具有更好的性能。这需要数据挖掘方法从给定的数据中发掘出那些有用的属性，以应对维度增长带来的挑战。

1.3.3　如何应对维灾问题

数据的高维性是现代信息分析和处理系统的主要特点之一，如上所述，也是数据挖掘研究中的一项重点问题，同时也是一项难点问题。在大规模数据空间中，维灾问题是不可避免的，无法从根本上消除，只能从方法上去克服。

发现高维数据的内在结构并将之表示在一个合适的低维空间中，是当前应对维灾问题最为有效的手段之一。此为一种降维过程，如图 1.4 所示。降维的目的是提供一个简化的属性集合，该集合能够确切、简化地表示原始数据所描述的对象。其作用不仅体现在简化数据分析过程和减小数据计算的复杂度[26]，还在于去除了数据中的噪声信息，从而提高数据分析处理的准确性及稳定性，有效克服维数灾难带来的数据分析难题。

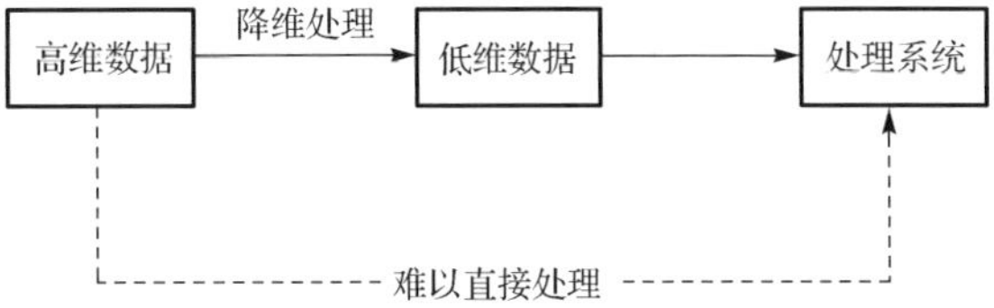

图 1.4　通过降维有效处理高维数据的原理图

从数据处理的角度看，降维技术是方便有效的，它将高维数据转化为低维数据，从而使数据更容易使用。同时，它也是一种“直接”的方法，通过降维将原高维属性归约到较低维空间，从而可以利用那些在低维空间表现良好的数据挖掘方法在归约后的空间完成数据挖掘任务，可以很大程度上扩展经典数据挖掘方法的应用范围。

另一种有效应对维灾问题的手段是类依赖（class-dependent）子空间提取。图 1.5 给出了一个例子，图中每行每列都表示一个移动用户，若某个用户携带的移动设备与另一个用户的设备有定期连接关系，则在相应的位置用点标记。目的是根据设备连接关系挖掘移动用户“朋友圈”，因此将每个列视为描述用户朋友圈关系的特征，其数目与用户数量相同，是一个维度数较高的数据。

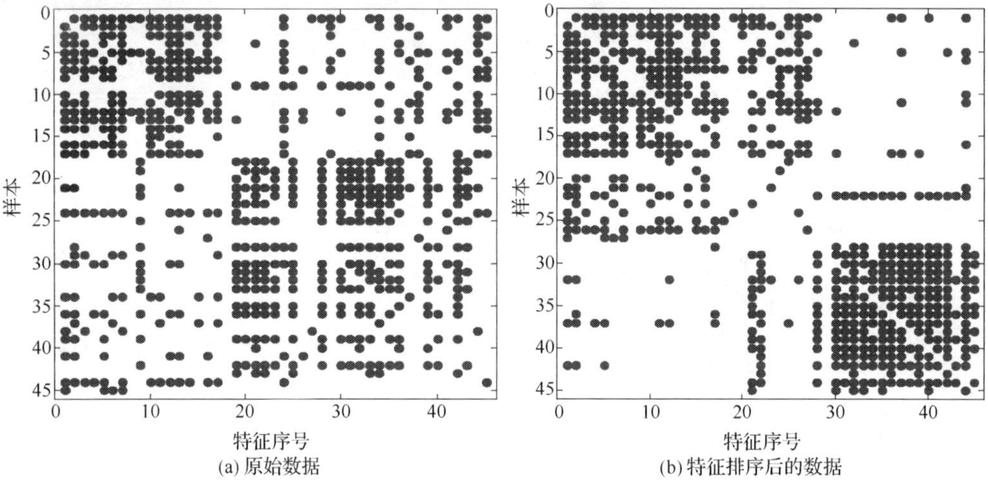

图 1.5 类依赖子空间提取方法实例

图 1.5(a)显示的原始数据并没有表现出明显的“朋友圈”迹象。但是，对列进行某种形式的排序后情况发生了变化。图 1.5(b)显示对特征排序后重新绘制的数据，从数据分布的稠密区域能够识别出两个“朋友圈”(两个样本分布较为聚集的区域，它们组成了两个类)，每个类别仅与部分特征密切相关，这些特征可以理解为是对应类别的关键特征。同时还注意到，不同类别的关键特征集合是有差异的。

如果将全体特征组成的空间称为“全空间”，那么通过区分特征对于构造类的重要性，与不同类别相关的这些重要特征就可以称为类依赖“子空间”。这种从原始特征集合提取少数特征的过程也是一种降维的过程，与图 1.4 所示降维过程不同的是，它以一种“局部”降维的方式为每个类别提取最优的、有区别的特征子集。在监督学习中，这种方法称为子空间分类，在无监督学习领域为子空间聚类。当前，子空间学习已成为应对高维数据分类或聚类问题的一种重要手段，在文本挖掘、基因微序列数据挖掘、信息安全等领域应用中表现出了传统数据挖掘方法难以实现的优点。

1.4 特征约简及其应用

1.4.1 特征约简概述

通过降维将原高维特征归约到较低维空间的过程，称为维度约简（dimensionality reduction）或特征约简（feature reduction）。其目的是通过移除冗余特征或对原始特征的重新表示，减少描述数据对象的特征数目，提取描述事物最合适的特征空间，降低各种数据挖掘方法计算代价的同时，避免过拟合现象的发生，提升数据质量，进而提高数据挖掘系统的性能。

对特征约简的研究已有数十年历史，早期代表性的工作可以追溯到 20 世纪 70 年代 Foley 等的相关研究[27]。近年来，随着“大数据”的兴起，许多应用领域的数据变得越来越庞大，为待挖掘数据对象采集的特征也越来越多，特征约简日益显现出其重要性，也涌现了不少特征约简技术。总体而言，特征约简技术可以从以下几个角度进行归类[16,28,29]。

1）特征抽取/特征选择

特征抽取（feature extraction）[30,31]从原特征集合通过线性或非线性映射抽取出新的少量的特征，特征选择（feature selection）[32,33]则从原空间中选择重要的特征子集。特征抽取方法得到的新特征通常是从多个原始特征线性或非线性变换而来的，因此，也称为特征变换（feature transformation）；经特征选择获得的每个约简后的特征总是与一个原始特征相对应，约简结果具有更好的可解释性。特征选择方法可以进一步区分为硬特征选择（hard feature selection）方法和软特征选择（soft feature selection）方法，前者的约简结果中要么包含某个原始特征，要么不包含这个特征，是一种刚性的选择；而后者的结果包含所有原始特征，但每个特征与一个称为特征权重的实数相关联，其数值大小表示该特征值保留在约简结果中的程度。从结果上看，硬特征选择方法是软特征选择方法的一个特例，即特征权重要么为 0，要么为一个大于 0 的常数。

无论采用哪种方法，用约简后的特征集合表示数据对象时，较原始数据总存在或多或少的信息损失，一种有效的特征约简方法应使得这种信息损失最小，或在维护数据内在结构和信息损失量之间进行平衡和优化。

2）局部/全局方法

局部（local）方法和全局（global）方法的差别在于参与特征约简的数据范围。局部方法为数据中的每个类（监督或无监督）分别进行特征约简，也称为局部维度约简（Local Dimensionality Reduction，LDR）。经局部特征约简，数据集中每个潜在的类都与一个“私有”的特征子集相关联。图 1.5 显示的就是局部特征约简的例子。全局方法为整个数据集进行特征约简，也称为全局维度约简（Global Dimensionality Reduction，GDR），此时，数据中的每个类将具有相同的约简特征集。

从空间变换的角度看，全局特征约简方法将全体样本投影到一个统一的子空间中，而局部方法将不同类的样本根据类的差异投影到不同的子空间中。局部方法或全局方法可以采用特征选择，也可以采用特征变换技术，仅在选择或变换的数据对象上存在区别。

3）监督/无监督方法

这是根据约简过程所采用的机器学习算法的特性对特征约简方法进行的划分。采用监督学习算法进行特征约简即为监督方法，这些算法利用了训练样本集中的数据类别标号信息，用于分类或回归分析任务，此时，特征约简在分类或回归模型的训练阶段完成。无监督特征约简基于无监督机器学习算法，通常嵌入在聚类算法中作为聚类分析的一个步骤，这样的聚类方法也称为子空间聚类（subspace clustering）；特别地，采用软特征选择方法时，称为软子空间聚类，相对应地，使用硬特征选择方法的称为硬子空间聚类。

4）线性/非线性方法

根据约简后特征与原始特征之间的映射关系，可以将特征约简方法分为线性方法和非线性方法两种类型。顾名思义，经线性特征约简获得的特征是原始特征的某种线性组合，代表性的方法包括主成分分析（Principal Component Analysis，PCA）[34,35]等，软特征选择方法通过特征加权进行软性特征约简也可以视为一种线性方法。非线性方法在非线性变换原始特征的基础上进行特征约简，包括核主成分分析（Kernel PCA，KPCA）[36,37]等，这里，每个约简特征都是原始特征经核函数变换的结果，采用非线性核函数时，这种变换就是非线性的。

需要指出的是，尽管特征约简是应对维灾问题的一种主要技术，但是特征约简方法并不仅限于高维数据处理，这是因为特征约简的主要目的是通过移除无关或冗余特征以提高数据质量，改善数据挖掘方法的性能，因此也用于较低维数据的数据挖掘任务中。例如，对于 9 维的乳腺癌（Breastcancer）数据，实验发现特征约简可以提高聚类精度。图 1.6 给出了四种聚类算法在该数据集不同特征子集上取得的聚类性能对比。

Breastcancer 数据的每个样本有 9 个特征，依次分别是：Clump thickness、Uniformity of cell size、Uniformity of cell shape、Marginal adhesion、Single epithelial cell size、Bare nuclei、Bland chromatin、Normal nucleoli 和 Mitoses，每个特征的取值均为 1～10 的一个整数，表示乳腺癌相关医学指标的不同等级（因此，既可以看作数值型，又可以看作类属型属性；关于数据类型的讨论参见 1.5 节）。采用 *K*-Means、LAC（Locally Adaptive Clustering）[38,39]、*K*-Modes 和 Attributes-weighting *K*-Modes[40]四种算法进行聚类分析，其中 LAC 和 Attributes-weighting *K*-Modes 算法是嵌入软特征选择的 *K*-Means 式和 *K*-Modes 式聚类算法，根据上述归类方式，它们采用了无监督的局部特征选择型线性特征约简方法。

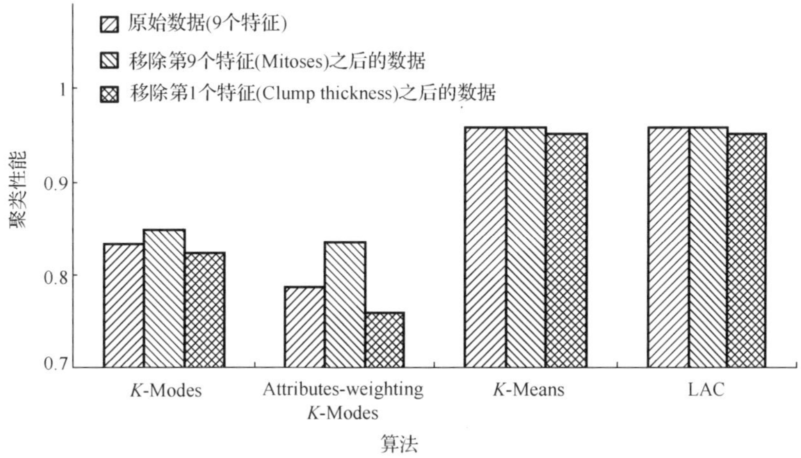

图 1.6　Breastcancer 数据不同特征子集上聚类性能的比较

如图 1.6 所示，较之于原始数据集（含全部的 9 个特征），在剔除了第 9 个特征之后的特征子集上，两种 *K*-Modes 式聚类算法的性能都得到了明显的提升，两种 *K*-Means 式算法的性能略有提高，这个结果显示了特征约简方法的好处：约简掉非重要特征可以有效提高数据挖掘方法的性能。作为对比，若约简掉第 1 个特征，则四种算法的性能下降较为明显，这表明第 1 个特征 Clump thickness 对于识别 Breastcancer 数据中的两个类别（Benign 和 Malignant）是至关重要的。

1.4.2　特征约简的应用

特征约简是数据挖掘的一项重要技术手段，它能够有效应对维数灾难问题并提高数据的质量。近年来，特征约简技术已在许多领域获得广泛应用，如文本挖掘、基因数据、入侵检测等。下面介绍特征约简技术的几个代表性应用。

1）特征约简技术在文本挖掘中的应用

如前面所述，以 VSM 表达的文档数据是一类高维数据。实施文本分类、文本聚类等文本挖掘任务时，首先要面对的问题是文档数据的高维性和稀疏性：在 VSM 中，作为最小独立语义载体和文档数据特征的词条，其数目达到成百上千甚至上万。这样的高维数据对许多数据挖掘方法而言通常是难以有效处理和分析的。因此，寻求一种有效的特征约简方法，以降低特征空间的维数，提高数据挖掘的效率和精度，是文本挖掘需要面对的首要问题之一。

2）特征约简技术在基因数据中的应用

通过对基因数据的分析可以辅助开展疾病的基因诊断、疾病预报和厘清人类生物学的奥秘等，而这些问题的解决将给人类带来极大的益处。目前，不仅是生物学方面的学者，还有众多计算机科学领域研究者都在关注这一热点领域。但是，生物学家和医学专家采集的基因数据存在着维度高、冗余大等问题，有必要对原始数据进行特征约简[41]。常用的方法是通过特征选择对基因数据进行预处理，随后使用人工神经网络（Artificial Neural Network，ANN）、聚类算法、隐马尔可夫模型算法或模拟退火优化算法等对预处理后的数据进行挖掘和分析，寻找其隐藏的规律。例如，文献[42]采用了一种基于遗传算法和 *K*-Means 聚类算法结合的特征选择算法，在特征子集评价上采用聚类错误率作为评价指标，简化了特征选择过程。该算法能够发现具有较好可分离性的特征子集，从而实现降维并提高基因数据聚类及分类的精度。

3）特征约简技术在网络入侵检测中的应用

Internet 所具有的开放性和共享性对信息的安全问题提出了严峻的挑战。由于系统安全脆弱性的客观存在，操作系统、应用软件、硬件设备等不可避免地存在一些安全漏洞，并且部分网络协议本身设计存在一些安全隐患，这些都为黑客采用非正常手段入侵系统提供了可乘之机。如何保障信息安全、防范网络入侵成为人们关心的问题。我们知道网络流数据具有较高的数据维度，选择少量的、关键的攻击特征进行入侵检测，可以有效提高入侵检测系统实时处理能力。目前已有多种特征约简方法用于入侵检测，其中特征变换方法有 PCA、NNPCA（Neural Network Principal Component Analysis）与 NLPCA（Nonlinear Principal Component Analysis）[43]等。另一类解决办法是特征选择方法，典型方法包括基于 ANN 和支持向量机（Support Vector Machine，SVM）的方法[15]、RBFNN（Radial Basis Function Neural Network）[44]等。关于这方面的具体应用，可以参考 4.3.5 节和 6.5 节的内容。

4）特征约简技术在恶意代码检测中的应用

除了传统意义上的“计算机病毒”（computer virus），恶意代码（malicious code），还包括特洛伊木马（Trojan horse）、蠕虫（worm）、后门（backdoor）以及逻辑炸弹（logic bomb）等，恶意代码的层出不穷已严重影响到计算机系统的正常运行和人们的日常生活。如何有效地防范和检测复杂多变的恶意代码已经成为信息安全领域的研究热点。目前恶意代码检测的主流方法是基于特征（signature-based）的检测，其主要思想是根据由恶意代码中提取的特征进行检测，因此，特征的描述能力是决定此类方法的检测能力和检测效率的主要因素[45]。为便于对恶意代码进行特征提取和检测，通常在鉴别之前需要采用诸如以程序调用的 API 函数为特征、以静态操作码序列为特征等程序特征表示方法来表示程序文件。事实上，不论以哪种特征形式表示，程序文件数据的特征都非常庞大。鉴于数据的高维性、稀疏性和大规模特点，有必要在恶意代码检测过程中采用特征约简方法，代表算法包括 SBMDS（String Based Malware Detection System）[46]、MSPMD（Malicious Sequential Pattern Based Malware Detection）[47]等。关于这方面的具体应用将在 4.5 节进行介绍。

1.5　关于数据类型

如 1.3.1 节所述，多数数据挖掘处理的数据集可以用数据对象构成的矩阵来表示，矩阵的行表示一个数据对象或实体，其特征用矩阵的列来描述。例如，在图书馆数据中，数据对象可以是读者、图书；在学生成绩数据库中，数据对象是学生或课程；在购物篮数据中，数据对象是顾客的每笔交易，特征是顾客购买的商品及其数量等。存储到数据库时，数据对象就是数据元组，对应于数据表的记录，字段表示对象的特征，其类型如下。

（1）数值型（numeric）：可以是整数或者实数，如学生的年龄和课程分数。

（2）类属型或分类型（categorical）：是一些离散符号，例如，表示学生性别的特征，该特征只有两种取值："男"和"女"。数据中每个样本特征的取值必是这二者之一。

（3）字符串型：可以是任意的文本，如包含在文档中字符序列。该型特征的取值也可以视为离散符号（但数目众多），因此，有时也将该字符串型特征作为一种类属型特征来看待。

（4）日期和时间型等。这是一种复杂的类型，根据应用背景，可以转换为数值型（如转换为与某个参考时间之间的差值）或类属型（将时间转换为字符串）。

许多实际应用的数据可能同时拥有上述多种类型的特征，这样的数据称为"混合型"数据。与其他数据挖掘方法一样，每种特征约简方法都有其适用范围，即只能处理某些特定类型的数据，因此，通常需要根据实际情况对数据进行类型转换操作。下面详细介绍数值型、类属型数据以及相关的数据变换操作。

1.5.1　数值型数据

数值型数据的特征用实数来表示，也称为连续型数据。一种典型的数值型数据是以 VSM 表示的文档数据，表 1.2 显示一个简单文档数据例子。在这个例子中，数据包含两个类别 c_1 和 c_2，分别由 3 篇文档组成，每篇文档由 5 个特征描述，分别是表示为 A_1, A_2, A_3, A_4 和 A_5 的词条，每个特征的取值是词条在文档中出现的次数，是大于 0 的实数，是数值型的。当然，文档也可以看作一种由 26 个字母组成的字符串序列，这种情况下应视为一种类属型数据，此表示方法较为少见，主要原因在于文本挖掘领域目前尚缺乏直接根据词条自然顺序分析出有益信息的有效方法[48]。

表 1.2　一个数值型数据的例子

文档类	文档（样本）	A_1	A_2	A_3	A_4	A_5
c_1	$\boldsymbol{x}_1$	1	2	3	0	2
	$\boldsymbol{x}_2$	2	3	1	0	2
	$\boldsymbol{x}_3$	3	0	2	0	2
c_2	$\boldsymbol{x}_4$	0	0	1	3	2
	$\boldsymbol{x}_5$	0	0	2	1	3
	$\boldsymbol{x}_6$	0	0	3	2	1

文档数据的另一种基于 VSM 表示的方法是采用二元型特征。使用这种特征类型时，对于文档中出现的词条（无论其出现了多少次），对应特征的取值为 1，否则为 0。这种数据通常也可以看作是数值型的。

数值型数据通常需要经数据变换转化或者统一为适应要求的形式，常用的变换方式包括向量长度单位化、规范化、标准化和离散化等，具体包括以下方法。

方法 1：向量长度单位化

向量长度单位化常用于文档数据的预处理，其目的是消除文档的长度差异（不同文档所包含的词条数可能差异很大），通过将所有文档向量的长度变换为 1 来达到这个目的。考虑样本 $\boldsymbol{x}=(x_1,\cdots,x_j,\cdots,x_D)^{\mathrm{T}}$，向量长度单位化之后的样本记为 $\tilde{\boldsymbol{x}}$，那么，变换的目标就是 $\|\tilde{\boldsymbol{x}}\|_2=1$，其第 j 个特征取值计算方法为

$$\tilde{x}_j=\frac{x_j}{\|\boldsymbol{x}\|_2} \tag{1.6}$$

式中，$\|\cdot\|_2$ 表示欧几里得范数。

以表 1.2 的样本 $\boldsymbol{x}_3$ 为例。这里，$\|\boldsymbol{x}_3\|_2=\sqrt{3^2+0^2+2^2+0^2+2^2}\approx 4.123$，根据式(1.6)计算 5 个特征的新值，得到 $\tilde{\boldsymbol{x}}_3=(0.728,0.000,0.485,0.000,0.485)^{\mathrm{T}}$。

方法 2：最小-最大规范化

最小-最大规范化的目的是将数据变换到固定区间[new_min, new_max]，以消除不同数值型特征数值范围上的差异。通常 new_min=0 和 new_max=1，即将数值型数据统一变换到[0, 1]区间，称为 0-1 规范化。设 $\min_j$ 和 $\max_j$ 分别为数据集第 j 个特征取值的最小值和最大值，那么用最小-最大规范化法变换样本 $\boldsymbol{x}=(x_1,\cdots,x_j,\cdots,x_D)^{\mathrm{T}}$ 的 x_j 计算为

$$\tilde{x}_j=\frac{x_j-\min_j}{\max_j-\min_j}(\text{new\_max}_j-\text{new\_min}_j)+\text{new\_min}_j \tag{1.7}$$

以表 1.2 的第 3 个特征（A_3）为例：$\min_3=1$，$\max_3=3$；进行 0-1 规范化处理，则表中样本 $\boldsymbol{x}_3$ 的特征的原始值 2 规范化为

$$\frac{2-1}{3-1}(1-0)+0=\frac{1}{3}$$

方法 3：*z*-score 标准化

z-score 标准化也称为 0 均值标准化，标准化处理之后的数值符合均值为 0、方差为 1 的正态分布。设待处理样本数为 N，第 i 个样本为 $\boldsymbol{x}_i=(x_{i1},\cdots,x_{ij},\cdots,x_{iD})^{\mathrm{T}}$，标准化之后，其第 j 个特征的值变为

$$\tilde{x}_{ij}=\frac{x_{ij}-\bar{x}_j}{\sigma_j} \tag{1.8}$$

式中

$$\bar{x}_j=\frac{1}{N}\sum_{i=1}^{N}x_{ij}\ ,\quad \sigma_j=\sqrt{\frac{1}{N-1}\sum_{i=1}^{N}(x_{ij}-\bar{x}_j)^2}$$

分别为样本均值和样本标准差。

还以表 1.2 的第 3 个特征为例。在这个特征上，$\bar{x}_3=2$，$\sigma_3\approx0.894$；那么，表中样本 $\boldsymbol{x}_4$ 的特征的原始值 1 即标准化为–1.118。

方法 4：离散化

离散化的作用就是将数据集中样本的数值型特征变换为类属型特征（准确地说，是序数型特征，见 1.5.2 节）。常用分箱法（binning method）进行离散化处理。首先确定分箱数，即确定变换出来的离散符号的数目，以及每个箱对应的数值区间，采用等宽分箱法时，每箱的数值区间的数值跨度相等；然后，将落入某箱区间的数值用该箱对应的符号来表示。例如，1.4.1 节提及的 Breastcancer 数据，其每个特征离散化后的符号依数值大小用 1～10 的整数来表示。实际应用中，需要根据应用背景确定分箱数和各箱数值区间。根据 Yang 等的建议[49]，一般情况下，可以设置分箱数为 $\sqrt{N}$，这里 N 表示待离散化样本的数目。

1.5.2　类属型数据

与数值型数据相比，类属型数据的特点是其特征的取值来自一个有限的符号集合，是离散的，因此也称为离散型数据。这种数据存在于许多实际应用领域，例如，生物信息学中的 DNA 序列数据，序列中的每个氨基酸以 4 种符号 A, T, G 和 C 编码，一个例子如表 1.3 所示。

表 1.3　由 5 个样本组成的类属型数据

样本	A_1	A_2	A_3
$\boldsymbol{x}_1$	'A'	'T'	'T'
$\boldsymbol{x}_2$	'A'	'T'	'A'
$\boldsymbol{x}_3$	'T'	'T'	'C'
$\boldsymbol{x}_4$	'T'	'T'	'G'
$\boldsymbol{x}_5$	'G'	'A'	'G'

在表 1.3 所列数据的 3 个类属型特征中，第 1 个特征 A_1 的取值集合为 O_1={'A', 'T', 'G'}，第 2 个特征 A_2 的取值集合为 O_2={'A', 'T'}，第 3 个特征 A_3 的取值集合为 O_3={'A', 'T', 'G', 'C'}。注意到这些集合中的符号间没有顺序关系，也没有“大小”差别，因此，这种类型的数据也称为名称型（nominal）数据。与之相对应的是序数型（ordinal），这种类型特征的取值也是一些离散符号，但符号之间存在“大小”关系，例如，考虑一个表示年龄的类属型特征，其取值集合为{“老年”，“中年”，“青年”，“少年”}，根据数据表示的语义，显然，“老年”>“中年”>“青年”>“少年”，此特征可以视为序数型特征。

对于类属型数据，样本“均值”和“方差”的概念是没有定义的，除非它们能够转换成数值型数据。特别地，若假设序数型符号间的差异是相同的，则这些符号可以使用一些等距的数值来表示，从而转换为数值型数据。例如，可以使用数值 4, 3, 2 和 1 分别替代“老年”，“中年”，“青年”和“少年”这四个序数型符号。名称型数据到数值型的转换则较为困难，一种简单的转换方法称为“二元化”，也就是将一个取值范围为 k 个名称型符号的特征变换为 k 个二元型特征。二元化后的表 1.3 数据见表 1.4。

表 1.4　二元化后的表 1.3 数据

样本	A_1 IS_A?	A_1 IS_T?	A_1 IS_G?	A_2 IS_T?	A_2 IS_A?	A_3 IS_A?	A_3 IS_T?	A_3 IS_G?	A_3 IS_C?
$\boldsymbol{x}_1$	1	0	0	1	0	0	1	0	0
$\boldsymbol{x}_2$	1	0	0	1	0	1	0	0	0
$\boldsymbol{x}_3$	0	1	0	1	0	0	0	0	1
$\boldsymbol{x}_4$	0	1	0	1	0	0	0	1	0
$\boldsymbol{x}_5$	0	0	1	0	1	0	0	1	0

表 1.4 所示的变换方法的一个缺陷在于，二元化将导致数据维度的大幅提高，这无形间增加了特征约简的难度，有必要发展直接处理类属型数据的数据挖掘方法。

参 考 文 献

[1] Han J, Kamber M, Pei J. Data Mining: Concepts and Techniques. Singapore: Elsevier, 2011.

[2] 牛琨, 陈俊亮. 聚类分析中若干关键技术及其在电信领域的应用研究. 北京: 北京邮电大学, 2007.

[3] 格罗思, 侯迪, 宋擒豹. 数据挖掘——构筑企业竞争优势. 西安: 西安交通大学出版社, 2001.

[4] Berkhin P. A survey of clustering data mining techniques. Grouping Multidimensional Data, 2006, 43(1): 25-71.

[5] Wirth R, Hipp J. CRISP-DM: towards a standard process model for data mining//The 4th International Conference on the Practical Applications of Knowledge Discovery and Data Mining, Manchester, 2000.

[6] Steinbach M, Ertöz L, Kumar V. The Challenges of Clustering High Dimensional Data. Berlin: Springer, 2004.

[7] Brin S, Motwani R, Silverstein C. Beyond market baskets: generalizing association rules to correlations//The 1997 ACM SIGMOD International Conference on Management of Data, Tucson, 1997.

[8] Leopold E, Kindermann J. Text categorization with support vector machines: how to represent texts in input space. Machine Learning, 2002, 46: 423-444.

[9] 陈晓云. 文本挖掘若干关键技术研究. 上海: 复旦大学, 2005.

[10] 袁军鹏, 朱东华, 李毅, 等. 文本挖掘技术研究进展. 计算机应用研究, 2006, 23(2): 1-4.

[11] 赵晖. 支持向量机分类方法及其在文本分类中的应用研究. 大连: 大连理工大学, 2005.

[12] Ye Y, Wang D, Li T, et al. IMDS: intelligent malware detection system//The 13th ACM SIGKDD International Conference on Knowledge Discovery and Data Mining, San Jose, 2007.

[13] Gordon G J, Jensen R V, Hsiao L L, et al. Translation of microarray data into clinically relevant cancer diagnostic tests using gene expression ratios in lung cancer and mesothelioma. Cancer Research, 2002, 62(17): 4963-4967.

[14] Golub T R, Slonim D K, Tamayo P, et al. Molecular classification of cancer: class discovery and class prediction by gene expression monitoring. Science, 1999, 286(5439): 531-537.

[15] Sung A H, Mukkamala S. Feature selection for intrusion detection with neural networks and support vector machines. Journal of the Transportation Research Board, 2003, 1822(2): 189-198.

[16] Dash M, Liu H. Dimensionality Reduction. Manhattan: John Wiley & Sons, 2003.

[17] 王珏, 杨剑, 李伏欣, 等. 机器学习的难题与分析//第三届机器学习及应用研讨会, 南京, 2005.

[18] Bishop C M. Pattern Recognition and Machine Learning. New York: Springer, 2006.

[19] Verleysen M. Learning high-dimensional data. Limitations and Future Trends in Neural Computation, 2003, 25(2): 141-162.

[20] Beyer K, Goldstein J, Ramakrishnan R. When is nearest neighbor meaningful//The 7th International Conference on Database Theory, Jerusalem, 1999.

[21] Sahami M. Learning limited dependence Bayesian classifiers//The 2nd International Conference on Knowledge Discovery and Data Mining, Portland, 1996.

[22] Yang Q, Wu X. 10 challenging problems in data mining research. International Journal of Information Technology and Decision Making, 2006, 5(4): 597-604.

[23] Donoho D L. High-dimensional data analysis: the curses and blessings of dimensionality//The 2000 American Mathematical Society Conference on Math Challenges of the 21st Century, Los Angeles, 2000.

[24] Kotsiantis S B. Feature selection for machine learning classification problems: a recent overview. Artificial Intelligence Review, 2011, 42(1): 157.

[25] Zhou Z H, Wu J, Tang W. Ensembling neural networks: many could be better than all. Artificial Intelligence, 2002, 137(1): 239-263.

[26] 丛蓉, 王秀坤, 刘云飞, 等. 基于变精度粗糙信息熵的特征约简算法. 控制与决策, 2009, 24(2): 297-300.

[27] Foley D H, Sammon J W. An optimal set of discriminant vectors. IEEE Transactions on Computers, 1975, 100(3): 281-289.

[28] 陈黎飞. 高维数据的聚类方法研究与应用. 厦门: 厦门大学, 2008.

[29] Chakrabarti K, Mehrotra S. Local dimensionality reduction: a new approach to indexing high dimensional spaces//The 26th International Conference on Very Large Data Bases, Cairo, 2000.

[30] Liu H, Motoda H. Feature Extraction for Knowledge Discovery and Data Mining. Boston: Kluwer Academic Publisher, 1998.

[31] Levine M D. Feature extraction: a survey. Proceedings of the IEEE, 1969, 57(8): 1391-1407.

[32] Stańczyk U, Jain L C. Feature Selection for Data and Pattern Recognition: an Introduction. Berlin: Springer, 2015.

[33] 孙鑫. 机器学习中特征选问题研究. 长春: 吉林大学, 2013.

[34] Jolliffe I. Principal Component Analysis. Manhattan: John Wiley & Sons, 2002.

[35] Yeung K Y, Ruzzo W L. Principal component analysis for clustering gene expression data. Bioinformatics, 2001, 17(9): 763-774.

[36] Schölkopf B, Smola A, Müller K R. Nonlinear component analysis as a kernel eigenvalue problem. Neural Computation, 1998, 10(5): 1299-1319.

[37] Cao L J, Chong W K. Feature extraction in support vector machine: a comparison of PCA, XPCA and ICA//The 9th International Conference on Neural Information Processing, Singapore, 2002.

[38] Domeniconi C, Papadopoulos D, Gunopulos D, et al. Subspace clustering of high dimensional data//The 4th SIAM International Conference on Data Mining, Florida, 2010.

[39] Domeniconi C, Gunopulos D, Ma S, et al. Locally adaptive metrics for clustering high dimensional data. Data Mining and Knowledge Discovery, 2007, 14(1): 63-97.

[40] Chan E, Ching W, Ng M, et al. An optimization algorithm for clustering using weighted dissimilarity measures. Pattern Recognition, 2004, 37(5): 943-952.

[41] Saeys Y, Inza I, Larrañaga P. A review of feature selection techniques in bioinformatics. Bioinformatics, 2007, 23(19): 2507-2517.

[42] 任江涛, 黄焕宇, 孙婧昊, 等. 基于遗传算法及聚类的基因表达数据特征选择. 计算机科学, 2006, 33(9): 155-156.

[43] Kuchimanchi G K, Phoha V V, Balagani K S, et al. Dimension reduction using feature extraction methods for real-time misuse detection systems//The 5th Annual IEEE SMC Information Assurance Workshop, New York, 2004.

[44] Ng W W Y, Chang R K C, Yeung D S. Dimensionality reduction for denial of service detection problems using RBFNN output sensitivity//The 2nd International Conference on Machine Learning and Cybernetics, Xi'an, 2003.

[45] 王蕊, 冯登国, 杨轶, 等. 基于语义的恶意代码行为特征提取及检测方法. 软件学报, 2012, 23(2): 378-393.

[46] Ye Y, Chen L, Wang D, et al. SBMDS: an interpretable string based malware detection system using SVM ensemble with bagging. Journal in Computer Virology, 2009, 5(4): 283-293.

[47] Fan Y, Ye Y, Chen L. Malicious sequential pattern mining for automatic malware detection. Expert Systems with Applications, 2016, 52: 16-25.

[48] Aggarwal C C. Data Mining: The Textbook. New York: Springer, 2015.

[49] Yang Y, Webb G I. Proportional k-interval discretization for naive-Bayes classifiers//The 12th European Conference on Machine Learning, Freiburg, 2001.

第 2 章 特征约简技术

2.1 理论基础

给定一个包含 D 个原始特征的数据集，特征约简的目的是获取 D' 个特征以优化某个评价准则 J，这里 $D' < D$，评价准则 J 与采用的约简技术有关。在展开讨论具体的特征约简技术之前，我们首先关注一些基本问题，如 D' 会有多大？由于 $D' < D$，特征约简过程不可避免地损失部分原始数据的内在结构信息，由此产生了另一个疑问：将 D 个特征约简到 D' 个特征之后，是否可能将这种信息损失控制在适当范围内？

本节根据 J-L（Johnson-Lindenstrauss）定理[1]及 Dasgupta 等给出的简化定理[2]讨论上述问题。J-L 定理指出，将 N 个样本投影到一个 $O(\varepsilon^{-2}\ln N)$ 维随机子空间时，两两样本间的距离被扭曲的程度不会超过 $1\pm\varepsilon$（以大于 0 的概率发生）。此后，Dasgupta 等给出了投影子空间维度的一个下界，如定理 2.1 所述（因此，该定理实际上是含 Dasgupta-Gupta 界的 J-L 定理[2]）。

定理 2.1 给定 N 个样本 $\boldsymbol{x}_1,\boldsymbol{x}_2,\cdots,\boldsymbol{x}_N \in \mathcal{R}^D$，对任意的 $0<\varepsilon<1$ 及两个样本 $\boldsymbol{x}_i$ 和 $\boldsymbol{x}_t$，存在映射 $\boldsymbol{\Phi}:\mathcal{R}^D \to \mathcal{R}^{D'}$ 满足

$$D' \geqslant \frac{24}{3\varepsilon^2 - 2\varepsilon^3}\ln N \tag{2.1}$$

使得

$$(1-\varepsilon)\|\boldsymbol{x}_i - \boldsymbol{x}_t\|_2^2 \leqslant \|\boldsymbol{\Phi}(\boldsymbol{x}_i) - \boldsymbol{\Phi}(\boldsymbol{x}_t)\|_2^2 \leqslant (1+\varepsilon)\|\boldsymbol{x}_i - \boldsymbol{x}_t\|_2^2$$

式中，$\|\cdot\|_2$ 表示向量的 L_2 距离。

设 $\boldsymbol{x}$ 为一个从 D 维单位球面随机抽取的样本，将其投影到一个随机抽取的 D' 维子空间（$D' < D$），记投影之后样本为 $\boldsymbol{x}'$，$l = \|\boldsymbol{x}'\|_2^2$ 为向量的平方长度；那么，l 的数学期望为 $\mu = E\{l\} = D'/D$。对于实数 α 和 β 有以下结论（推导过程参见文献[2]）：

$$\forall \alpha > 1: \Pr[l \geqslant \alpha\mu] \leqslant \mathrm{e}^{\frac{D'}{2}(1-\alpha+\ln\alpha)} \tag{2.2}$$

$$\forall 0 < \beta < 1: \Pr[l \leqslant \beta\mu] \leqslant \mathrm{e}^{\frac{D'}{2}(1-\beta+\ln\beta)} \tag{2.3}$$

式中，$\Pr[\cdot]$ 表示事件的概率。令 $\alpha = 1+\varepsilon$，根据式（2.1）、式（2.2）和不等式 $\forall \xi \geqslant 0: \ln(1+\xi) \leqslant \xi - \xi^2/2 + \xi^3/3$，有

$$\Pr[l \geqslant (1+\varepsilon)\mu] \leqslant \mathrm{e}^{\frac{D'}{2}(1-(1+\varepsilon)+\ln(1+\varepsilon))}$$
$$\leqslant \mathrm{e}^{\frac{D'}{2}(-\varepsilon+(\varepsilon-\varepsilon^2/2+\varepsilon^3/3))} = \mathrm{e}^{-\frac{D'}{2}(\varepsilon^2/2-\varepsilon^3/3)}$$
$$\leqslant \mathrm{e}^{-2\ln N} = \frac{1}{N^2}$$

同理，令$\beta=1-\varepsilon$，根据式（2.1）、式（2.3）和不等式$\forall 0\leqslant\xi<1:\ln(1-\xi)\leqslant-\xi-\xi^2/2$，有

$$\Pr[l \leqslant (1-\varepsilon)\mu] \leqslant \mathrm{e}^{\frac{D'}{2}(1-(1-\varepsilon)+\ln(1-\varepsilon))}$$
$$\leqslant \mathrm{e}^{\frac{D'}{2}(\varepsilon-(\varepsilon+\varepsilon^2/2))} = \mathrm{e}^{-\frac{D'}{4}\varepsilon^2}$$
$$< \mathrm{e}^{-2\ln N} = \frac{1}{N^2}$$

现在考虑任意两个样本$\boldsymbol{x}_i$及$\boldsymbol{x}_t$和映射函数$\Phi(\boldsymbol{x}_i)=\boldsymbol{x}_i'\sqrt{D/D'}$及$\Phi(\boldsymbol{x}_t)=\boldsymbol{x}_t'\sqrt{D/D'}$，其中$\boldsymbol{x}_i'$和$\boldsymbol{x}_t'$分别是$\boldsymbol{x}_i$和$\boldsymbol{x}_t$在$D'$维子空间的投影。令$l=\|\boldsymbol{x}_i'-\boldsymbol{x}_t'\|_2^2$，则$\mu=\|\boldsymbol{x}_i-\boldsymbol{x}_t\|_2^2 D'/D$，代入映射函数表达式，可得$l/\mu=\|f(\boldsymbol{x}_i)-f(\boldsymbol{x}_t)\|_2^2/\|\boldsymbol{x}_i-\boldsymbol{x}_t\|_2^2$。这样，上面两个不等式分别变为

$$\Pr\left[\frac{\|\Phi(\boldsymbol{x}_i)-\Phi(\boldsymbol{x}_t)\|_2^2}{\|\boldsymbol{x}_i-\boldsymbol{x}_t\|_2^2} \geqslant 1+\varepsilon\right] \leqslant \frac{1}{N^2}$$

和

$$\Pr\left[\frac{\|\Phi(\boldsymbol{x}_i)-\Phi(\boldsymbol{x}_t)\|_2^2}{\|\boldsymbol{x}_i-\boldsymbol{x}_t\|_2^2} \leqslant 1-\varepsilon\right] \leqslant \frac{1}{N^2}$$

注意到$\|\Phi(\boldsymbol{x}_i)-\Phi(\boldsymbol{x}_t)\|_2^2/\|\boldsymbol{x}_i-\boldsymbol{x}_t\|_2^2$衡量了样本间距离由映射（从$D$维空间到$D'$维子空间的投影）$f$导致的扭曲程度。根据以上推导，扭曲程度未落在$[1-\varepsilon,1+\varepsilon]$区间的概率不超过$\frac{2}{N^2}$；考虑所有组合，整个数据集因投影产生较大扭曲的概率将不超过$\binom{N}{2}\times\frac{2}{N^2}=1-\frac{1}{N}$。作为一个推论，$f$以（大于等于）概率$\frac{1}{N}$具备定理 2.1 所述性质。

根据定理 2.1 和上述推导可知，任意 N 个数据点可以通过线性变换等投影到$D'\sim O(\ln N)$维的空间中，并控制样本间距离的扭曲在一定范围内。需要说明的是，定理结论是建立在“朴素”假设基础上的，即数据集的特征是相互独立的，而特征约简技术面对的数据，其特征间存在或多或少的相关性，尤其对于高维数据，通常存在大量的冗余特征。因此，在实际应用中，这样的D'通常远小于数据的原始维度D[3]。

J-L 定理有很多应用，其中之一是随机投影（Random Projection，RP）。RP 最早

由 Kaski[4]提出，用于高维数据的特征约简。基本思想是，使用一个随机的变换矩阵（矩阵每个列向量具有单位长度）将原始数据投影到低维空间，达到特征约简目的。Dasgupta[5]给出了以下两个关于 RP 的结论。

（1）从 D 个高斯混合分布生成的数据可以投影到仅有 $O(\ln D)$维的子空间中，并能将数据集潜在类的类间分离度保持在适当的水平。

（2）尽管类在原始空间中可能具有复杂的形状（严重偏离球形），进行这种投影后，类的形状可以接近于球形。

结论（1）暗示高维数据的数据维度可以被大幅约简。结论（2）很重要，因为原始高维空间中的类通常被设想为具有非常复杂的形状，这对常用的数据挖掘算法，如 *K*-Means 算法，是一个挑战。这个结论表明将数据投影到一个合适的低维子空间后，数据集中潜在类可以容易地使用高斯混合分布等常见的统计模型加以描述。

2.2 主要技术

给定 D 维数据集 $\mathrm{DB}=\{\boldsymbol{x}_1,\boldsymbol{x}_2,\cdots,\boldsymbol{x}_N\}$，$\boldsymbol{x}$ 表示任一样本（D 维列向量），$\boldsymbol{x}'$ 为其在 D' 维空间的投影，$D<D'$，那么特征约简就是寻找映射函数 $\boldsymbol{x}'=\Phi(\boldsymbol{x})$ 并优化特定评价准则 J 的过程。如 1.4.1 节所述，特征约简技术可以从多个角度归类，但本节将主要根据特征约简的结果，即约简之后的特征较之于原始特征是否发生了变化，来阐述文献中的主要约简技术。实际上，其他归类角度，如线性/非线性以及全局/局部约简，是从映射函数 $\boldsymbol{x}'=\Phi(\boldsymbol{x})$ 角度进行的归类；而监督/非监督约简方法的差异体现在准则 J 的优化过程中。若构成 D' 维子空间的特征是原始特征的子集，则其约简过程事实上是施加了特征选择，否则，为特征变换。

特征选择或线性特征变换所要寻找的映射函数可以表示为

$$\boldsymbol{x}'=\Phi(\boldsymbol{x})=\boldsymbol{\omega}\cdot\boldsymbol{x} \tag{2.4}$$

式中

$$\boldsymbol{\omega}=\begin{bmatrix}\omega_{11} & \omega_{12} & \cdots & \omega_{1D}\\ \omega_{21} & \omega_{22} & \cdots & \omega_{2D}\\ \vdots & \vdots & & \vdots\\ \omega_{D1} & \omega_{D2} & \cdots & \omega_{DD}\end{bmatrix}$$

称为投影矩阵。若 $\boldsymbol{\omega}$ 与 $\boldsymbol{x}$ 无关，则映射是全局的；若 $\boldsymbol{\omega}$ 依赖于 $\boldsymbol{x}$ 的类别，则是局部映射（类依赖映射）。线性特征选择和特征变换的差异也在于 $\boldsymbol{\omega}$ 的定义。

相较之下，非线性特征变换的映射函数显得复杂，很多情况下，甚至无法给出显式的函数形式。但我们可以通过投影到非线性新空间后两两样本之间的相似度，来间接地刻画这种隐含的映射关系。对于数值型数据，样本 $\boldsymbol{x}_i$ 与 $\boldsymbol{x}_t$ 间的相似度可以用向量点积 $\langle\boldsymbol{x}_i,\boldsymbol{x}_t\rangle$ 计算，它们在非线性新空间的投影 $\boldsymbol{x}_i'$ 和 $\boldsymbol{x}_t'$ 间的相似度为

$$\begin{aligned}\langle \boldsymbol{x}_i', \boldsymbol{x}_t' \rangle &= \langle \boldsymbol{\Phi}(\boldsymbol{x}_i), \boldsymbol{\Phi}(\boldsymbol{x}_t) \rangle \\ &= \boldsymbol{\Phi}(\boldsymbol{x}_i)^{\mathrm{T}} \boldsymbol{\Phi}(\boldsymbol{x}_t) \\ &= \kappa(\boldsymbol{x}_i, \boldsymbol{x}_t) \end{aligned} \tag{2.5}$$

式中，$\kappa(\cdot,\cdot)$ 称为核函数或核（kernel），是非线性特征变换产生的新空间中样本间的一种相似性度量。事实上，所要表达的非线性特征变换就隐含在核函数中。

2.2.1 特征选择

特征选择是一种线性特征约简技术，它从原始的 D 个特征选取一个特征子集。此时，投影矩阵 $\boldsymbol{\omega}$ 退化为一个对角矩阵 $\boldsymbol{\omega}_S$：

$$\boldsymbol{\omega}_S = \begin{bmatrix} \omega_{11} & 0 & \cdots & 0 \\ 0 & \omega_{22} & \cdots & 0 \\ \vdots & \vdots & & \vdots \\ 0 & 0 & \cdots & \omega_{DD} \end{bmatrix}$$

若 $\boldsymbol{\omega}_S$ 的对角元素取值 0 或 1，即 $\forall j = 1, 2, \cdots, D : \omega_{jj} \in \{0,1\}$，则该次特征选择是硬特征选择过程；否则，若 $0 < \omega_{jj} < 1$，则为软特征选择。对于硬特征选择，$D' = \mathrm{rank}(\boldsymbol{\omega}_S)$，即投影矩阵 $\boldsymbol{\omega}_S$ 的秩。

因此，特征选择的主要工作就是确定投影矩阵 $\boldsymbol{\omega}_S$ 以优化评价准则函数 $J(\boldsymbol{\omega}_S)$，一般通过以下三个步骤实现。

（1）从原始特征集产生出一个特征子集，即确定一个候选 $\boldsymbol{\omega}_S$。

（2）用评价函数 $J(\boldsymbol{\omega}_S)$ 对候选 $\boldsymbol{\omega}_S$ 进行评价。

（3）检查本次评价是否符合停止准则设定的条件，达到停止条件的，输出具有最好评价结果的 $\boldsymbol{\omega}_S$，特征选择结束，否则重复以上步骤（1）和步骤（2）。

进行硬特征选择时，步骤（1）产生特征子集的方法可以分为完全搜索、启发式搜索以及随机搜索三种[6]。完全搜索也称为全局最优搜索，有穷举搜索和非穷举搜索两类方法，包括广度优先搜索、分支限界搜索、定向搜索和最优优先搜索等。广度优先搜索是其中一种最为简单的完全搜索方法，属于穷举搜索，它需要遍历特征的所有组合以产生候选特征子集。对于 D 维数据集，候选特征子集的数目为 2^D-1，显然，如果特征空间维度较高，则这种方法所需要的时间开销是难以接受的。分支限界搜索的目的是限制候选特征子集的搜索空间，不同方法的差别在于其限界上，选取不好的限界阈值时，效果上将等同于穷举搜索。定向搜索首先进行特征的优先度排序，然后用优先度较高的若干特征构造一个优先特征子集，再将这个特征子集加入一个限制最大长度的优先队列（与全局最优优先搜索的区别是最优优先搜索没有限制长度），这样，步骤（1）就可以每次从队列中取出优先度最高的特征子集，然后穷举向该子集加入一个特征后产生的所有特征集，并将这些特征集加入队列。

随机搜索方法有模拟退火（Simulated Annealing，SA）算法、随机产生序列选择（Random Generation Plus Sequential Selection，RGSS）算法、遗传算法（Genetic Algorithm，GA）等[7-9]。其中，RGSS 算法随机地生成一个特征子集，然后在该子集上执行序列前向选择和序列后向选择算法。SA 是基于迭代求解策略的一种随机寻优算法，它模拟自然界高温固体退火现象，借助热力学原理在解空间中进行随机搜索，伴随物体温度的不断下降（即能量函数的下降，对应于步骤（2）使用的评价准则）重复 Metropolis 抽样过程，生成候选解。遗传算法根据生物进化原理进行迭代搜索，迭代过程通过交叉变异等操作以及适应度评价来产生新的候选特征子集。根据这个原理，一些群体智能优化算法，如粒子群优化算法、蜂群优化算法等，也可以用于产生候选特征子集。随机算法的一个缺陷在于特征选择结果可能是不确定的。

启发式搜索方法有序列前向选择、序列后向选择和双向搜索法等。具体地，序列前向选择方法首先设定特征子集为空集，每次选择一个新特征加入特征子集，加入的特征应使得扩展之后的特征子集评价准则达到最优。事实上，序列前向选择就是一种简单的贪心算法，典型算法包括 DTM（Decision Tree Method）、SFS（Sequential Forward Selection）等[10]，该型方法的缺点是只能加入特征，而不能去除特征。序列后向选择方法则恰好相反，每次删除一个特征，直到评价函数最优；缺点是只能删除特征，而不能根据需要添加特征到子集中。基于此，双向搜索方法合并了序列前向选择和序列后向选择策略，直到序列前向选择和序列后向选择找到同一个子集时，双向搜索停止。启发式搜索子集的方法还包括增 L 去 R 选择（Plus-L Minus-R Selection，LRS）算法[11]、序列浮动选择算法[12]等。LRS 算法有两种形式，一种是算法先从特征全集开始，每轮先去除 R 个特征，然后加入 L 个特征，使得评价函数值最优，其中 L 小于 R；另一种算法则恰好相反，从空集开始，先加入 L 个特征再剔除 R 个特征，L 大于 R。序列浮动选择算法从 LRS 算法发展而来，其选择的 R 或 L 个特征是动态可变的。

应当注意到，试图通过穷举方式求解硬特征选择问题的算法是 NP-hard 的（硬特征子集的数目为 2^D-1）。除全局最优搜索外，上述各种算法采取的搜索策略都需要在算法效率和特征选择精度间做出某种平衡，换句话说，就是用降低选择精度（求取评价函数的局部优解）换取算法效率的提高。从优化的角度说，软特征选择可以采用更为理想的搜索策略。在软特征选择中，$0<\omega_{jj}<1$，是连续的实数，定义可微的评价函数 $J(\boldsymbol{\omega}_S)$ 显得较为容易，由此人们可以使用梯度下降法等高效地求取评价函数的全局最优解。第 5 章和第 6 章将介绍一些这样的软特征选择方法。

2.2.2　特征变换

采用特征变换技术获取的约简特征也称为二次特征，是原始特征的某种线性或非线性组合。线性特征变换的变换方式由投影矩阵 $\boldsymbol{\omega}$ 确定，根据式（2.4），投影向量 $\boldsymbol{x}'$ 第 j 维特征的值 $x'_j=\omega_{j1}x_1+\omega_{j2}x_2+\cdots+\omega_{jD}x_D$，是原始特征的线性组合。与特征选择使用

的矩阵 ω_S 不同，特征变换的投影矩阵通常不是对角矩阵。从这个意义上说，特征选择是线性特征变换的一个特例。在以核函数表示的非线性特征变换中，特征变换方式隐含在核函数的构造中，因此，改变特征映射方式意味着修改核函数的参数甚至需要重新定义核函数，这涉及了“学习核”（learning the kernels）问题[13]。

特征变换的实质是数据空间转换，是将原空间样本投影到特征变换产生的新空间的过程，各种数据挖掘方法得以在新空间中对样本进行处理和分析。因而，许多特征变换技术与实际应用关系密切。例如，在信号处理领域，很早就开始研究特征变换技术，提出了多种从时间域（或空间域）到频率域的变换方法，典型的方法包括傅里叶变换、小波变换、Gabor 变换等[14]。其中，傅里叶变换方法又分为连续傅里叶变换、离散傅里叶变换和快速傅里叶变换等，在图像分析、复原、压缩等图像处理中有重要的应用；小波变换具有多分辨率分析功能和逐渐局部细化等良好性质，是遥感图像分析与处理等应用领域使用的主要信号处理方法之一[15]；Gabor 变换[16]，又称短时或加窗傅里叶变换，可以克服傅里叶变换在频域内无时域分辨力的缺陷，常用于信号的联合时频分析[17]。

统计学领域已发展出多种线性特征变换方法，经典方法包括主成分分析（Principal Component Analysis，PCA）[18]、因子分析（Factor Analysis，FA）[19]、独立成分分析（Independent Component Analysis，ICA）[20,21]等。其中，PCA 通过样本协方差矩阵的谱分解获得特征值（eigen values）和相应的特征向量（eigen vectors），继而将样本投影到由这些特征向量构成的新空间上，在这个新空间中，对应较大特征值的维度代表了原始数据方差变化较大的方向（主成分）。PCA 在经济领域、遥感图像、数据处理、地理资料的动态监测等领域有着广泛的应用。与 PCA 将主成分表示成原始特征的线性组合不同，FA 是把目标特征表示成各因子的线性组合，所谓因子就是相关性较强的特征分组，同组特征之间具有较高的相关性，而因子与因子（不同组特征）之间相关性较小，因而因子分析即是原始特征归纳的过程，从而可以将多特征化简成少数能表示原始特征的相对独立的因子。FA 广泛应用于指标评价体系构建等领域[22,23]。ICA 起源于盲源信号处理领域，它将观测信号（原始数据）分离成若干统计独立的非高斯源信号（即成分，变换后的特征）的线性组合，在信号处理、数据挖掘、特征提取、神经网络等许多领域有广泛的应用，已有的综述文章可参见文献[21]、[24]、[25]。此外，通过矩阵分解技术实现特征变化的方法还有奇异值分解（Singular Value Decomposition，SVD）[26]、非负矩阵分解（Nonnegative Matrix Factorization，NMF）[27,28]，与 PCA 和 ICA 一道，其技术细节将在第 3 章介绍。

对于类别模式挖掘任务，包括聚类、分类挖掘等，通常要求特征变换技术具备类鉴别能力，也就是希望在变换后的空间中类与类之间具有较好的分离度。线性判别分析（Linear Discriminant Analysis，LDA）是其中一种最常见的特征变换方法[29]，它将样本投影到一个由原始特征线性变换而来的新空间中，使得新空间中的同类样本具有最小的类内离散度和最大的类间分离度。此类线性鉴别方法仅适用于线性可分数据的模式挖掘任务，对于非线性可分问题，需要非线性鉴别方法。为此，我们可以利用“核”这一线性到非线性的桥梁，运用“核技巧”（kernel trick）将线性方法转换为非线性方法[30,31]。如式（2.5）所示，转换过程最重要的步骤是以核函数替换原空间的向量点积（原空间样本相似性的一种度量），这种替换方法称为“核化”（kernelization）。例如，通过核化，人们已开发了非线性判别分析，即核 Fisher 判别法[32,33]。

当然，核化并不是实现非线性特征变换的唯一途径。实际上，ISOMAP（Isometric Feature Mapping）[34]、LLE（Local Linear Embedding）[35]等非线性流形学习方法采用了不一样的技术，例如，ISOMAP 通过测地线距离学习，LLE 通过局部线性嵌入等技术寻求数据在线性空间的特征表示。有趣的是，Ham 等[36]分析了这些方法之后发现，它们都可以看作某种格拉姆（Gram）矩阵上核主成分分析（KPCA）（见 3.7 节）的结果。据此，可以说核函数的应用或核化是非线性特征变换的一种主要实现途径。

运用核化技术的关键之处在于，将各种线性特征变换方法涉及的样本间距离、方差等的运算转换成向量内积形式，从而可以使用上述“替换”技术进行核化。考虑两个样本 $\boldsymbol{x}_i$、$\boldsymbol{x}_t$ 及其投影 $\boldsymbol{x}_i'$、$\boldsymbol{x}_t'$，$\boldsymbol{x}_i'$ 和 $\boldsymbol{x}_t'$ 之间 L_2 距离的核化过程为

$$\begin{aligned}\|\boldsymbol{x}_i'-\boldsymbol{x}_t'\|_2^2&=\langle \boldsymbol{x}_i',\boldsymbol{x}_i'\rangle+\langle \boldsymbol{x}_t',\boldsymbol{x}_t'\rangle-2\langle \boldsymbol{x}_i',\boldsymbol{x}_t'\rangle\\&=\langle \Phi(\boldsymbol{x}_i),\Phi(\boldsymbol{x}_i)\rangle+\langle \Phi(\boldsymbol{x}_t),\Phi(\boldsymbol{x}_t)\rangle-2\langle \Phi(\boldsymbol{x}_i),\Phi(\boldsymbol{x}_t)\rangle\\&=\kappa(\boldsymbol{x}_i,\boldsymbol{x}_i)+\kappa(\boldsymbol{x}_t,\boldsymbol{x}_t)-2\kappa(\boldsymbol{x}_i,\boldsymbol{x}_t)\end{aligned}\tag{2.6}$$

给定核 κ，容易根据式（2.6）计算两两样本经（未知的）非线性特征变换之后的距离。此外，许多线性特征变换方法基于方差分析，核化技术也可以运用于计算非线性空间中的样本方差，计算过程见式（2.7），其中的样本均值定义为

$$\bar{\boldsymbol{x}}'=\frac{1}{N}\sum_{i=1}^{N}\boldsymbol{x}_i'$$

则

$$\begin{aligned}\frac{1}{N-1}\sum_{i=1}^{N}\|\boldsymbol{x}_i'-\bar{\boldsymbol{x}}'\|_2^2&=\frac{1}{2N(N-1)}\sum_{i=1}^{N}\sum_{t=1}^{N}\|\boldsymbol{x}_i'-\boldsymbol{x}_t'\|_2^2\\&=\frac{1}{2N(N-1)}\sum_{i=1}^{N}\sum_{t=1}^{N}\big(\kappa(\boldsymbol{x}_i,\boldsymbol{x}_i)+\kappa(\boldsymbol{x}_t,\boldsymbol{x}_t)-2\kappa(\boldsymbol{x}_i,\boldsymbol{x}_t)\big)\\&=\frac{1}{N-1}\sum_{i=1}^{N}\kappa(\boldsymbol{x}_i,\boldsymbol{x}_i)-\frac{1}{N(N-1)}\sum_{i=1}^{N}\sum_{t=1}^{N}\kappa(\boldsymbol{x}_i,\boldsymbol{x}_t)\end{aligned}\tag{2.7}$$

需要说明的是，一些特征变换技术本身并没有特征约简的功效（依方法而异，有些方法具备约简功能，例如，对于包含 K 个类的数据集，LDA 可以将数据维度约简至 K–1 维，详见 3.5 节），它们的主要作用在于空间变换。在实际应用中，需要对变换结果实施约简才能达到降维的目的。例如，对数据进行 PCA 之后，我们可以将分析得到

的特征值进行排序，然后去除那些较小特征值对应的维度（特征向量），这样就实现了信息损失较小前提下的特征约简。

在实际应用中，以上技术需要与应用背景及计划采用的数据挖掘模型和算法相结合，才能实现有效的特征约简。总体来说，结合方式有三种：过滤（filter）方式、封装（wrapper）方式和嵌入（embedded）方式。采用这些结合方式的约简分别称为过滤型特征约简、封装型特征约简和嵌入型特征约简，以下一一阐述。

2.3　过滤型特征约简

过滤型特征约简的一般过程如图 2.1 所示。其主要思想如下：将包含所有特征的原始数据集作为输入，在数据预处理步骤中使用特征约简技术进行特征约简，数据挖掘算法在预处理产生的约简数据上进行。对数据挖掘算法而言，一些无关或冗余的特征已事先在约简步骤中被滤除，因此称为过滤型特征约简。由此可见，这种过滤方式的特征约简是“自成体系”的，它所采用的约简技术与随后使用的数据挖掘算法无关，这是该型约简方式区别于其他类型的主要特点。也正是因为这个特点，过滤型特征约简具有很好的通用性，通常用于高维数据的预处理，将高维数据转换为较低维的数据，从而缓解高维数据挖掘面临的维数灾难问题。数据挖掘算法既可以是有监督的，又可以是无监督的。

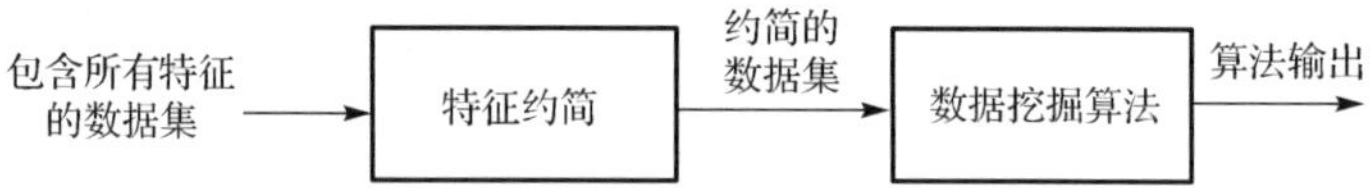

图 2.1　过滤型特征约简方法示意图

过滤型特征约简的上述优点在一些应用中可能被理解为是缺陷，这是因为约简特征集的性能检验方式和方法是独立的，与特定数据挖掘算法的性能评价可能是不一致的。一方面，这种做法减少了数据挖掘算法本身的负担，因此具有效率高的优点；但是，另一方面，也导致了适应性差的缺点。

根据不同的性能评价标准，过滤型特征约简会产生不同的约简结果，因此，如何根据数据集和应用的特点选择合适的评价标准尤显重要。例如，最优单个特征（Best Individual Feature，BIF）选择算法[37]以互信息（Mutual Information，MI）为标准对特征进行性能评价，选取具有最高互信息的特征或特征子集，但该算法未考虑特征间的相关性，因而仅适用于原始特征间相关性低和冗余性较小的数据。以一致性为评价标准的过滤型特征约简，如 Focus 算法[38]和 LV 算法（Las Vegas algorithms）[39]等，从特征全集中去除冗余和不相关的特征，找到具有类鉴别能力的最小特征子集，但对噪声数据较为敏感。为此，人们提出了信噪比[40]评价方法等。

对于类别模式挖掘任务，过滤型特征约简的目标包括发掘包含尽可能多类别区分信息的特征集，并使集合内部特征的冗余度尽可能小。基于信息熵的方法常用于此目的，其中又以互信息最为常见[41]。其他评价标准还包括依赖性度量、χ^2-统计（χ^2-statistic）[42]等，一些常用的评价标准参见 4.2 节和 4.3 节。

除评价标准外，过滤型特征约简的性能还与约简算法有关，如特征选择过程中如何产生候选特征子集。下面以 Relief 算法[43]为例说明过滤型特征选择方法的原理。Relief 算法由 Kira 等提出，是一种基于特征加权的有监督特征选择算法，它根据特征与类别间的相关性赋予特征不同的权重，最后根据权重大小进行特征选择。

Relief 算法依据特征对近邻样本的类别区分能力迭代地计算特征与类别间的相关性。给定 D 维训练数据集 $\mathrm{Tr}=\{(\boldsymbol{x}_1,z_1),(\boldsymbol{x}_2,z_2),\cdots,(\boldsymbol{x}_N,z_N)\}$，用 $\boldsymbol{w}=(w_1,\cdots,w_j,\cdots,w_D)^{\mathrm{T}}$ 表示 D 个特征权重组成的权重向量，$t=1,2,\cdots,T$ 是算法的迭代序号。对于选择的一个样本 $\boldsymbol{x}$，Relief 先从与 $\boldsymbol{x}$ 同类别的样本中寻找最近邻样本，记为 $\boldsymbol{y}_{\mathrm{nh}}$（这里 nh 是 Nearest Hit 的简写），再从与 $\boldsymbol{x}$ 不同类别的样本中查找异类最近邻样本 $\boldsymbol{y}_{\mathrm{nm}}$（nm 是 Nearest Miss 的简写）；然后，在第 t 次迭代获得的特征权重 $w_j^{(t)}$ 的基础上更新第 j 维特征的权重为

$$w_j^{(t+1)}=w_j^{(t)}-\frac{1}{t}\mathrm{diff}(x_j,y_{j,\mathrm{nh}})+\frac{1}{t}\mathrm{diff}(x_j,y_{j,\mathrm{nm}}) \tag{2.8}$$

式中，x_j 是 $\boldsymbol{x}$ 第 j 维属性值；diff（·,·）衡量属性值间的差异，计算方法与特征的类型有关，对于离散型特征，其定义为

$$\mathrm{diff}(x_j,y_j)=\begin{cases}1, & x_j=y_j\\ 0, & x_j\neq y_j\end{cases} \tag{2.9}$$

数值型特征的定义为

$$\mathrm{diff}(x_j,y_j)=\frac{|x_j-y_j|}{\max_j-\min_j} \tag{2.10}$$

式中，$\max_j$ 和 $\min_j$ 分别表示数据集中第 j 维属性的最大值和最小值。

根据式（2.8），若样本 $\boldsymbol{x}_i$ 与其最近异类样本在某个特征上的差异大于它与最近同类样本的差异，则提升该特征的权重，因为这种情形说明该特征对区分不同类别是有益的；反之，则说明该特征在类别区分中起负面作用，应该降低该特征的权重。

计算特征权重的 Relief 算法模块伪代码如算法 2.1 所示。其算法结构简单，时间复杂度相对于迭代次数 T 和特征维数 D 都是线性的。根据算法 2.1 的输出选择重要特征子集时，其策略也较为简单：给定一个阈值，移除那些权重小于阈值的特征即可；因而 Relief 算法得到广泛应用。但是，由式（2.8）可知，Relief 算法只能处理二分类（仅有两个类别的数据）问题，这限制了其应用范围。为此，Kononenko 对其进行扩展，提出 Relief 算法[44]对多类别数据进行特征选择，其基本原理如下。

算法 2.1　Relief 计算特征权重的算法模块伪代码

输入： 包含 D 个特征的数据集，最大迭代次数 T

过程：

建立初始特征权重集合 $\boldsymbol{w}^{(1)}=(w_1^{(1)},\cdots,w_j^{(1)},\cdots,w_D^{(1)})^{\mathrm{T}}$，初始化所有权重为 0；

For t=1 **to** T **do**

　随机选择一个样本 $\boldsymbol{x}$；

　For j=1 **to** D **do**

　　根据式（2.9）或式（2.10）计算 $\boldsymbol{x}_i$ 与其最近同类样本和异类样本在第 j 维上的差异；

　　根据式（2.8）更新 $w_j^{(t)}$ 为 $w_j^{(t+1)}$。

　End for

End for

输出： 权重集合 $\boldsymbol{w}^{(t)}$

设训练样本集的类别数为 K，$K>2$。算法每次迭代从数据集中随机取出一个样本 $\boldsymbol{x}$，随后从与样本 $\boldsymbol{x}$ 同类（类别标号为 $z\in[1,K]$）的样本中查找其 k 个近邻样本组成 $\mathrm{NH}_{\boldsymbol{x}}$，再从除类别 z 外的其他每个类别样本中找出 k 个近邻样本组成集合 $\mathrm{NH}_{\boldsymbol{x}}(z')$，这里 $z'\in[1,K],z'\neq z$；最后利用式（2.11）代替式（2.8）更新特征权重：

$$w_j^{(t+1)}=w_j^{(t)}-\frac{1}{tk}\sum_{y\in \mathrm{NH}_x}\mathrm{diff}(x_j,y_j)+\frac{1}{tk}\sum_{z'\in[1,K],z'\neq z}\frac{p(z')}{1-p(z)}\sum_{y\in \mathrm{NM}_x(z')}\mathrm{diff}(x_j,y_j)\quad(2.11)$$

式中，$p(z)$是类别 z 的先验概率，可以用训练集中 z 类样本所占的比例来估计。

Relief 系列算法的运行效率高，可兼容数值型和类属型等不同的数据类型。但是，算法进行特征赋权时仅考虑特征与类别间的相关性，因此不能有效地去除冗余特征[42]，是一个缺陷。此外，算法仅根据特征权重大小，从原始 D 个特征选取权重最大的 D' 个特征作为约简的特征子集，通常不是最优的，毕竟“由最好的 D' 个特征组成的特征集不见得就是那个最好的 D' 维特征（集）”。

2.4　封装型特征约简

封装型特征约简方法最早由 John 等[45]提出。与过滤型方法不同，封装型方法将数据挖掘算法封装到特征约简过程中，示意图见图 2.2。封装型特征约简的核心思想为：将包含所有特征的原始数据集作为输入，迭代地进行特征约简，每次迭代包括给定数据挖掘算法（以下称为基础算法）在约简数据集上的性能测试，并将这些性能指标作为评价特征约简效果的依据，以此不断优化特征约简方法，在这个过程中，还可以对基础算法本身进行优化，最终取得理想的特征约简及数据挖掘性能。与过滤型方法相比，封装型特征约简的好处在于，可以得到令特定数据挖掘任务取得最好效果的约简特征集。

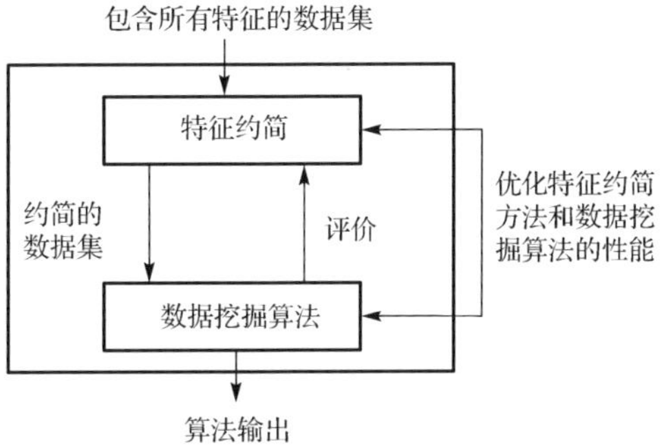

图 2.2　封装型特征约简方法示意图

在封装型特征约简中，以“黑盒”存在的基础算法可以是有监督的也可以是无监督的，其中有监督算法的应用更为普遍，主要原因是在监督条件下算法的性能评价显得容易。例如，使用分类算法时，可以直接采用分类预测的精度作为特征约简效果的评价标准。Hsu[46]等就采用了决策树算法，并结合 GA 搜索使决策树分类错误率达到最小的一组特征子集。GA 还可以与 SVM 分类器相结合[47]，该方法利用了基于支持向量距离的适应度函数，衡量特征的重要性并选取最佳的特征子集；GA 与 *k*-NN 分类方法相结合用于特征选择时，也可以取得较好的效果[48]。

与过滤型方法相比，封装型方法的一个明显劣势是计算效率低，除特征约简方法本身的影响因素外，其时间性能取决于基础算法的效率，也已提出一些提高效率的方法，例如，基于蝙蝠算法（Bat Algorithm，BA）和最优路径森林（Optimum-Path Forest，OPF）分类器的方法[49]，它将特征约简问题转为基于二进制的优化问题，并以 BA 为指导使用 OPF 的分类精度作为适应度函数来选择最优特征子集；Caruana 等[50]提出在特征选择过程中大幅减少决策树分支的数目，从而加快决策树的决策速度；使用一些“轻量级”算法，如贝叶斯分类器，来指导贪心的前向搜索算法[51,52]等；通过减少供给基础算法的训练样本量也可以一定程度上提高特征约简的效率[53]。但是，由于封装型特征约简需要反复执行基础算法，这对整个约简过程的时间性能影响是不言而喻的，一般而言，封装型方法并不适用于大规模数据集或高维数据的特征约简。

封装型特征约简以基础算法的性能为引导特征约简的同时也构造出合适的数据挖掘模型，因此，其约简结果与所要建立的模型之间具有较好的耦合性，这是过滤型方法无法比拟的。尽管从效果上看，这种做法令模型与特征约简形成了相互依赖关系，但是在那些已经明确数据挖掘目标的应用场合，这种依赖关系正是人们所需要的。封装型特征约简方法在这些场合，尤其是小样本数据的应用场合，得到了广泛研究和应用。当然，对于小样本数据，以基础算法（在训练样本集上）的性能为评价标准指导特征约简过程时，容易引发“过拟合”现象，此为应用封装型特征约简方法的一个潜在风险。这就需要人们去选择那些具有较强泛化能力的基础算法，如 SVM 分类器。下面以 1.4.1 节所述的 Breastcancer 数据为例说明封装型特征选择方法的原理，在这个小型数据集（原始特征数 9，样本数 699，类别数 2）上，Akay 提出的一种以 SVM 为基础算法的封装型的监督特征选择方法[54]。

在这个方法中，9 个原始特征首先根据它们区分两个类别的能力从大到小进行排序。为描述方便，1.4.1 节提及的 Breastcancer 的 9 个特征依次命名为 $A_1, A_2, \cdots, A_9$。用式（2.12）分别计算每个特征 $A_j (j = 1,2,\cdots,9)$ 的评分，评分值越大，表明特征具有越好的类鉴别能力，即

$$\text{Score}(A_j) = \frac{(\overline{x}_j^+ - \overline{x}_j)^2 - (\overline{x}_j^- - \overline{x}_j)^2}{\frac{1}{n^+ - 1}\sum_{i=1}^{n^+}(x_{ij}^+ - \overline{x}_j^+)^2 + \frac{1}{n^- - 1}\sum_{i=1}^{n^-}(x_{ij}^- - \overline{x}_j^-)^2} \tag{2.12}$$

式中，以符号+为上标的变量针对正例（即 Breastcancer 中的 Benign 类）样本；符号–为上标的对应负例（Malignant 类）样本；x_{ij}^+ 表示第 i 个正例样本的第 j 维值；n^+为正例样本数目；$\overline{x}_j^+$ 是正例样本在第 j 维上的平均值；$\overline{x}_j$ 为所有样本的平均值。在 80% 样本上计算的 9 个特征的 Score 值分别是：1.13, 1.60, 1.83, 0.81, 0.83, 2.09, 1.07, 1.01 和 0.28；根据这些评分值，特征被排序为：$A_6, A_3, A_2, A_1, A_7, A_8, A_5, A_4, A_9$。注意到 A_9 的评分值最低，这与 1.4.1 节的分析是相符的（Breastcancer 的第 9 个特征是不重要的）。由此，可以生成 9 个候选特征子集，如表 2.1 所示的 S1～S9。

表 2.1　Breastcancer 数据的 9 个候选特征子集

特征子集编号	特征数	选择的特征
S1	1	A_6
S2	2	A_6, A_3
S3	3	A_6, A_3, A_2
S4	4	A_6, A_3, A_2, A_1
S5	5	A_6, A_3, A_2, A_1, A_7
S6	6	$A_6, A_3, A_2, A_1, A_7, A_8$
S7	7	$A_6, A_3, A_2, A_1, A_7, A_8, A_5$
S8	8	$A_6, A_3, A_2, A_1, A_7, A_8, A_5, A_4$
S9	9	$A_6, A_3, A_2, A_1, A_7, A_8, A_5, A_4, A_9$

接下来，使用一种以 SVM 为基础算法的封装型特征约简过程对每个特征集进行性能评价。Akay[54]定义的算法由以下步骤构成。

（1）令 t 表示迭代序号，$t = 1$。

（2）在训练样本集上，仅使用第 t 个子集中的特征，用交叉验证（Cross Validation，CV）法确定最佳的分类模型参数。对于 SVM 分类器，就是确定模型的惩罚系数和所采用的核函数的参数。

（3）在测试样本集上，仅针对第 t 个子集中的特征，应用分类模型（使用步骤（2）确定的模型参数）进行分类预测，求取预测精度。

（4）$t = t + 1$，若 $t < 10$，则转步骤（2）；否则，输出对应于最高预测精度的特征子集。

图 2.3 显示对各特征子集上步骤（3）求得的 SVM 预测精度，其中，在 S5 上 SVM 取得了最高的预测精度。根据这个结果，我们可以将 Breastcancer 约简到 5 维（含 A_6, A_3, A_2, A_1 和 A_7）。至此，该封装型方法完成了特征约简任务。注意到步骤（2）使用了交叉验证法在约简特征集上对 SVM 分类器自身进行了性能优化，使得算法在输出最佳约简特征集的同时，也得到了与该特征集最匹配的分类器，是封装型特征约简方法的一项优势。

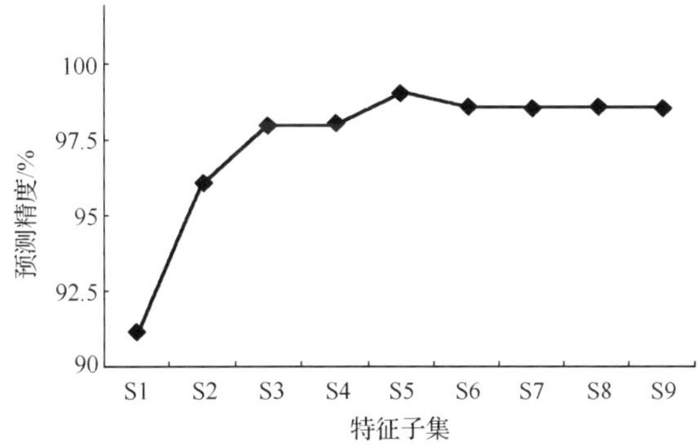

图 2.3　Breastcancer 数据 9 个特征子集上 SVM 的预测精度变化情况

图 2.3 显示的结果还有启示意义。我们观察到，随维度增长 SVM 的精度先逐渐提高，但在 S5 上形成了拐点，在超过 5 维的数据集上，SVM 的精度不升反降，此变化趋势与图 1.3 是吻合的。本例从实证的角度，印证了 1.3.2 节所述的观点：对于一定样本数的数据，存在一个最大的特征数令数据挖掘算法取得最好的性能，而这个数目通常小于原始特征数；需要借助特征约简技术提取此部分特征，仅使用这些少量的特征，数据挖掘算法预期可以取得更好的效果。

2.5　嵌入型特征约简

嵌入型特征约简由封装型方法发展而来，它将特征约简嵌入在数据挖掘算法内部，令算法在实现自身数据挖掘功能的同时完成特征约简，如图 2.4 所示。在这种方法中，特征约简是挖掘算法的一个组成部分。以贝叶斯分类（Bayesian classification）挖掘为例。从训练集学习的贝叶斯分类模型包括 $p(\boldsymbol{x} \mid z)$等先验概率，基于“朴素”假设时，有

$$p(\boldsymbol{x} \mid z) = p(x_1 \mid z) \times p(x_2 \mid z) \times \cdots \times p(x_D \mid z)$$

注意到此式使用了所有特征。由于许多高维数据中存在大量的冗余或无关特征，我们希望在建立贝叶斯模型时即进行特征约简，修改模型为

$$p(\boldsymbol{x} \mid z;\boldsymbol{w}) = [p(x_1 \mid z)]^{w_1} \times [p(x_2 \mid z)]^{w_2} \times \cdots \times [p(x_D \mid z)]^{w_D} \tag{2.13}$$

式中，引入特征的权重向量 $\boldsymbol{w} = (w_1, w_2, \cdots, w_D)^{\mathrm{T}}$ 实现特征约简。学习贝叶斯分类模型的过程就要包括对权重向量 $\boldsymbol{w}$ 的优化，换句话说，构造分类模型的同时进行了特征约简。由此可见，嵌入型特征约简结合了过滤型和封装型方法的长处，它克服了封装型方法低效的缺点，同时又避免了过滤型方法特征约简挖掘算法脱节的问题。嵌入型方法已成为近年特征约简研究的一个热点。

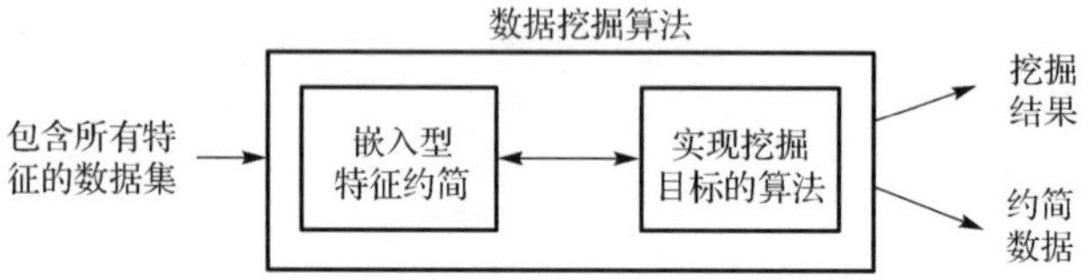

图 2.4　嵌入型特征约简方法示意图

嵌入型特征约简一般通过改进数据挖掘算法的优化目标来实现，也就是在算法原有目标函数的基础上，增加体现特征约简目标的部分，使得特征约简目标的优化可以在算法自身的优化过程中一并进行。Lasso（Least Absolute Shrinkage and Selection Operator）[55] 是实现该技术的一种典型方法。Lasso 运用于回归分析，其目的是从训练集学习线性回归模型 $Z = \beta_0 + \beta_1 X_1 + \cdots + \beta_j X_2 + \cdots + \beta_D X_D$，写成向量形式是 $Z = \beta_0 + \boldsymbol{X}^{\mathrm{T}} \cdot \boldsymbol{\beta}$，$\boldsymbol{\beta} = (\beta_1, \cdots, \beta_j, \cdots, \beta_D)^{\mathrm{T}}$ 为回归系数（列）向量。实际上，$\boldsymbol{\beta}$ 起到特征选择的作用：$\beta_j = 0$ 意味着第 j 个特征被排除在回归模型之外；反之，$|\beta_j|$ 越大表明该特征与因变量的相关性越强。为强化特征选择效果，我们希望 $\boldsymbol{\beta}$ 是“稀疏的”（有很多回归系数为 0），在 Lasso 中这个预期通过最小化正则（regularization）项 $\|\boldsymbol{\beta}\|_1 = \sum_{j=1}^{D} |\beta_j|$ 来实现。结合线性回归分析的目标，Lasso 的优化目标为

$$\begin{gathered} \min_{\beta_0, \boldsymbol{\beta}} \frac{1}{N} \sum_{i=1}^{N} (z_i - \beta_0 - \boldsymbol{x}_i^{\mathrm{T}} \boldsymbol{\beta})^2 \\ \text{s.t.}\ \|\boldsymbol{\beta}\|_1 \leqslant \delta_1 \end{gathered} \tag{2.14}$$

或等价地，Lasso 要最小化以下优化目标函数：

$$J_{\text{Lasso}}(\beta_0, \boldsymbol{\beta}) = \frac{1}{N} \sum_{i=1}^{N} (z_i - \beta_0 - \boldsymbol{x}_i^{\mathrm{T}} \cdot \boldsymbol{\beta})^2 + \lambda_1 \|\boldsymbol{\beta}\|_1 \tag{2.15}$$

式中，δ_1 和 λ_1 均为给定的常数。这样，求解令目标函数 J_{Lasso} 值最小的 $\beta_0, \boldsymbol{\beta}$，不但构造出了回归模型，而且实现了嵌入在回归模型中的特征选择。

式（2.14）对 $\|\boldsymbol{\beta}\|_1$ 的约束体现了回归系数稀疏化的需求，但不适用于高维数据，特别是“D 很大、N 很小”的场合（$D >> N$），当数据中存在高度相关的特征组时，

Lasso 倾向于只选择出其中的一个特征。为克服这个缺点，Zou 等提出 Elastic Net[56]，引入惩罚项$\|\boldsymbol{\beta}\|_2^2$，构造了新的目标函数：

$$J_{\text{ElasticNet}}(\beta_0,\boldsymbol{\beta})=\frac{1}{N}\sum_{i=1}^{N}(z_i-\beta_0-\boldsymbol{x}_i^{\mathrm{T}}\cdot\boldsymbol{\beta})+\lambda_1\|\boldsymbol{\beta}\|_1+\lambda_2\|\boldsymbol{\beta}\|_2^2 \tag{2.16}$$

实际上，岭回归（ridge regression）分析已经使用$\|\boldsymbol{\beta}\|_2^2$作为回归系数的约束条件[57]。上述方法基于一个假设：特征间不存在（时间或空间上的）顺序关系，但是，这个假设在时间序列（time series）等数据上是不成立的，例如，在健康医疗数据中[58]，不同时间测得的患者生理指标（特征）显然具有时间上的顺序关系。对于这种高维数据，需要新的约束条件限制回归系数的变化，以引导特征约简过程。Tibshirani 等[59]定义的约束条件为

$$\sum_{j=1}^{D}\left|\beta_j-\beta_{j-1}\right|\leqslant\delta_2$$

式中，δ_2 也是给定的常数。在 Lasso 基础上增加上述惩罚项的回归分析称为 Fused Lasso，其优化目标函数定义为

$$J_{\text{FusedLasso}}(\beta_0,\boldsymbol{\beta})=\frac{1}{N}\sum_{i=1}^{N}(z_i-\beta_0-\boldsymbol{x}_i^{\mathrm{T}}\cdot\boldsymbol{\beta})+\lambda_1\sum_{j=1}^{D}\left|\beta_j\right|+\lambda_3\sum_{j=2}^{D}\left|\beta_j-\beta_{j-1}\right| \tag{2.17}$$

优化式（2.17）也是一种嵌入型特征约简过程，它在构造回归模型的同时实现了特征选择，并对特征选择结果施加了限制，避免相邻两个特征回归系数出现过大的变化。

嵌入在聚类分析或分类挖掘模型中的特征选择方法详见第 5 章和第 6 章。需要说明的是，嵌入型特征约简方法可以没有显式地定义目标优化函数，只要特征约简是在算法优化过程中同时进行的，都可以归入嵌入型方法的范畴。嵌入型特征约简也不仅限于特征选择，它同样适用于特征变换。例如，在子空间聚类算法 ORCLUS（Arbitrarily Oriented Projected Cluster Generation）[60]中，聚类的一个步骤是学习每个簇所在的子空间。该算法用协方差矩阵分解得到的正交特征表示簇所在的子空间，且移除了较小特征值对应的特征，可以视为一种嵌入型无监督特征变换方法。

参 考 文 献

[1] Johnson W B, Lindenstrauss J. Extensions of lipschitz mappings into a hilbert space. Contemporary Mathematics, 1984, 26(189): 189-206.

[2] Dasgupta S, Gupta A. An elementary proof of a theorem of johnson and lindenstrauss. Random Structures and Algorithms, 2003, 22(1): 60-65.

[3] 陈黎飞. 高维数据的聚类方法研究与应用. 厦门: 厦门大学, 2008.

[4] Kaski S. Dimensionality reduction by random mapping: fast similarity computation for clustering//The 1998 IEEE International Joint Conference on Neural Network, Anchorage, 1998.

[5] Dasgupta S. Learning mixtures of Gaussians//The 40th Annual Symposium on Foundations of Computer Science, New York, 1999.

[6] 张靖. 面向高维小样本数据的分类特征选择算法研究. 合肥: 合肥工业大学, 2014.

[7] Liu H, Setiono R. Feature selection and classification-a probabilistic wrapper approach//The 9th International Conference on Industrial and Engineering Applications of Artificial Intelligence and Expert Systems, Fukuoka, 1997.

[8] Skalak D B. Prototype and feature selection by sampling and random mutation hill climbing algorithms//The 11th International Conference on Machine Learning, New Brunswick, 1994.

[9] 孙艳丰, 戴春荣. 几种随机搜索算法的比较研究. 系统工程与电子技术, 1998, 2: 43-47.

[10] Dash M, Liu H. Feature selection for classfication. Intelligent Data Analysis, 1997, 1(3): 131-156.

[11] Sabeti M, Boostani R, Katebi S D, et al. Selection of relevant features for EEG signal classification of schizophrenic patients. Biomedical Signal Processing and Control, 2007, 2(2): 122-134.

[12] Jovic A, Brkic K, Bogunovic N. A review of feature selection methods with applications//The 38th International Convention on Information and Communication Technology, Electronics and Microelectronics, Opatija, 2015.

[13] Abbasnejad M E, Ramachandram D, Mandava R. A survey of the state of the art in learning the kernels. Knowledge and Information Systems, 2012, 31(2): 193-221.

[14] Achlioptas D. Database-friendly random projections//The 20th ACM SIGMOD-SIGACT -SIGART Symposium on Principles of Database Systems, Santa Barbara, 2001.

[15] 叶勤, 陈鹰. 基于小波变换的遥感图像插值方法研究. 遥感信息, 2000, 4: 16-17.

[16] Gabor D. Theory of communications. Journal of Institution of Electrical Engineers, 1946, 93: 429-457.

[17] 薛玉利. 基于 Gabor 变换的特征提取及其应用. 济南: 山东大学, 2007.

[18] Jolliffe I. Principal Component Analysis. Manhattan: John Wiley & Sons, 2002.

[19] 余锦华. 多元统计分析与应用. 广州: 中山大学出版社, 2005.

[20] Dash M, Liu H. Dimensionality Reduction. Manhattan: John Wiley & Sons, 2003.

[21] 杨竹青, 李勇, 胡德文. 独立成分分析方法综述. 自动化学报, 2002, 28(5): 762-772.

[22] 府亚军, 黄海南. 基于因子分析模型的上市公司经营业绩评价. 统计与决策, 2005, 24: 167-168.

[23] 何有世, 徐文芹. 因子分析法在工业企业经济效益综合评价中的应用. 数理统计与管理, 2003, 22(1): 19-22.

[24] Hyvärinen A, Oja E. Independent component analysis: algorithms and applications. Neural Networks, 2000, 13(4-5): 411-430.

[25] Hyvrinen A. Survey on independent component analysis. Neural Computing Surveys, 1999, 2(7): 1527-1558.

[26] Kalman D. A singularly valuable decomposition: the SVD of a matrix. College Mathematics Journal,

1996, 27(1): 2-23.

[27] 王科俊, 左春婷. 非负矩阵分解特征提取技术的研究进展. 计算机应用研究, 2014, 31(4): 970-975.

[28] Lee D D, Seung H S. Learning the parts of objects by non-negative matrix factorization. Nature, 1999, 401: 788-791.

[29] Belhumeur P N, Hespanha J P, Kriegman D J. Eigenfaces vs fisherfaces: recognition using class specific linear projection. IEEE Transactions on Pattern Analysis and Machine Intelligence, 1997, 19(7): 711-720.

[30] Vapnik V N. An overview of statistical learning theory. IEEE Transactions on Neural Networks, 1999, 10(5): 988-999.

[31] 张学工. 关于统计学习理论与支持向量机. 自动化学报, 2000, 26(1): 32-42.

[32] Scholkopft B, Mullert K R. Fisher discriminant analysis with kernels. Neural Networks for Signal Processing IX, 1999, 9: 41-48.

[33] Klaus R M, Sebastian M, Gunnar R. An introduction to kernel-based learning algorithm. IEEE Transaction on Neural Networks, 2001, 12(2): 181-202.

[34] Tenenbaum J B, De S V, Langford J C. A global geometric framework for nonlinear dimensionality reduction. Science, 2000, 290(5000): 2319-2323.

[35] Roweis S T, Saul L K. Nonlinear dimensionality reduction by locally linear embedding. Science, 2000, 290(5500): 2323-2326.

[36] Ham J, Lee D D, Mika S, et al. A kernel view of the dimensionality reduction of manifolds//The 21st International Conference on Machine Learning, Banff, 2004.

[37] Jain A K, Duin R P W, Mao J. Statistical pattern recognition: a review. IEEE Transactions on Pattern Analysis and Machine Intelligence, 2000, 22(1): 4-37.

[38] Fountain T, Almuallim H, Dietterich T G. Learning with many irrelevant features//The 9th National Conference on Artificial Intelligence, Anaheim, 1991.

[39] Liu H, Setiono R. A probabilistic approach to feature selection-a filter solution//The 13th International Conference on Machine Learning, Bari, 1996.

[40] Golub T R, Slonim D K, Tamayo P, et al. Molecular classification of cancer: class discovery and class prediction by gene expression monitoring. Science, 1999, 286(5439): 531-537.

[41] Peng H, Long F, Ding C. Feature selection based on mutual information criteria of max-dependency, max-relevance, and min-redundancy. IEEE Transactions on Pattern Analysis and Machine Intelligence, 2005, 27(8): 1226-1238.

[42] Wang Y H, Makedon F S, Ford J C, et al. HykGene: a hybrid approach for selecting marker genes for phenotype classification using microarray gene expression data. Bioinformatics, 2005, 21(8): 1530-1537.

[43] Kira K, Rendell L A. The feature selection problem: traditional methods and a new algorithm//The

10th National Conference on Artificial Intelligence, San Jose, 1992.

[44] Kononenko I. Estimation attributes: analysis and extensions of RELIEF//The 7th European Conference on Machine Learning on Machine Learning, Catania, 1994.

[45] John G H, Kohavi R, Pfleger K. Irrelevant features and the subset selection problem//The 11th International Conference on Machine Learning, New Brunswick, 1994.

[46] Hsu W H. Genetic wrappers for feature selection in decision tree induction and variable ordering in Bayesian network structure learning. Information Sciences, 2004, 163(1): 103-122.

[47] Chen X W. Margin-based wrapper methods for gene identification using microarray. Neurocomputing, 2006, 69(16): 2236-2243.

[48] Chuang L Y, Yang C H, Li J C, et al. A hybrid BPSO-CGA approach for gene selection and classification of microarray data. Journal of Computational Biology, 2012, 19(1): 68-82.

[49] Rodrigues D, Pereira L A M, Nakamura R Y M, et al. A wrapper approach for feature selection based on bat algorithm and optimum-path forest. Expert Systems with Application, 2014, 41(5): 2250-2258.

[50] Caruana R, Freitag D. Greedy attribute selection//The 8th International Conference on Machine Learning, New Brunswick, 1994.

[51] Provan G M, Singh M. Learning Bayesian Networks Using Feature Selection. New York: Springer, 1994.

[52] Inza I, Larraaga P, Sierra B. Feature subset selection by Bayesian networks based on optimization. Artificial Intelligence, 2001, 123: 157-184.

[53] Moore A W, Lee M S. Efficient algorithms for minimizing cross validation error//The 11th International Conference on Machine Learning, New Brunswick, 1994.

[54] Akay M F. Support vector machines combined with feature selection for breast cancer diagnosis. Expert Systems with Applications, 2009, 36(2): 3240-3247.

[55] Tibshirani R. Regression shrinkage and selection via the lasso. Journal of the Royal Statistical Society, 1996, 58(1): 267-288.

[56] Zou H, Hastie T. Regularization and variable selection via the elastic net. Journal of the Royal Statistical Society, 2005, 67(2): 301-320.

[57] Hoerl A E, Kennard R W. Ridge regression: applications to nonorthogonal problems. Technometrics, 1970, 12(1): 69-82.

[58] Zhang J, Chen L, Vanasse A, et al. Survival prediction by an integrated learning criterion on intermittently varying healthcare data//The 30th AAAI Conference on Artificial Intelligence, Phoenix, 2016.

[59] Tibshirani R, Saunders M, Rosset S, et al. Sparsity and smoothness via the fused lasso. Journal of the Royal Statistical Society, 2005, 67(1): 91-108.

[60] Aggarwal C C, Yu P S. Redefining clustering for high-dimensional applications. IEEE Transactions on Knowledge and Data Engineering, 2002, 14(2): 210-225.

第3章　特征变换方法

3.1　特征变换的基本原理

特征变换是数据挖掘、模式识别等领域运用的一项重要技术，也是特征约简研究的一个重要分支。与特征选择技术直接选取原始特征的子集作为新特征不同，特征变换所提取出的新特征是原始特征的某种组合。其基本思想是：寻找一个线性或非线性的空间变换，将原始空间变换为某个低维的特征子空间，使得该空间中的特征保留原始空间中样本的最大信息[1]。根据空间变换的类型，特征变换可以分为线性特征变换和非线性特征变换两种类型。

线性特征变换由于其形式简单且性能表现稳定已成为当前普遍使用的特征变换方法。实际上，线性特征变换的基础就是矩阵变换，即利用某种矩阵分解方法对原数据矩阵进行变换，进而使用规模较小的矩阵来代替原数据矩阵，从而实现特征约简。目前，线性特征变换方法主要包括主成分分析（PCA）[2,3]、奇异值分解（SVD）[4,5]、独立成分分析（ICA）[6-8]、线性判别分析（LDA）[9,10]、非负矩阵分解（NMF）[11,12]等。本章将在3.2～3.6节分别介绍上述几种线性特征变换方法。

非线性特征变换旨在寻找某种非线性映射，将样本从原始空间映射到某个高维空间甚至是无穷维的空间（Hilbert特征空间），使得原始空间中非线性可分样本在该特征空间中变得线性可分或较为容易地进行区分。一种简单而有效的非线性特征变换借助核方法（kernel methods）来实现，即首先利用核函数计算样本之间的内积，随后对生成的核样本向量进行相应的线性操作。该方法的关键在于通过引入核函数把经过非线性映射后高维特征空间的内积运算转换为原始空间核函数的计算（所谓“核技巧”）。因而并不需要知道非线性映射函数的具体形式，这正是核方法最大的优点。基于核技术的非线性特征变换方法主要包括核主成分分析（KPCA）[13,14]、核Fisher判别分析（Kernel Fisher Discriminant Analysis，KFDA）[15,16]等。本章将在3.7节简要介绍这些方法。

3.2　SVD

SVD是线性代数中一种重要的矩阵分解方式，也是一种有效的特征提取方法，在信号处理、文本分类以及统计学领域有着重要的应用。与特征值分解不同（仅适用于对称矩阵），SVD并没有限制矩阵的类型。换言之，任意类型的矩阵（包括实矩阵和复矩阵）均可以进行 SVD，因此 SVD 可看作特征值分解的推广，或者说特征值分解是 SVD 的一个特例。

任意一个 $D\times N$ 的矩阵 $\boldsymbol{A}$ 都可以分解为如下形式：

$$\boldsymbol{A}=\boldsymbol{U\Sigma V}^{\mathrm{T}} \tag{3.1}$$

式中，$\boldsymbol{U}$ 是 $D\times D$ 的正交矩阵；$\boldsymbol{\Sigma}$ 是 $D\times N$ 的对角矩阵；$\boldsymbol{V}$ 是一个 $N\times N$ 的正交矩阵。通常，称上述矩阵分解形式为 SVD。对角矩阵 $\boldsymbol{\Sigma}$ 对角线上的值即为 $\boldsymbol{A}$ 的奇异值且从大到小依次排序，同时它也等于矩阵 $\boldsymbol{AA}^{\mathrm{T}}$ 或 $\boldsymbol{A}^{\mathrm{T}}\boldsymbol{A}$ 特征值的平方根。矩阵 $\boldsymbol{U}$ 的 D 个列向量 $\boldsymbol{u}_1, \boldsymbol{u}_2, \cdots, \boldsymbol{u}_D$ 和矩阵 $\boldsymbol{V}$ 的 N 个列向量 $\boldsymbol{v}_1, \boldsymbol{v}_2, \cdots, \boldsymbol{v}_N$ 分别称为 $\boldsymbol{A}$ 的左奇异向量和右奇异向量，且左奇异向量就是矩阵 $\boldsymbol{AA}^{\mathrm{T}}$ 的特征向量，而右奇异向量是矩阵 $\boldsymbol{A}^{\mathrm{T}}\boldsymbol{A}$ 的特征向量。另外，矩阵 $\boldsymbol{A}$ 的奇异值个数等于 $\boldsymbol{A}$ 的列数，而非零奇异值个数等于 rank($\boldsymbol{A}$)，即矩阵 $\boldsymbol{A}$ 的秩。需注意的是，矩阵 $\boldsymbol{A}$ 的奇异值由 $\boldsymbol{A}$ 唯一确定，但正交矩阵 $\boldsymbol{U}$ 和 $\boldsymbol{V}$ 却不唯一，因此矩阵 $\boldsymbol{A}$ 的 SVD 一般不是唯一的。

从几何变换的层面来理解 SVD，其实质是：通过 SVD 可以将一组正交基变换为另一组正交基。假设 $\boldsymbol{V}$ 和 $\boldsymbol{U}$ 分别表示原始域的标准正交基及经过 $\boldsymbol{A}$ 变换后的标准正交基，$\boldsymbol{\Sigma}$ 表示 $\boldsymbol{V}$ 中的向量在 $\boldsymbol{U}$ 中的拉伸量。在式（3.1）等号前后同时右乘 $\boldsymbol{V}$，可得

$$\boldsymbol{AV}=\boldsymbol{U\Sigma V}^{\mathrm{T}}\boldsymbol{V}=\boldsymbol{U\Sigma}$$

经变换后，有

$$\begin{aligned}(\boldsymbol{Av}_1,\cdots,\boldsymbol{Av}_N)&=(\boldsymbol{u}_1,\cdots,\boldsymbol{u}_D)\boldsymbol{\Sigma}\\&=(\boldsymbol{u}_1\sigma_1,\cdots,\boldsymbol{u}_N\sigma_N)\end{aligned}$$

即

$$\boldsymbol{Av}_i=\boldsymbol{u}_i\sigma_i \tag{3.2}$$

式（3.2）意味着单位向量 $\boldsymbol{v}_i$ 经 $\boldsymbol{A}$ 变换后可以用另一个单位向量 $\boldsymbol{u}_i$ 及该向量的模 σ_i 来表示。下面介绍 SVD 是如何实现特征提取的。展开式（3.1）得到

$$\boldsymbol{A}=\sum_{i=1}^{m}\boldsymbol{u}_i\sigma_i\boldsymbol{v}_i^{\mathrm{T}}$$

式中，m 为矩阵 $\boldsymbol{A}$ 的秩，即 rank($\boldsymbol{A}$)=m，也就是非零奇异值的个数；σ_i 代表矩阵 $\boldsymbol{A}$ 的第 i 个奇异值。由于 $\sigma_1, \sigma_2, \cdots, \sigma_m$ 是矩阵 $\boldsymbol{A}$ 的 m 个从大到小依次排列的非零奇异值，且 σ 减小的速度非常快，所以可取矩阵 $\boldsymbol{A}$ 的前 D' 个奇异值来近似矩阵 $\boldsymbol{A}$，即

$$\boldsymbol{A}\approx\sum_{i=1}^{D'}\boldsymbol{u}_i\sigma_i\boldsymbol{v}_i^{\mathrm{T}} \tag{3.3}$$

这样便实现了数据的压缩。上述过程也可称为特征提取，即提取最具代表性的 D' 新特征来近似矩阵 $\boldsymbol{A}$。SVD 算法描述如算法 3.1 所示。

算法 3.1　SVD 算法伪代码

输入: 矩阵 $\boldsymbol{A}_{D\times N}$，约简特征数 D'

过程:

1：对 $\boldsymbol{A}^{\mathrm{T}}\boldsymbol{A}$ 矩阵进行特征值分解，按特征值的大小对特征值及对应特征向量排序；

2：用步骤 1 中的特征值并结合矩阵 $\boldsymbol{A}$ 的秩构建对角矩阵 $\boldsymbol{\Sigma}$;

3：用步骤 1 得到的特征向量构建矩阵 $\boldsymbol{V}$;

4：用式子 $\boldsymbol{U}=\boldsymbol{A}\boldsymbol{V}\boldsymbol{\Sigma}^{-1}$ 计算矩阵 $\boldsymbol{U}$;

5：取前 D' 个奇异值，并利用式（3.3）来近似原矩阵 $\boldsymbol{A}$，记为 $\hat{\boldsymbol{A}}$。

输出: 矩阵 $\hat{\boldsymbol{A}}$，$\boldsymbol{U}_{D\times D'}$，$\boldsymbol{\Sigma}_{D'\times D'}$，$\boldsymbol{V}_{D'\times N}$

3.3　PCA

PCA[2,3]又称 Karhunen-Loeve 变换，是一种常用的特征变换方法。它在计算机视觉、生物信息学、图像处理以及人脸识别等领域有着重要作用。PCA 的出发点是从原始特征中计算出一组按重要性从大到小排列的新特征，并用这些特征来表示原数据，而这些新特征都是原有特征的线性组合且相互之间不相关。

3.3.1　PCA 原理

从线性代数的角度看，PCA 变换就是一个基变换问题，即使用另一组正交基重新描述原始的数据空间，而这组新正交基应尽可能保留原数据中的信息，称这样的正交基为主元。PCA 的目标就是找到这样的主元，从而最大程度地去除冗余特征的干扰。

怎样才算是对原数据的“最好的表示”呢？根据信息论的思想，通常认为方差较大的方向就是信号的方向，而方差较小的方向则是噪声的方向，在数字信号处理中往往需要提高的就是信噪比（即信号与噪声的方差比）。因此认为具有最大方差的正交基就是对原数据最好的表示，即为需要寻找的主元。考虑图 3.1 二维特征空间的例子，图 3.1(a)和图 3.1(b)分别表示原样本点在两个不同方向上的投影。显然，将样本点按图 3.1(b)方式投影可得到最大方差，因而认为该方向是最优的投影方向。

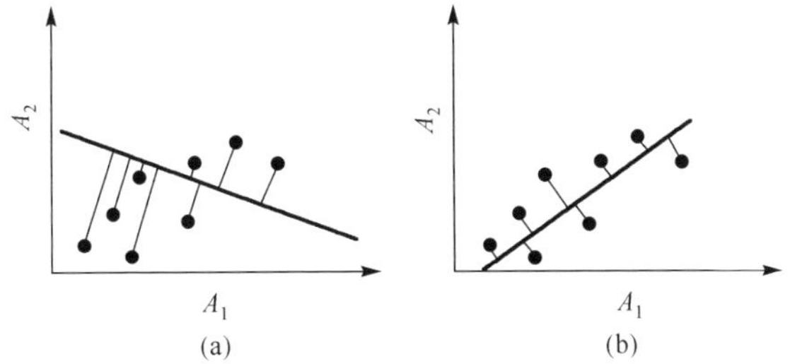

图 3.1　二维空间中样本点的不同投影方式

简单来说，基于 PCA 的特征约简，其核心思想就是利用较少的数据特征对原始数据进行描述以达到降低特征空间维度的目的。根据样本点在原始空间中的分布，以样本点方差最大的方向作为主元（即投影方向）来实现数据的特征提取。也就是说，在原始 D 维空间中顺序地找到 D' 个相互正交的基去近似原始空间，使样本点在这 D' 个正交基上都具有较大方差，从而实现 D 维到 D' 维的特征约简，而所选择的 D' 个正交基能最大程度地减少数据信息的损失。

样本点的协方差矩阵描述了数据维度与维度之间的关系，其主对角线上的元素表示每个维度上的方差，其他元素则表示两两维度之间的协方差（即相关性）。PCA 的目标就是寻找一组正交基使得样本点的方差最大，也就是使协方差矩阵主对角线上元素的值最大，而其他元素的值接近零，该过程即为矩阵对角化的过程。经过对角化后得到的新矩阵，其主对角线上的值就是协方差矩阵的特征值，表示各个维度的新方差。因此，特征值越大，方差就越大，对角线上较小特征值对应的维度就是应该去除的冗余维度，而剩余特征值所对应的特征向量就是所需要得到的主元。

假设有 N 个 D 维样本点 $\boldsymbol{x}_1, \boldsymbol{x}_2, \cdots, \boldsymbol{x}_N$ 以及投影向量 $\boldsymbol{w}$，数据在原空间的中心点为

$$\boldsymbol{v} = \frac{1}{N}\sum_{i=1}^{N}\boldsymbol{x}_i \tag{3.4}$$

样本点经投影后的方差表示为

$$J(\boldsymbol{w}) = \frac{1}{N}\sum_{i=1}^{N}(\boldsymbol{w}^{\mathrm{T}}\boldsymbol{x}_i - \boldsymbol{w}^{\mathrm{T}}\boldsymbol{v})^2$$

将上式展开，变换可得

$$J(\boldsymbol{w}) = \boldsymbol{w}^{\mathrm{T}}\left(\frac{1}{N}\sum_{i=1}^{N}(\boldsymbol{x}_i - \boldsymbol{v})(\boldsymbol{x}_i - \boldsymbol{v})^{\mathrm{T}}\right)\boldsymbol{w} \tag{3.5}$$

引入协方差矩阵 $\boldsymbol{S} = \frac{1}{N}\sum_{i=1}^{N}(\boldsymbol{x}_i - \boldsymbol{v})(\boldsymbol{x}_i - \boldsymbol{v})^{\mathrm{T}}$ ，式（3.5）化简为

$$J(\boldsymbol{w}) = \boldsymbol{w}^{\mathrm{T}}\boldsymbol{S}\boldsymbol{w}$$

显然，最大化 $J(\boldsymbol{w})$ 的过程就是求解最佳投影向量 $\boldsymbol{w}$ 的过程。加入约束 $\boldsymbol{w}^{\mathrm{T}}\boldsymbol{w}=1$，并使用拉格朗日乘子法求极值得到

$$\boldsymbol{S}\boldsymbol{w}_j = \lambda_j\boldsymbol{w}_j, \quad j = 1, 2, \cdots, D \tag{3.6}$$

从式（3.6）可见，$\boldsymbol{w}_j$ 对应协方差矩阵 $\boldsymbol{S}$ 的一个特征向量，而 λ_j 为其相应的特征值。PCA 算法描述如算法 3.2 所示。

算法 3.2　PCA 算法伪代码

输入：样本集 DB={$\boldsymbol{x}_1, \cdots, \boldsymbol{x}_i, \cdots, \boldsymbol{x}_N$}，约简特征数 D'

过程：

1：对原始数据进行规范化，将属性值按比例缩放使每个属性都落入相同的区间内；

2：计算经过规范化后数据的协方差矩阵 $\boldsymbol{S}$；

3：对协方差矩阵进行特征值分解，得到特征值及对应特征向量；

4：根据特征值大小对特征向量进行排序；

5：取前 D' 个特征值对应的特征向量 $\boldsymbol{w}_1, \boldsymbol{w}_2, \cdots, \boldsymbol{w}_{D'}$。

输出：投影矩阵 $\boldsymbol{W}=[\boldsymbol{w}_1, \boldsymbol{w}_2, \cdots, \boldsymbol{w}_{D'}]$

在实际应用中，PCA 的协方差矩阵还可以使用 SVD，以获取最大特征值对应的特征向量，因此，3.2 节提到的 SVD 方法可以作为 PCA 的预处理步骤。

3.3.2　主成分个数的选取

PCA 选择的主成分个数越少，降维效果就越好，但其描述原数据的能力就越差。因此，主成分个数的选取是影响 PCA 特征约简效果的一个主要因素。本节选用文献[17]中的一幅图像进行 PCA 分解，用于说明不同个数的主成分对数据重构的影响，如图 3.2 所示。原图像进行 PCA 分解后分别选取了 5 个、10 个以及 100 个主成分作为新坐标基来重构原图像。显然，选取的主成分个数较少，原图损失的信息就越大，而选择较多的主成分则不能取得较好的降维效果。

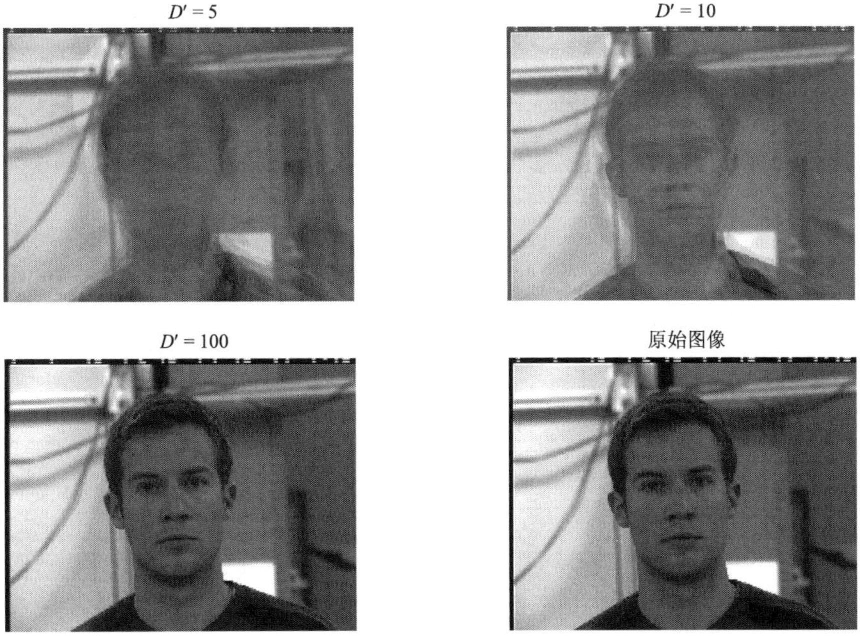

图 3.2　不同个数的主成分对图像重构的影响

目前，文献中确定主成分个数的方法主要有两种。

（1）根据累计贡献率确定，即前 D' 个主成分的方差在总方差中所占的比重，可以用式（3.7）计算：

$$\frac{\sum_{j=1}^{D'}\lambda_j}{\sum_{j=1}^{D}\lambda_j} \tag{3.7}$$

一般来说，选取的主成分个数要使得累计贡献率大于或等于 80%。

（2）选取方差大于或等于平均方差的那些主成分，如

$$\lambda_{\text{selected}} \geqslant \frac{1}{D}\sum_{j=1}^{D}\lambda_j \tag{3.8}$$

3.4 ICA

ICA 是一种基于统计原理的线性变换方法。其最初的目的是解决“鸡尾酒会”问题。假设在房间内的不同位置放着两个话筒，有两个人同时讲话，如何利用两个话筒收集到的混合信号来区分不同人的语音信号就是所谓的鸡尾酒会问题。由于 PCA 和 SVD 都是基于信号二阶统计特性的分析方法，其目的是去除图像各分量之间的相关性，所以它们主要应用于图像数据的压缩；而 ICA 则是基于信号高阶统计特性的分析方法，经 ICA 分离出的各信号分量之间是相互独立的[8,18]。正是因为这一性质，ICA 已经成功应用在图像处理、信号处理、模式识别及数据挖掘等领域。

3.4.1 ICA 概念

ICA 的目的是将混合数据或信号分离成相互统计独立的非高斯源信号的线性组合，因此 ICA 是盲源分离的一个特例，这个“盲”指的是源信号未知，混合方式未知。标准的 ICA 的矩阵形式为

$$\boldsymbol{X} = \boldsymbol{AS} \tag{3.9}$$

式中，随机向量 $\boldsymbol{X}=(X_1, X_2, \cdots, X_N)^{\mathrm{T}}$ 表示观测数据或观测信号；随机向量 $\boldsymbol{S}=(S_1, S_2, \cdots, S_N)^{\mathrm{T}}$ 表示源信号，称为独立成分；$\boldsymbol{A}$ 是混合矩阵。该模型说明观测信号是由源信号混合而成的，但源信号是隐含变量，意味着它无法直接被观测到，另外，其混合形式也是未知的。ICA 的目标就是在已知观测信号 $\boldsymbol{X}$ 而 $\boldsymbol{A}$ 和 $\boldsymbol{S}$ 未知的情况下，求解源信号及混合矩阵。

为了实现式（3.9）的模型，通常需满足以下三个假设。

（1）假设各个成分相互之间是统计独立的，直观上理解就是从某个成分的信息中不能得到其他任意一个成分的信息。

(2)假设独立成分是服从非高斯分布的(一般ICA可允许一个成分服从高斯分布)，如果独立成分服从高斯分布，则 ICA 没有一般的解，这是因为高斯分布的任何线性混合依然是高斯的，因此无法得到混合矩阵的信息。

(3)假设混合矩阵是方阵且可逆，即独立成分的个数要等于观测混合信号的个数。

基于以上三个假设，就可以利用观测信号 $\boldsymbol{X}$ 构建一个分离矩阵 $\boldsymbol{W}$，使得 $\boldsymbol{X}$ 在 $\boldsymbol{W}$ 的作用下得到随机向量 $\boldsymbol{Y}=(Y_1, Y_2, \cdots, Y_N)^{\mathrm{T}}$。因此，ICA 的求解可以表示为

$$\boldsymbol{Y}=\boldsymbol{W}\boldsymbol{X}$$

ICA 的目的就是寻找最优的分离矩阵 $\boldsymbol{W}$ 使 $\boldsymbol{Y}$ 尽可能逼近源信号 $\boldsymbol{X}$，这就要求 $\boldsymbol{Y}$ 的各分量之间尽可能独立。若所构建出的分离矩阵是 $\boldsymbol{A}$ 的逆矩阵，即 $\boldsymbol{W}=\boldsymbol{A}^{-1}$，则 $\boldsymbol{Y}=\boldsymbol{S}$，这样就达到了完全分离源信号的目的。

3.4.2　ICA 估计原理

目前，ICA 估计的主要方法有信息最大化、非高斯性最大化、互信息最小化以及极大似然估计等。下面简要介绍其中的代表性方法。

信息最大化法[19]是一个基于前馈神经网络的学习算法，它能有效分离多个超高斯分布的源信号 $\boldsymbol{S}$ 的线性混合信号 $\boldsymbol{X}$。记神经网络的输出为 $\boldsymbol{U}=(U_1, U_2, \cdots, U_N)^{\mathrm{T}}$，其第 i 个输出分量 $U_i=g(Y_i)$，这里 $g(Y_i)$是一个可逆的单调非线性函数。信息最大化法基于以下观察：最大化神经网络输出信号的联合熵 $H(\boldsymbol{U})$相当于最小化输出分量 $U_i=g(Y_i)$之间的互信息。神经网络输出信号的联合熵为

$$H(\boldsymbol{U})=\sum_{i=1}^{N}H(U_i)-\mathrm{MI}(U_1,\cdots,U_N) \tag{3.10}$$

式中，$H(U_i)$表示输出信号的边缘熵；$\mathrm{MI}(U_1, \cdots, U_N)$为输出信号之间的互信息。式(3.10)表明当随机变量 $U_1, \cdots, U_N$ 之间的互信息为零且 U_i 是均匀分布时，联合熵 $H(\boldsymbol{U})$取最大值。由此，通过计算 $H(\boldsymbol{U})$对 $\boldsymbol{W}$ 的梯度即可得到求解 $\boldsymbol{W}$ 的迭代规则。

分离信号的非高斯性可用于衡量它们之间的独立性，某个分离出的信号的非高斯性越大，则该信号越接近某个独立的源信号。因此，如何度量随机变量的非高斯性是一个关键问题，通常采用峰度和负熵两种测度。随机变量 Y_i 的峰度 $\mathrm{kurt}(Y_i)$定义为

$$\mathrm{kurt}(Y_i)=E\{Y_i^4\}-3(E\{Y_i^2\})^2$$

根据上式，若 Y_i 服从高斯分布，则其峰度为零，而对大多数非高斯变量，其峰度的绝对值大于零。负熵则是一种更稳定的度量非高斯性的方法[20]，它的定义为

$$\mathrm{NH}(Y_i)=H(Y_{\mathrm{Gauss}})-H(Y_i)$$

式中，Y_{Gauss} 表示服从高斯分布的随机变量，与 Y_i 具有相同的方差。当且仅当 Y_i 是高斯随机变量时，负熵为零。

另一种估计 ICA 的方法是互信息最小化法。根据式（3.10），随机向量 $\boldsymbol{Y}$ 各分量之间的互信息可表示为

$$\mathrm{MI}(Y_1,\cdots,Y_N)=\sum_{i=1}^{N}H(Y_i)-H(\boldsymbol{Y}) \tag{3.11}$$

利用负熵的定义，并假设各成分之间是不相关的，式（3.11）可改写为

$$\mathrm{MI}(Y_1,\cdots,Y_N)=\gamma-\sum_{i=1}^{N}\mathrm{NH}(Y_i)$$

式中，γ 是与分离矩阵 $\boldsymbol{W}$ 无关的常数。可以看出，最小化互信息相当于最大化负熵，这表明利用互信息最小化方法估计 ICA 等价于最大化随机向量 $\boldsymbol{Y}$ 各成分的非高斯性。

求解 ICA 问题的通用算法如算法 3.3 所示。算法中的数据中心化可以通过原始观测数据减其均值来实现，白化过程则使用特征值分解来实现，目的是去除数据的相关性，同时起到压缩数据的效果。非高斯性度量可以是上述的峰度、负熵等，这些函数代表了一种分离准则，根据不同的分离准则可以推导出不同的算法。

算法 3.3　ICA 算法伪代码

输入：由 D 维特征构成的数据集 DB=$\{\boldsymbol{x}_1,\cdots,\boldsymbol{x}_i,\cdots,\boldsymbol{x}_N\}$，约简特征数 D'
过程：
1：对混合数据或信号进行预处理，包括中心化、白化等；
2：定义非高斯性的度量，并建立目标函数；
3：选择某种优化算法最大（小）化目标函数，从而获得分离矩阵 $\boldsymbol{W}_{D'\times D}$。
输出：分离矩阵 $\boldsymbol{W}_{D'\times D}$

可以使用最大似然估计法来估计 ICA 模型，因为最大似然法的基本思想（求模型中的参数使观测数据出现的概率最大）本质上与最小化互信息是一致的。因此，可以为 ICA 模型定义似然函数，并作为优化算法的目标函数，似然函数的具体推导可参见文献[21]。

3.5　LDA

LDA 又称为 Fisher 线性判别（Fisher Linear Discriminant，FLD），是特征提取最有效的方法之一。LDA 的目的在于从高维特征空间中提取最具有判别力的低维特征，这个判别力体现在提取出的特征能使同一类别的样本聚集在一起，而不同类别的样本尽量分离。在具体实现上，它通过最大化样本类间离散度和样本类内离散度的比值，使得同一个类别的样本点聚集在一起，而不同类别的样本相对比较分散，从而提高模式分类性[9,10]。

首先考虑二分类情形。给定一个包含 N 个样本点的数据集 DB=$\{\boldsymbol{x}_1,\cdots,\boldsymbol{x}_i,\cdots,\boldsymbol{x}_N\}$，

其中每个样本 $\boldsymbol{x}_i$ 包含 D 维属性，划分为 c_1 和 c_2 两个类别之一。式（3.12）定义了每个类的中心 $\boldsymbol{v}_k(k=1,2)$，即

$$\boldsymbol{v}_k = \frac{1}{|c_k|}\sum_{\boldsymbol{x}\in c_k}\boldsymbol{x}, \quad k=1,2 \tag{3.12}$$

对于二分类问题，LDA 将 $\mathcal{R}^D$ 中的样本投影到 $\mathcal{R}^1$ 上。引入投影向量 $\boldsymbol{w}$，任意样本 $\boldsymbol{x}$ 在 $\mathcal{R}^1$ 的投影为

$$x' = \boldsymbol{w}^{\mathrm{T}}\boldsymbol{x}$$

经投影后，类 c_k 的中心变为

$$v'_k = \frac{1}{|c_k|}\sum_{\boldsymbol{x}\in c_k}\boldsymbol{w}^{\mathrm{T}}\boldsymbol{x} = \boldsymbol{w}^{\mathrm{T}}\boldsymbol{v}_k, \quad k=1,2 \tag{3.13}$$

在此基础上，根据两个类中心间的差距 $(v'_1-v'_2)^2$ 定义投影后两个类的类间分散程度。代入式（3.13），有

$$(v'_1-v'_2)^2 = \boldsymbol{w}^{\mathrm{T}}(\boldsymbol{v}_1-\boldsymbol{v}_2)(\boldsymbol{v}_1-\boldsymbol{v}_2)^{\mathrm{T}}\boldsymbol{w} \tag{3.14}$$

式中，引入一个新记号 $\boldsymbol{S}_B$，称为类间离散度矩阵，其表达形式为

$$\boldsymbol{S}_B = (\boldsymbol{v}_1-\boldsymbol{v}_2)(\boldsymbol{v}_1-\boldsymbol{v}_2)^{\mathrm{T}} \tag{3.15}$$

另外，用式（3.16）衡量每个投影之后类别的类内分散程度，其形式类似于方差定义，即

$$s'_k = \sum_{\boldsymbol{x}\in c_k}(x'-v'_k)^2, \quad k=1,2 \tag{3.16}$$

代入式（3.12）及式（3.13）可得

$$s'_k = \boldsymbol{w}^{\mathrm{T}}\boldsymbol{S}_k\boldsymbol{w}, \quad k=1,2 \tag{3.17}$$

式中

$$\boldsymbol{S}_k = \sum_{\boldsymbol{x}\in c_k}(\boldsymbol{x}-\boldsymbol{v}_k)(\boldsymbol{x}-\boldsymbol{v}_k)^{\mathrm{T}}, \quad k=1,2 \tag{3.18}$$

是类内离散度矩阵。总的类内离散度矩阵由两个类汇总而来，即

$$\boldsymbol{S}_W = \boldsymbol{S}_1 + \boldsymbol{S}_2 \tag{3.19}$$

LDA 的目标是最小化投影之后的类内离散度，同时最大化投影后的类间离散度。根据上述定义，二分类条件下 LDA 的优化目标函数定义为

$$J(\boldsymbol{w}) = \frac{(v'_1-v'_2)^2}{s'_1+s'_2} = \frac{\boldsymbol{w}^{\mathrm{T}}\boldsymbol{S}_B\boldsymbol{w}}{\boldsymbol{w}^{\mathrm{T}}\boldsymbol{S}_W\boldsymbol{w}} \tag{3.20}$$

在式（3.20）中，分母表示投影空间中两个类样本分布的分散程度，值越小表示类内样本分布得越集中；分子为类与类之间的分散程度，值越大表示两个类别越分离。显

然，最大化 $J(\boldsymbol{w})$ 的 $\boldsymbol{w}$ 就是所需的最优投影向量。下面分析最优投影向量的求解过程。令 $\lambda = J(\boldsymbol{w})$，有

$$\begin{aligned}\frac{\partial J}{\partial \boldsymbol{w}} &= \frac{2\boldsymbol{S}_B\boldsymbol{w}(\boldsymbol{w}^{\mathrm{T}}\boldsymbol{S}_W\boldsymbol{w}) - 2\boldsymbol{S}_W\boldsymbol{w}(\boldsymbol{w}^{\mathrm{T}}\boldsymbol{S}_B\boldsymbol{w})}{(\boldsymbol{w}^{\mathrm{T}}\boldsymbol{S}_W\boldsymbol{w})^2}\\ &= \frac{2\boldsymbol{S}_B\boldsymbol{w}}{\boldsymbol{w}^{\mathrm{T}}\boldsymbol{S}_W\boldsymbol{w}} - \lambda\frac{2\boldsymbol{S}_W\boldsymbol{w}}{\boldsymbol{w}^{\mathrm{T}}\boldsymbol{S}_W\boldsymbol{w}}\\ &= 0\end{aligned}$$

上式可简化为

$$\boldsymbol{S}_B\boldsymbol{w} - \lambda\boldsymbol{S}_W\boldsymbol{w} = 0$$

因此

$$\boldsymbol{S}_W^{-1}\boldsymbol{S}_B\boldsymbol{w} = \lambda\boldsymbol{w} \tag{3.21}$$

可见，$\boldsymbol{w}$ 是矩阵 $\boldsymbol{S}_W^{-1}\boldsymbol{S}_B$ 的特征向量，λ 则是其相应的特征值。由于我们要最大化 $J(\boldsymbol{w})$，而 $\lambda = J(\boldsymbol{w})$，所以要求解的最优 $\boldsymbol{w}$ 就是与 $\boldsymbol{S}_W^{-1}\boldsymbol{S}_B$ 最大特征值相对应的那个特征向量。

下面考虑多类别情形[22]。假定有 K 个类别，LDA 的目标是将 $\mathcal{R}^D$ 中的 N 个样本投影到 $\mathcal{R}^r$ 上，并且该投影能尽可能保留原有的分类信息，这里 $r \leqslant K-1$（不再使用 D' 表示约简特征数目的原因是，对于 K 类问题，LDA 通常要将数据约简至 K–1 维）。样本 $\boldsymbol{x}$ 的投影定义为

$$\boldsymbol{x}' = \boldsymbol{W}^{\mathrm{T}}\boldsymbol{x} \tag{3.22}$$

式中，$\boldsymbol{W}$ 为投影矩阵，由 r 个列向量 $\boldsymbol{w}_1, \boldsymbol{w}_2, \cdots, \boldsymbol{w}_r$ 组成。同样，可从投影后的类内离散度和类间离散度来求解最优的 $\boldsymbol{W}$。由于类内离散度矩阵刻画的是每一个类的离散程度，所以可从二分类情形直接推广到多类别情况，即

$$\boldsymbol{S}_W = \sum_{k=1}^{K}\boldsymbol{S}_k \tag{3.23}$$

$$\boldsymbol{S}_k = \sum_{\boldsymbol{x}\in c_k}(\boldsymbol{x}-\boldsymbol{v}_k)(\boldsymbol{x}-\boldsymbol{v}_k)^{\mathrm{T}}, \quad k = 1, 2, \cdots, K \tag{3.24}$$

类间离散度的定义则与二分类情形不同，多分类情形下要度量的是整体分散程度，且要考虑不同类内样本数的影响，一般定义为

$$\boldsymbol{S}_B = \sum_{k=1}^{K}|c_k|(\boldsymbol{v}_k-\bar{\boldsymbol{v}})(\boldsymbol{v}_k-\bar{\boldsymbol{v}})^{\mathrm{T}} \tag{3.25}$$

式中，$\bar{\boldsymbol{v}} = \dfrac{1}{N}\sum_{\forall \boldsymbol{x}}\boldsymbol{x}$ 是样本集的中心。多类别情形下，LDA 的目标优化函数相应修改为

$$J(\boldsymbol{W}) = \frac{\boldsymbol{W}^{\mathrm{T}}\boldsymbol{S}_B\boldsymbol{W}}{\boldsymbol{W}^{\mathrm{T}}\boldsymbol{S}_W\boldsymbol{W}} \tag{3.26}$$

最优投影矩阵的求解过程与二分类情形相似，其结果是矩阵 $\boldsymbol{S}_W^{-1}\boldsymbol{S}_B$ 特征值分解后，前

r 个最大特征值对应的特征向量组成的投影矩阵。需注意的是，由于 $\boldsymbol{S}_W^{-1}\boldsymbol{S}_B$ 并不是对称矩阵，所以分解后得到的 r 个特征向量不一定正交，这也是 LDA 和 PCA 最大的不同之处。LDA 算法描述如算法 3.4 所示。

算法 3.4　LDA 算法伪代码

输入：包含 K 个类的样本集 $\{\boldsymbol{x}_1, \cdots, \boldsymbol{x}_i, \cdots, \boldsymbol{x}_N\}$，约简特征数 $r < K$

过程：

1：若 K=2，则使用式（3.15）和式（3.19）更新类内离散度矩阵 $\boldsymbol{S}_W$ 和类间离散度矩阵 $\boldsymbol{S}_B$；若 $K > 2$，则利用式（3.23）和式（3.25）更新 $\boldsymbol{S}_W, \boldsymbol{S}_B$；

2：对矩阵 $\boldsymbol{S}_W^{-1}\boldsymbol{S}_B$ 进行特征值分解，获得特征值以及对应的特征向量；

3：根据特征值的大小对特征向量进行排序。若 $K = 2$，则选取最大特征值对应的特征向量作为投影向量；若 $K > 2$，则选取前 r 个特征值对应的特征向量构成投影矩阵 $\boldsymbol{W}_{D\times r}$。

输出：投影矩阵 $\boldsymbol{W}_{D\times r}$

PCA 和 LDA 都是常用的特征约简技术。与 PCA 考虑特征的协方差不同，LDA 利用了样本类别标号信息，旨在寻找某个特征空间使样本投影到该空间中具有最佳的可分离性。简单来说，就是使不同类别之间样本点的距离更大的同时同一类别的样本点更紧凑。所以，LDA 属于有监督的学习，它也可以作独立的分类算法之用，即基于给定的训练样本，学习判别函数并对待测样本进行预测；而 PCA 属于无监督的学习，它更倾向于是一种数据预处理的方法，主要作用是进行特征提取。

图 3.3 给出了 PCA 与 LDA 在二类问题中的投影对比结果。通过分析可知，LDA 和 PCA 在投影方向的选择上存在明显差异。PCA 选择了具有最大方差的方向作为样本的投影方向，显然在投影空间中样本存在较为严重的类别重合；而由于 LDA 考虑了类别信息，在经投影后，可以很好地将 class1 和 class2 中的样本区分开。

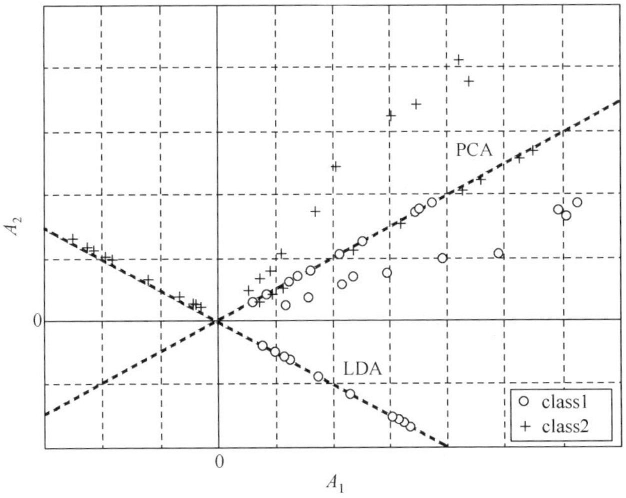

图 3.3　PCA 与 LDA 在二类问题中的投影对比

3.6 NMF

不同于 PCA、ICA 等的矩阵分解方法，NMF 后的矩阵因子的所有元素均是非负的。在实际问题中，矩阵分解结果中通常存在负元素，但负元素并不具备合理的物理解释。NMF 通过限制分解过程和分解结果的所有分量均为非负，使得其对数据的解释和描述变得更合理，因此在文本分类与聚类、人脸识别、图像检索、网络安全等领域得到了广泛应用。

3.6.1 NMF 的基本思想

NMF 的基本思想可以简单描述如下：对于任意给定的一个 $D \times N$ 的非负矩阵 $\boldsymbol{A}_{D\times N}$，NMF 的目标是寻找到两个非负矩阵 $\boldsymbol{W}_{D\times r}$ 和 $\boldsymbol{H}_{r\times N}$，满足 $\boldsymbol{A}_{D\times N} \approx \boldsymbol{W}_{D\times r} \times \boldsymbol{H}_{r\times N}$，从而将一个非负的矩阵分解为两个低秩非负矩阵的乘积。其中，$\boldsymbol{W}_{D\times r}$ 为基矩阵；$\boldsymbol{H}_{r\times N}$ 为系数矩阵；N 为给定数据集中的样本数目；D 为数据的维数，r 为约简特征数（通常，r 要远小于 N 和 D，因此这里不使用 D' 表示）。由此，原矩阵 $\boldsymbol{A}$ 中的每一个列向量就可以用基矩阵 $\boldsymbol{W}$ 中的列向量线性叠加而近似得到，而线性叠加的系数为系数矩阵 $\boldsymbol{H}$ 中对应列向量的元素。

图 3.4 给出了 NMF 提取面部特征的实例。本节将用其来解析 NMF 的基本原理。文献[23]提供了一个人脸识别中常用的面部图像数据库，从中选取一些图像组成一个 N=140 的测试数据集。其中，每幅图像由 D=25×20 个像素组成，转换后可用一个 500×1 的列向量表示，最终形成一个 $D \times N$ 的图像库矩阵 $\boldsymbol{A}$。经过 NMF 后，得到 500×r 的基矩阵 $\boldsymbol{W}$ 以及 r×140 的系数矩阵 $\boldsymbol{H}$。本例中乘号左边是以 6×6 拼接图形式给出的 36 个基图像，它是由 NMF 后的基矩阵 $\boldsymbol{W}_{500\times 36}$ 转换得到的，所以原数据库中的每幅图像可用这 36 个基图像线性叠加表示。乘号右边为某个图像对应的系数，以 6×6 矩阵形式给出，它是由系数矩阵 $\boldsymbol{H}_{36\times 140}$ 转换而来的，叠加后得到等号右边的重构图像。相对于原始图像使用的所有特征，NMF 仅保留了图像的局部特征并用这些特征重构原图像，从而实现对原数据的压缩，体现了局部构建整体的思想。

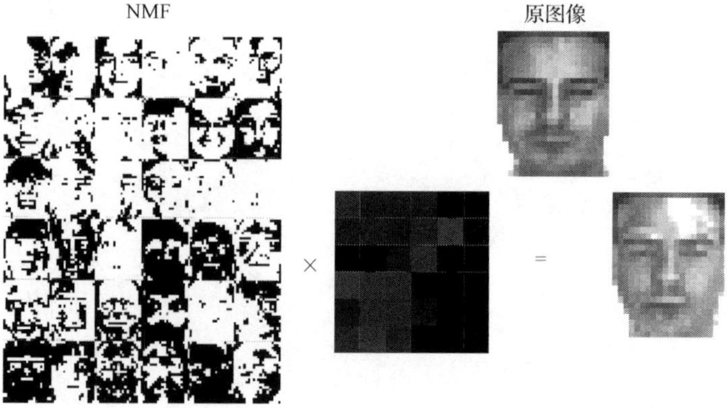

图 3.4 NMF 提取面部特征的实例

3.6.2　损失函数及迭代规则

NMF 可归结为求解如下约束优化问题：

$$\min f(\boldsymbol{W},\boldsymbol{H})$$
$$\text{s.t.}\ \boldsymbol{W}\geqslant 0,\boldsymbol{H}\geqslant 0$$

式中，$f(\boldsymbol{W},\boldsymbol{H})$为一个损失函数，用于衡量分解前后的逼近程度，随后通过优化损失函数求解。为此，将 NMF 结果看成含加性噪声的线性混合体模型[24]：

$$\boldsymbol{A}_{D\times N}=\boldsymbol{W}_{D\times r}\boldsymbol{H}_{r\times N}+\boldsymbol{E}_{D\times N}$$

式中，$\boldsymbol{E}_{D\times N}$ 为噪声矩阵。根据文献[25]给出的两种损失函数，若考虑噪声服从高斯分布，则其概率密度函数为

$$p(\boldsymbol{A}_{ij}\mid\boldsymbol{W},\boldsymbol{H})=\frac{1}{\sqrt{2\pi}\sigma_{ij}}\mathrm{e}^{-\frac{(\boldsymbol{A}_{ij}-(\boldsymbol{W}\boldsymbol{H})_{ij})^2}{2\sigma_{ij}^2}} \tag{3.27}$$

式中，$\boldsymbol{A}_{ij}$ 表示矩阵 $\boldsymbol{A}$ 中第 i 行第 j 列元素。由此得到基于 $\boldsymbol{A}$ 与 $\boldsymbol{WH}$ 间欧几里得距离的损失函数

$$f_{\mathrm{ED}}(\boldsymbol{W},\boldsymbol{H})=\sum_{i,j}(A_{ij}-(\boldsymbol{W}\boldsymbol{H})_{ij})^2 \tag{3.28}$$

相应的乘法迭代规则（算法迭代中更新 $\boldsymbol{H}$ 和 $\boldsymbol{W}$ 的规则）为

$$\boldsymbol{H}_{lj}\leftarrow\boldsymbol{H}_{lj}\frac{(\boldsymbol{W}^{\mathrm{T}}\boldsymbol{A})_{lj}}{(\boldsymbol{W}^{\mathrm{T}}\boldsymbol{W}\boldsymbol{H})_{lj}},\quad \boldsymbol{W}_{il}\leftarrow\boldsymbol{W}_{il}\frac{(\boldsymbol{A}\boldsymbol{H}^{\mathrm{T}})_{il}}{(\boldsymbol{W}\boldsymbol{H}\boldsymbol{H}^{\mathrm{T}})_{il}} \tag{3.29}$$

若考虑泊松噪声，即

$$p(\boldsymbol{A}_{ij}\mid\boldsymbol{W},\boldsymbol{H})=\frac{(\boldsymbol{W}\boldsymbol{H})_{ij}^{\boldsymbol{A}_{ij}}}{\boldsymbol{A}_{ij}!}\mathrm{e}^{-(\boldsymbol{W}\boldsymbol{H})_{ij}} \tag{3.30}$$

则可以根据广义 KL 散度推出损失函数

$$f_{\mathrm{KL}}(\boldsymbol{W},\boldsymbol{H})=\sum_{i,j}\left(\boldsymbol{A}_{ij}\ln\frac{\boldsymbol{A}_{ij}}{(\boldsymbol{W}\boldsymbol{H})_{ij}}-\boldsymbol{A}_{ij}+(\boldsymbol{W}\boldsymbol{H})_{ij}\right)$$

和相应的乘法迭代规则

$$\boldsymbol{H}_{lj}\leftarrow\boldsymbol{H}_{lj}\frac{\sum_i\boldsymbol{W}_{il}\boldsymbol{A}_{ij}/(\boldsymbol{W}\boldsymbol{H})_{ij}}{\sum_i\boldsymbol{W}_{il}},\quad \boldsymbol{W}_{il}\leftarrow\boldsymbol{W}_{il}\frac{\sum_j\boldsymbol{H}_{lj}\boldsymbol{A}_{ij}/(\boldsymbol{W}\boldsymbol{H})_{ij}}{\sum_j\boldsymbol{H}_{lj}} \tag{3.31}$$

以上推导过程可参见文献[26]。

给定非负矩阵 $\boldsymbol{A}$ 和损失函数 $f(\boldsymbol{W},\boldsymbol{H})$，以及可容忍的误差 ε，NMF 算法描述如算法 3.5 所示。

算法 3.5　NMF 算法伪代码

输入：非负矩阵 $\boldsymbol{A}_{D\times N}\in\mathcal{R}^{D\times N}$，约简特征数 $r(r<N,r<D)$

过程：

1: 初始化：基矩阵 $\boldsymbol{W}=\{w_{il}\}_{D\times r}$，$w_{il}\in\mathcal{R},i=1,2,\cdots,D,l=1,2,\cdots,r$；

系数矩阵 $\boldsymbol{H}=\{h_{lj}\}_{r\times N}$，$h_{lj}\in\mathcal{R},l=1,2,\cdots,r,j=1,2,\cdots,N$；

2: **repeat**

3: 根据不同类型的噪声，选择对应的公式更新 $\boldsymbol{W}$、$\boldsymbol{H}$。若为高斯噪声，则根据式（3.27）、式（3.28）更新；若为泊松噪声，则根据式（3.30）、式（3.31）更新；

4: **until** $f(\boldsymbol{W},\boldsymbol{H})<\varepsilon$ 或达到最大迭代次数

输出：$\boldsymbol{W}\geqslant 0$，$\boldsymbol{H}\geqslant 0$

3.7　非线性特征变换

有多种方法可以实现非线性特征变换。除 2.2.2 节提到的 ISOMAP、LLE 等非线性流形学习方法外，人工神经网络也是实现非线性特征变换的一种方式。在多层人工神经网络（包含至少一个隐层，其神经元激励函数为 Sigmoid 等非线性函数）中，经训练的隐层实际上起到非线性特征变换的作用[27]，它们对输入进行了空间映射，再将变换后的输入提交给输出层神经元。这种变换是隐式的，隐藏在神经网络的结构和诸神经元间的连接权重中。

由于数学上的简洁，基于核函数的方法是被广泛接受的一种非线性特征变换方法。在这种方法中，实现从原始空间到特征空间（feature space）非线性映射的映射函数 $\boldsymbol{\Phi}$ 由核函数定义，即

$$\kappa(\boldsymbol{x}_i,\boldsymbol{x}_t)=\langle\boldsymbol{\Phi}(\boldsymbol{x}_i),\boldsymbol{\Phi}(\boldsymbol{x}_t)\rangle \tag{3.32}$$

式中，$\kappa(\boldsymbol{x}_i,\boldsymbol{x}_t)$ 为核函数；$\langle\cdot,\cdot\rangle$ 表示样本在特征空间的内积。从式（3.32）可以看出核函数实际上是实现了向量的内积变换，即将特征空间的内积运算转化为原始空间核函数的计算。常用的核函数有以下几种。

（1）线性核函数

$$\kappa(\boldsymbol{x}_i,\boldsymbol{x}_t)=\boldsymbol{x}_i^{\mathrm{T}}\cdot\boldsymbol{x}_t$$

（2）p 阶多项式核函数

$$\kappa(\boldsymbol{x}_i,\boldsymbol{x}_t)=(\boldsymbol{x}_i^{\mathrm{T}}\cdot\boldsymbol{x}_t+1)^p$$

（3）高斯径向基核函数

$$\kappa(\boldsymbol{x}_i,\boldsymbol{x}_t)=\mathrm{e}^{-\frac{\|\boldsymbol{x}_i-\boldsymbol{x}_t\|_2^2}{2\sigma^2}}$$

（4）感知机核函数

$$\kappa(\boldsymbol{x}_i, \boldsymbol{x}_t) = \tanh(\beta(\boldsymbol{x}_i^{\mathrm{T}} \cdot \boldsymbol{x}_t) + \alpha)$$

借助“核技巧”，线性特征变换方法可以通过核函数的桥梁作用转变成非线性特征变换方法。下面介绍基于这个原理的两种代表性非线性特征提取方法：KPCA 和 KFDA。

1）KPCA

KPCA 是 PCA 方法的非线性扩展形式，它首先借助核函数进行非线性映射，随后在高维特征空间中利用 PCA 求解特征子空间。给定 N 个 D 维且经过中心化的样本点 $\boldsymbol{x}_1, \boldsymbol{x}_2, \cdots, \boldsymbol{x}_N$，通过 $\boldsymbol{\Phi}$ 映射变换为特征空间中的样本点 $\boldsymbol{\Phi}(\boldsymbol{x}_1), \boldsymbol{\Phi}(\boldsymbol{x}_2), \cdots, \boldsymbol{\Phi}(\boldsymbol{x}_N)$ 并设投影向量为 $\boldsymbol{w}^{\Phi}$，根据 3.3.1 节的推导，特征空间中协方差矩阵可表示为

$$\boldsymbol{S}^{\Phi} = \frac{1}{N}\sum_{i=1}^{N} \boldsymbol{\Phi}(\boldsymbol{x}_i)\boldsymbol{\Phi}(\boldsymbol{x}_i)^{\mathrm{T}}$$

对 $\boldsymbol{S}^{\Phi}$ 进行特征分解得

$$\boldsymbol{S}^{\Phi}\boldsymbol{w}^{\Phi} = \lambda^{\Phi}\boldsymbol{w}^{\Phi} \tag{3.33}$$

式中，$\boldsymbol{w}^{\Phi}$ 是协方差矩阵 $\boldsymbol{S}^{\Phi}$ 的特征向量；λ^{Φ} 为非零特征值。利用核技巧将内积运算转化为核函数的计算，则式（3.33）可以转化为求解下列特征值及特征向量的问题：

$$\boldsymbol{K}\boldsymbol{w} = \lambda\boldsymbol{w} \tag{3.34}$$

式中，$\boldsymbol{K}=(k_{ij})_{N\times N}$ 为核矩阵，$k_{ij} = \langle \boldsymbol{\Phi}(\boldsymbol{x}_i), \boldsymbol{\Phi}(\boldsymbol{x}_j)\rangle = \kappa(\boldsymbol{x}_i, \boldsymbol{x}_j)$；$\boldsymbol{w}$ 是 $\boldsymbol{K}$ 的特征向量；λ 是其非零特征值。另外，式（3.33）和式（3.34）的特征值和特征向量存在如下关系：$\lambda_j = N\lambda_j^{\Phi}$，$\boldsymbol{w}_j^{\Phi} = \sum_{i=1}^{N} \boldsymbol{w}_j^{(i)}\boldsymbol{\Phi}(\boldsymbol{x}_i)$，其中 $\boldsymbol{w}_j^{(i)}$ 表示特征向量 $\boldsymbol{w}_j$ 中的第 i 个元素。

2）KFDA

KFDA[15]结合了核方法和线性判别分析来提取样本的非线性判别特征。其基本思想是：首先通过一个非线性映射将原始样本点映射到一个高维的特征空间，随后在该空间进行 LDA，从而实现对原始空间样本的非线性特征变换。以二分类的情形为例子来讨论 KFDA 算法。考虑数据集$\{\boldsymbol{x}_1, \cdots, \boldsymbol{x}_i, \cdots, \boldsymbol{x}_N\}$及其中的两个类别 c_1 和 c_2，根据 3.5 节的推导，要求解特征空间的线性判别问题需最大化以下目标优化函数：

$$J(\boldsymbol{w}^{\Phi}) = \frac{(\boldsymbol{w}^{\Phi})^{\mathrm{T}}\boldsymbol{S}_B^{\Phi}\boldsymbol{w}^{\Phi}}{(\boldsymbol{w}^{\Phi})^{\mathrm{T}}\boldsymbol{S}_W^{\Phi}\boldsymbol{w}^{\Phi}} \tag{3.35}$$

式中，$\boldsymbol{S}_B^{\Phi}$ 和 $\boldsymbol{S}_W^{\Phi}$ 分别是特征空间中的类间离散度矩阵和类内离散度矩阵：

$$\begin{gathered}\boldsymbol{S}_B^{\Phi} = (\boldsymbol{v}_1^{\Phi} - \boldsymbol{v}_2^{\Phi})(\boldsymbol{v}_1^{\Phi} - \boldsymbol{v}_2^{\Phi})^{\mathrm{T}} \\ \boldsymbol{S}_W^{\Phi} = \sum\nolimits_{k=1,2} \boldsymbol{S}_k^{\Phi}\end{gathered} \tag{3.36}$$

式中，$\boldsymbol{S}_k^{\Phi}$ 定义为

$$\boldsymbol{S}_k^{\Phi} = \sum_{\boldsymbol{x} \in c_k} (\Phi(\boldsymbol{x}) - \boldsymbol{v}_k^{\Phi})(\Phi(\boldsymbol{x}) - \boldsymbol{v}_k^{\Phi})^{\mathrm{T}}, \quad k = 1,2$$

$\boldsymbol{v}_1^{\Phi}$ 与 $\boldsymbol{v}_2^{\Phi}$ 为特征空间中类别 c_1 和 c_2 的中心，用式（3.37）计算：

$$\boldsymbol{v}_k^{\Phi} = \frac{1}{|c_k|} \sum_{\boldsymbol{x} \in c_k} \Phi(\boldsymbol{x}), \quad k = 1,2 \tag{3.37}$$

根据再生核理论，即任意 $\boldsymbol{w}^{\Phi}$ 都是特征空间中的样本张成的，表示为

$$\boldsymbol{w}^{\Phi} = \sum\nolimits_{i=1}^{N} w_i \Phi(\boldsymbol{x}_i) \tag{3.38}$$

式中，$w_1, w_2, \cdots, w_N$ 为常数。根据式（3.37）和式（3.38），并利用核函数代替内积运算，则

$$\begin{aligned}(\boldsymbol{w}^{\Phi})^{\mathrm{T}} \boldsymbol{v}_k^{\Phi} &= \frac{1}{|c_k|} \sum_{i=1}^{N} \sum_{\boldsymbol{y} \in c_k} w_i \kappa(\boldsymbol{x}_i, \boldsymbol{y}) \\ &= \boldsymbol{w}^{\mathrm{T}} \boldsymbol{M}_k \end{aligned} \tag{3.39}$$

式中，$(\boldsymbol{M}_k)_i = (1/|c_k|) \sum\nolimits_{\boldsymbol{y} \in c_k} \kappa(\boldsymbol{x}_i, \boldsymbol{y})$。利用式（3.36）和式（3.39），式（3.35）的分子可重写为

$$(\boldsymbol{w}^{\Phi})^{\mathrm{T}} \boldsymbol{S}_B^{\Phi} \boldsymbol{w}^{\Phi} = \boldsymbol{w}^{\mathrm{T}} \boldsymbol{S}_B \boldsymbol{w} \tag{3.40}$$

式中，矩阵 $\boldsymbol{S}_B$ 为

$$\boldsymbol{S}_B = (\boldsymbol{M}_1 - \boldsymbol{M}_2)(\boldsymbol{M}_1 - \boldsymbol{M}_2)^{\mathrm{T}} \tag{3.41}$$

对于式（3.35）的分母，利用式（3.37）、式（3.38）及类似式（3.40）的变换，可将其转换为

$$(\boldsymbol{w}^{\Phi})^{\mathrm{T}} \boldsymbol{S}_W^{\Phi} \boldsymbol{w}^{\Phi} = \boldsymbol{w}^{\mathrm{T}} \boldsymbol{S}_W \boldsymbol{w} \tag{3.42}$$

式中

$$\boldsymbol{S}_W = \sum\nolimits_{k=1,2} \boldsymbol{K}_k (\boldsymbol{I} - \boldsymbol{I}_{|c_k|}) \boldsymbol{K}_k^{\mathrm{T}} \tag{3.43}$$

式中，$\boldsymbol{K}_k$ 是第 k 类的核矩阵，$(\boldsymbol{K}_k)_{ij} = \kappa(\boldsymbol{x}_i, \boldsymbol{x}_j^k)$，$\boldsymbol{x}_j^k$ 为 c_k 的第 j 个样本；$\boldsymbol{I}$ 是单位矩阵；$\boldsymbol{I}_{|c_k|}$ 为所有元素均为 $1/|c_k|$ 的矩阵。将式（3.42）和式（3.40）代入式（3.35）可求得特征空间上的线性判别目标优化函数，即最大化

$$J(\boldsymbol{w}) = \frac{\boldsymbol{w}^{\mathrm{T}} \boldsymbol{S}_B \boldsymbol{w}}{\boldsymbol{w}^{\mathrm{T}} \boldsymbol{S}_W \boldsymbol{w}}$$

上式形式上与式（3.20）相同，但这里的 $\boldsymbol{S}_B$ 和 $\boldsymbol{S}_W$ 是分别由式（3.41）和式（3.43）定义的。类似于原始空间的求解方法（见 3.5 节），该最优化问题可转化为求 $\boldsymbol{S}_W^{-1} \boldsymbol{S}_B$ 的特征值和特征向量。

3.8　主要特征变换方法对比

本章所述的 PCA、SVD、ICA、LDA、NMF 和 KPCA 等特征变换方法各有侧重点，本节的目的是在实际数据上检验和分析这些方法的特点。选用鸢尾花（Iris）这个数据挖掘研究中最常用的测试数据集，它由 Fisher 于 1936 年收集整理，可以从 http://www.ics.uci.edu/～mlearn/databases 下载。Iris 数据集含 150 个样本，分别对应于 3 种不同类型的鸢尾花（setosa、versicolor 或 virginica），每类各有 50 个样本。每个样本记录了一朵鸢尾花的花萼长（sepal length）、花萼宽（sepal width）、花瓣长（petal length）和花瓣宽（petal width）以及该样本属于哪一种鸢尾花（即类别属性）。部分数据见表 3.1。

表 3.1　鸢尾花（Iris）数据片段

花萼长/cm	花萼宽/cm	花瓣长/cm	花瓣宽/cm	类型
5.1	3.5	1.4	0.2	setosa
4.9	3.0	1.4	0.2	setosa
7.0	3.2	4.7	1.4	versicolor
6.3	3.3	6.0	2.5	virginica
6.3	2.9	5.6	1.8	virginica
…	…	…	…	…

Iris 数据集的一个重要特点是：其中一个类别与另外两个类别具有明显的分隔，是线性可分的，而后两个类别中的样本却有明显的重叠部分，其数据分布如图 3.5 所示。由于 Iris 数据集的上述特点，可以容易地根据不同方法为数据提取的特征来反映它们的侧重点，另外，由于 Iris 只有 4 维，使用这样低维的数据易于我们可视化各特征变换方法的结果。

分别进行两组实验测试。第一组实验将提取特征的维数设定为 1 维，以体现各个特征变换方法的侧重点，结果如图 3.6(a)所示。第二组实验将维数设定为 2 维，结果如图 3.6(b)所示。通过与第一组实验结果对比，以分析应用特征变换方法对数据集进行特征约简时应注意的一些问题。

如图 3.6 所示，从 LDA 方法的实验结果来看，三个类别之间具有明显的分隔，该结果与 LDA 方法的结论相一致，即 LDA 方法提取的特征令不同类别的样本之间尽可能分离，而同一类别内的样本尽可能紧凑。从图 3.6(b)的 ICA 方法的结果可以清晰地看到类别之间的边界，符合 ICA 方法分离出的类别之间是相互独立的这一结论，因此 ICA 方法适合用于盲源分离。对比 NMF 与其他方法的实验结果，可以看出除了 PCA 方法，其他方法特征约简后的样本属性值均出现了负值，而 NMF 方法并未出现。其主要原因是 NMF 分解的特征向量具有非负的特点，从而特征向量之间的内积必大于零，意味着其不可能完全正交，这也使得分解的特征向量存在信息冗余。而像 SVD 分解的特征向量彼此正交，却失去了非负的特点，导致其结果的可解释性变差。结合两组实验结果，我们有以下评论。

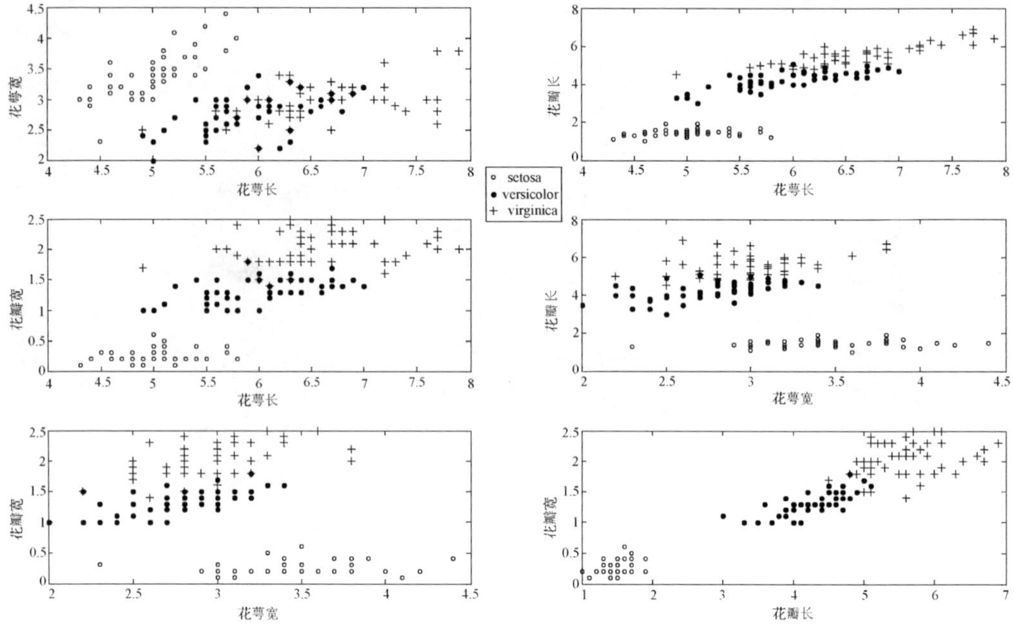

图 3.5　Iris 数据集的样本分布情况

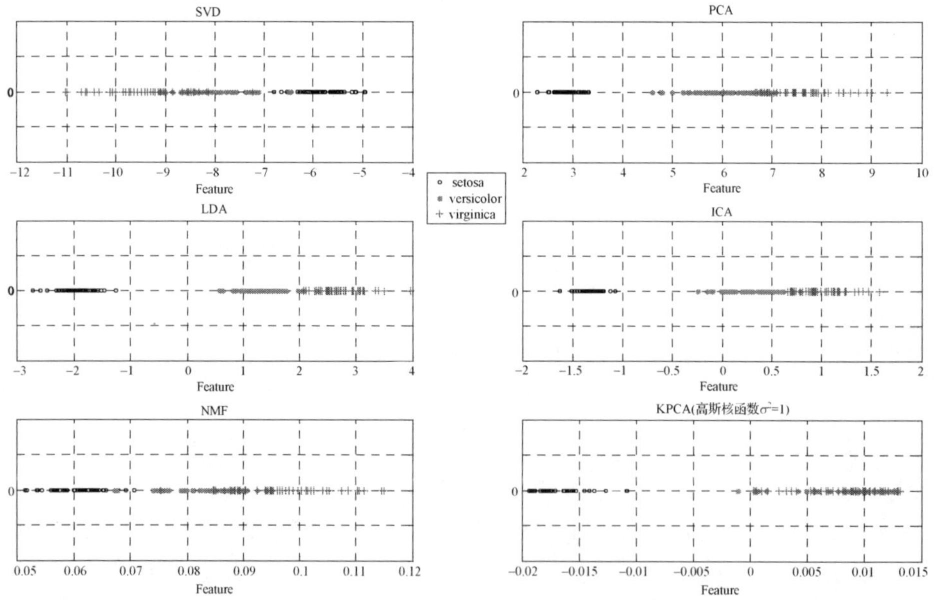

(a) 特征约简为1维时各方法的输出

图 3.6　主要特征变换方法应用在 Iris 数据集上的特征约简效果

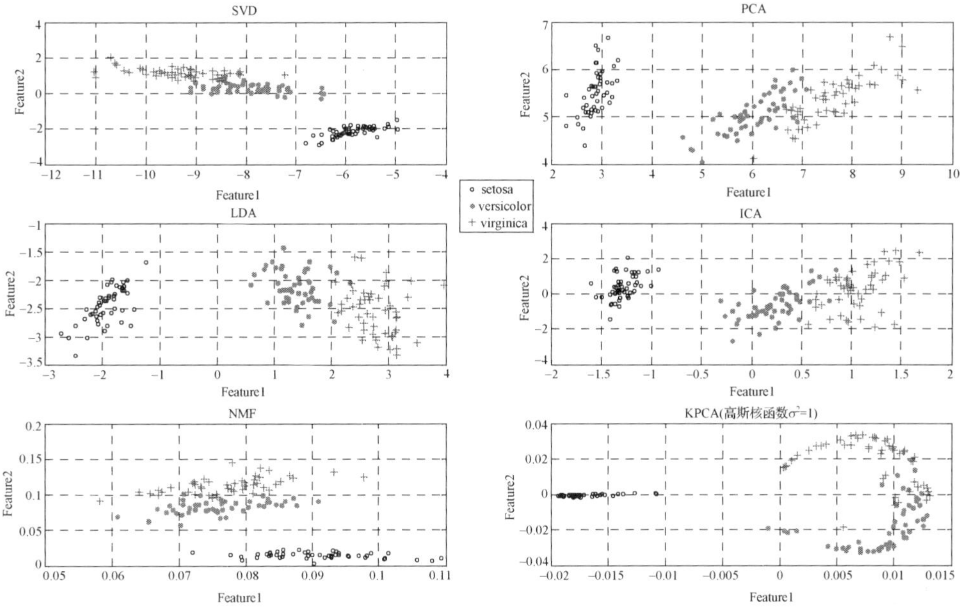

(b) 特征约简为2维时各方法的输出

图 3.6　主要特征变换方法应用在 Iris 数据集上的特征约简效果（续）

（1）对于特征变换方法，约简空间的特征维数对特征提取效果具有重要影响，如 NMF 方法选择维数为 2 的特征提取结果明显好于维数为 1 的结果。如何选择约简特征的维数是值得深入探讨的一个课题，在实际应用中，可以定义第 2 章所述的封装型或嵌入型特征约简方法来选择最佳的约简特征维数。但是，有些变换方法的约简特征数是确定的，如 LDA，对于 K 类问题，LDA 通常要将数据约简至 K–1 维。因此，当 K 较小时，LDA 可能存在“过度约简”问题[28]。

（2）不同特征变换方法侧重点各异，也有不同的适用范围，需要依据数据特点以及应用需求来选择。例如，NMF 方法要求各个数据对象的属性值非负；ICA 可以让分解出的各分量间相互独立；LDA 在降维的同时，着重于使类别内的样本在分布上更紧凑，而不同类别间更分散；PCA 在对数据集的特征约简过程中尽量保留原数据的主成分。当前，对于如何选择特征变换方法，并没有可供人们直接参考的选择准则或人们普遍接受的最佳方法。一般而言，不存在任何数据集上都表现良好的特征变换方法。给定一个数据集，在实际应用中，可以尝试多种特征变换方法，结合和利用它们各自的优点，达成期望的特征提取效果。例如，我们可以首先利用 PCA 方法进行降维，随后使用 ICA 方法分离出各个相对独立的类别，或利用 LDA 方法使各类别间具有更大的差异性。在此基础上，再选用适当的挖掘算法对降维后的数据进行处理和分析。

（3）对于有监督的数据挖掘任务，非线性特征变换方法可以取得较好效果。图 3.6(b)显示了 KPCA（使用高斯核函数，$\sigma^2=1$）和 NMF（考虑高斯噪声或泊松噪声时，NMF

可以视为一种非线性特征变换方法，见 3.6.2 节）的约简结果，与其他方法不同，它们对原始特征进行了非线性变换，使得在变换后的特征空间中类间更具可区分性。该型方法的另一个优势是可调节性，故更具灵活性。这种灵活性体现在噪声分布（NMF）和核函数（KPCA）的选择上。图 3.7 显示采用不同核函数（以及同一核函数但参数不同）对 Iris 数据进行 KPCA 的结果，其中 p=1 的多项式核函数相当于线性核，图上显示投影到前两个核主成分组成的空间中的样本分布情况。

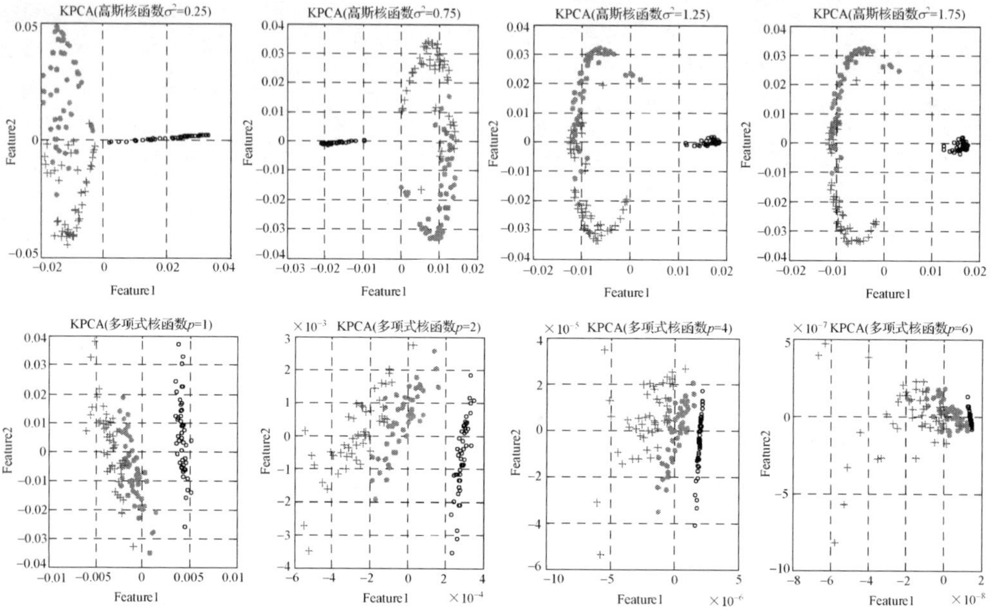

图 3.7　Iris 数据采用不同核函数的 KPCA 效果

如图 3.7 所示，KPCA 的性能可以通过核函数的选择进行调节。结合图 3.6(b)可知，NMF 和采用 2 阶多项式核的 KPCA 通过非线性特征变换，较好地区分了 Iris 数据中两个重叠的类。图 3.7 的结果也暗示，核函数的差异对特征变换结果有重要影响，需要根据实际数据的特点来选择合适的核函数。在有监督的情况下，可以探讨“学习核”方法[23]以从训练数据中学习理想的核函数。

参 考 文 献

[1] Liu H, Motoda H. Feature Extraction for Knowledge Discovery and Data Mining. Boston: Kluwer Academic Publisher, 1998.

[2] Jolliffe I. Principal Component Analysis. Manhattan: John Wiley & Sons, 2002.

[3] Yeung K Y, Ruzzo W L. Principal component analysis for clustering gene expression data. Bioinformatics, 2001, 17(9): 763-774.

[4] Kalman D. A singularly valuable decomposition: the SVD of a matrix. College Mathematics Journal, 1996, 27(1): 2-23.

[5] 周德龙, 高文, 赵德斌. 基于奇异值分解和判别式 KL 投影的人脸识别. 软件学报, 2003, 14(4): 783-789.

[6] Hyvärinen A, Oja E. Independent component analysis: algorithms and applications. Neural Networks, 2000, 13(4-5): 411-430.

[7] Hyvrinen A. Survey on independent component analysis. Neural Computing Surveys, 1999, 2(7): 1527-1558.

[8] 杨竹青, 李勇, 胡德文. 独立成分分析方法综述. 自动化学报, 2002, 28(5): 762-772.

[9] Belhumeur P N, Hespanha J P, Kriegman D J. Eigenfaces vs fisherfaces: recognition using class specific linear projection. IEEE Transactions on Pattern Analysis and Machine Intelligence, 1997, 19(7): 711-720.

[10] 尹洪涛, 付平, 沙学军. 基于 DCT 和线性判别分析的人脸识别. 电子学报, 2009, 37(10): 2211-2214.

[11] Lee D D, Seung H S. Learning the parts of objects by non-negative matrix factorization. Nature, 1999, 401: 788-791.

[12] 王科俊, 左春婷. 非负矩阵分解特征提取技术的研究进展. 计算机应用研究, 2014, 31(4): 970-975.

[13] Schölkopf B, Smola A, Müller K R. Nonlinear component analysis as a kernel eigenvalue problem. Neural Computation, 1998, 10(5): 1299-1319.

[14] Cao L J, Chong W K. Feature extraction in support vector machine: a comparison of PCA, XPCA and ICA//The 9th International Conference on Neural Information Processing, Singapore, 2002.

[15] Scholkopft B, Mullert K R. Fisher discriminant analysis with kernels. Neural Networks for Signal Processing IX, 1999, 9: 41-48.

[16] Klaus R M, Sebastian M, Gunnar R. An introduction to kernel-based learning algorithm. IEEE Transaction on Neural Networks, 2001, 12(2): 181-202.

[17] Sim T, Baker S, Bsat M. The CMU pose, illumination, and expression database. IEEE Transactions on Pattern Analysis and Machine Intelligence, 2003, 25(12): 1615-1618.

[18] 彭才, 朱仕军, 孙建库, 等. 基于独立成分分析的地震数据去噪. 勘探地球物理进展, 2007, 30(1): 30-32.

[19] Bell A, Sejnowski T. An information-maximization approach to blind separation and blind deconvolution. Neural Computation, 1995, 7(6): 1129-1159.

[20] Cover T M, Thomas J A. Elements of Information Theory. Manhattan: John Wiley & Sons, 2012.

[21] Pham D T, Garat P. Blind separation of mixture of independent sources through a quasi-maximum likelihood approach. IEEE Transactions on Signal Processing, 1997, 45(7): 1712-1725.

[22] Rao C R. The utilization of multiple measurements in problems of biological classification. Journal

of the Royal Statistical Society, 1948, 10(2): 159-203.

[23] Martinez A M. The AR face database. CVC Technical Report, 1998.

[24] Sajda P, Du S, Parra L C. Recovery of constituent spectra using non-negative matrix factorization//The 48th Society of Photo-Optical Instrumentation Engineers (SPIE) Conference, San Diego, 2003.

[25] Lee D D, Seung H S. Algorithms for non-negative matrix factorization//The 13th Advances in Neural Information Processing Systems, Denver, 2001.

[26] 刘维湘, 郑南宁, 游屈波. 非负矩阵分解及其在模式识别中的应用. 科学通报, 2006, 51(3): 241-250.

[27] Huang G B, Zhou H, Ding X, et al. Extreme learning machine for regression and multiclass classification. IEEE Transactions on Systems, Man, and Cybernetics, 2012, 42(42): 513-529.

[28] Wan H, Guo G, Wang H, et al. A new linear discriminant analysis method to address the over-reducing problem//The 6th International Conference on Pattern Recognition and Machine Intelligence, Warsaw, 2015.

第 4 章 特征选择方法

4.1 特征选择的基本原理

依特征之间以及特征与样本类别(分类挖掘中的类别属性、回归分析中的输出属性，下同）间的相关性，数据集中的特征可以分为三种类型：相关（relevant）、不相关（irrelevant）和冗余（redundant）特征。相关特征是指对输出有显著影响的特征，它们的作用不能被忽略；不相关特征是指对输出没有任何影响的特征，它们的值在任意样本中均可以随机生成；冗余特征是指那些可以被其他特征所代替的特征。在实际应用中，不相关或冗余的特征不但对类的识别没有帮助，如 1.3.2 节所述，很多情况下还导致维灾等问题，它们掩盖了数据中潜在的类别模式，可能影响数据挖掘算法的性能，起到反面作用。对这样的数据，有必要进行降维处理，一种直接的方法便是特征选择[1,2]。

作为一种线性特征约简技术，特征选择的目标是从原空间选择重要的特征子集，并使得约简数据的分布与原始数据的分布尽可能接近，可以克服许多数据挖掘算法对不相关或冗余特征敏感的问题。从效果上看，由于剔除了不相关或冗余的特征，特征选择有效地减少数据的特征数目，从而达到提高算法效率和预测性能的效果。与特征变换方法相比，其输出的每个约简特征是与原始特征对应的，因此特征选择结果具有更好的可解释性。

如第 2 章所述，特征选择有过滤型、封装型和嵌入型三种实现方式，本章将重点讨论前两种实现方式，嵌入型特征选择方法在第 5 章和第 6 章介绍。基于过滤或封装方式进行特征选择的一般过程见图 4.1。对于原始的 D 个特征，特征选择方法首先根据某种策略从中选择候选特征子集，再使用评价函数评估它们的有效性；重复这个生成和评估过程直到满足停止条件，最后选取其中一组最有效的（依评估函数定义的标准）特征子集作为结果输出。根据图 4.1，一次典型的特征选择过程涉及候选特征子集产生过程、评价函数、停止准则和验证过程等部分，以下简要介绍这四部分的内容。

1）产生过程（generation/search procedure）

产生过程是搜索特征子集的过程，负责为评价函数提供候选特征子集。假定原始数据集具有 D 维特征，特征选择算法需要在 2^D-1 个候选特征子集中搜索。以 3 维特征为例，如图 4.2 所示，算法需要处理 7 个候选特征子集（图中数字 1 表示选择了某个特征，0 表示不选择）。由于候选特征子集数目与原始特征数目呈指数关系，当 D 较大时，特征选择方法的搜索空间将是非常庞大的。为压缩搜索空间，提高产生过程的效率，已提出启发式搜索和随机搜索等多种类型的候选特征子集生成方法，参见 2.2.1 节的内容。

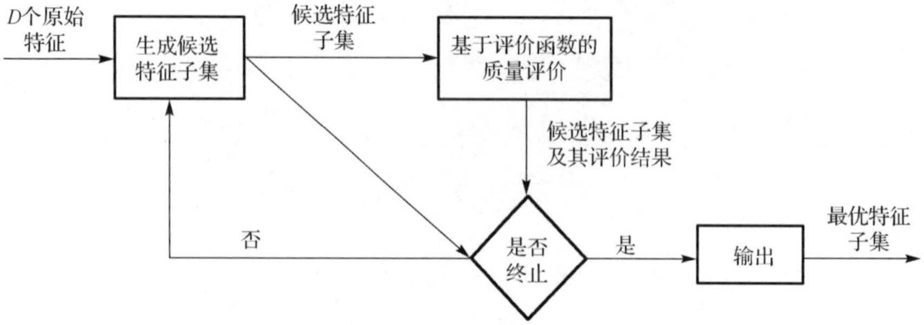

图 4.1　过滤型或封装型特征选择的一般过程

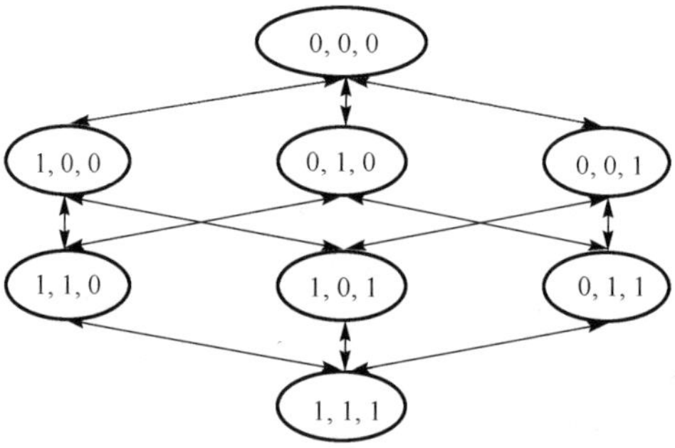

图 4.2　3 维数据的 7 个特征子集组合（除 0,0,0 组合之外）

2）评价函数（evaluation function）

评价函数是一种评估特征子集优劣程度的度量准则。评价函数是特征选择算法的一个支柱，它与特征选择结果直接相关。目前已提出了多种类型的评价函数，根据是否与后续要使用的数据挖掘算法（称为基础算法）相结合，评价函数可以粗略地划分为两类：封装型的和过滤型的评价准则。其中，过滤型准则与基础算法无关，因此推广能力强、计算量也较小；而封装型准则以基础算法的性能为评价标准，因而推广能力相对较差，且计算量大[3]，但它可以为基础算法“量身定做”，令其获得最好性能的特征子集。过滤型度量主要包括距离度量、信息度量、相关性度量、一致性度量等，而封装型度量有分类器错误率度量等[4, 5]。

3）停止准则（stopping criterion）

特征选择算法需满足收敛性要求，即算法必须在执行有限个步骤之后终止。在实际使用中，一般需要人为地预设终止条件，算法每次迭代生成候选特征子集或进行质量评价之后，判断是否符合该终止条件以决定算法是否终止。停止准则可以是根据评价函数相关信息设置的阈值或更直接的是预设的算法迭代次数上限，当评价函数值达到该阈值或迭代次数超过上限时，停止搜索候选特征子集。

4）验证过程（validation procedure）

该过程验证算法所生成特征子集的有效性。通常，算法在验证数据集（validation data）上进行有效性验证，以检验作为选择结果的特征子集的优劣。验证过程还可能包括各候选特征子集的比较和决策，比较依据是在各候选特征子集上计算的评价函数值，在此基础上，依不同评价函数的约定，决定输出何种候选特征子集为最优特征子集。

从以上分析可知，评价函数的定义和使用是影响特征选择结果最重要的因素之一，下面介绍若干应用于过滤型或封装型过程的特征（子集）评价函数。

4.2　特征评价函数

依据特征选择的监督性，评价函数可以归为两大类：无监督评价函数和有监督评价函数。有监督评价函数利用了数据包含的类别信息，4.2.2 节介绍的评价函数多归于此类，其中又以基于信息熵的函数在研究和应用中较为常用，此类度量在 4.2.3 节集中讨论。首先介绍代表性的无监督特征评价函数。

4.2.1　无监督评价函数

较之于有监督评价函数，现有的无监督评价函数数量较少，但一些评价函数的思想对相关研究具有重要意义，例如，为文档内容挖掘定义的反向文档频率（Inverse Document Frequence，Idf）函数[6]：

$$\mathrm{Idf}(A_j) = -\log\frac{\#(x_j > 0)}{N} \tag{4.1}$$

式中，$\#(x_j > 0)$表示在所有 N 个样本中满足 $x_j > 0$ 的样本数，在 VSM 表示的文档数据中，表示包含第 j 个词的文档数。其背后的思想是：仅出现在少量文档中的词条比那些频繁出现的词条在区分文档语义上具有更大的作用；特别地，当$\#(x_j > 0)=N$ 时，$\mathrm{Idf}(A_j)=0$，这意味着在所有文档中都出现的词条是没有意义的。根据这个思想，就可以从大量的词条中选择具有较大 Idf 评价值的词条，从而大幅降低特征的数量。该思想已广泛应用于恶意代码检测（见 4.5.2 节的第 1 部分）等其他领域，尤其是二元型数据的特征评价中。

无监督特征评价函数可以按照处理的数据类型加以归类。上述 Idf 评价函数用于数值型数据或二元型数据。对于这样的数据，另一种简单但实用的评价函数是“标准偏差”（standard deviation），如

$$\mathrm{Dev}(A_j) = \frac{1}{N}\sum_{x\in \mathrm{DB}}(x_j - \overline{x}_j)^2 \tag{4.2}$$

式中，$\bar{x}_j$ 是所有样本第 j 维属性的平均值。这是一种直观的特征重要性评价指标，Dev 值越大，意味着某个属性数据分布得越分散，则其重要性越低。表 4.1 中的 A_1 和 A_2 便是一个例子。

表 4.1　一个混合类型数据的例子

样本	A_1（数值型）	A_2（数值型）	A_3（名称型）	A_4（名称型）	A_5（序数型）	A_6（序数型）
$\boldsymbol{x}_1$	0.10	0.10	'A'	'A'	'5'	'3'
$\boldsymbol{x}_2$	0.11	0.58	'A'	'A'	'5'	'3'
$\boldsymbol{x}_3$	0.09	0.92	'A'	'A'	'5'	'3'
$\boldsymbol{x}_4$	0.10	0.78	'A'	'T'	'5'	'2'
$\boldsymbol{x}_5$	0.08	0.32	'A'	'T'	'1'	'2'
$\boldsymbol{x}_6$	0.12	0.63	'T'	'T'	'1'	'2'

根据式（4.2）计算表 4.1 中 A_1 和 A_2 的标准偏差得 $\text{Dev}(A_1) < \text{Dev}(A_2)$。这是一个符合预期的结果，因为 A_1 的数值集中在 0.10 附近，而 A_2 上的数据更倾向于[0, 1]区间的均匀分布，二者相比，A_2 就显得不那么重要了。这种评价方法在聚类等无监督挖掘任务有着广泛应用，实际上，绝大多数软子空间聚类算法都是基于数值分布的标准偏差来衡量特征的重要性，详见 5.3.2 节的讨论。

对于特征类型为名称型或序数型的离散型数据，“标准偏差”的概念没有定义。例如，表 4.1 中的 A_3 和 A_4，这两个特征的取值是'A'和'T'两个离散符号之一，这里没有“均值”的概念，更没有式（4.2）意义上“偏差”的概念。但是，根据 2.2 节所述的“核化”思想，我们可以将原作用于数值型数据的偏差概念推广到离散型数据。基于式（2.7）的推演方法，有

$$\begin{aligned}\frac{1}{N}\sum_{\boldsymbol{x}\in\text{DB}}(x_j-\bar{x}_j)^2&=\frac{1}{2N^2}\sum_{\boldsymbol{x}\in\text{DB}}\sum_{\boldsymbol{y}\in\text{DB}}(x_j-y_j)^2\\&=\frac{1}{N}\sum_{\boldsymbol{x}\in\text{DB}}\ell(x_j,x_j)-\frac{1}{N^2}\sum_{\boldsymbol{x}\in\text{DB}}\sum_{\boldsymbol{y}\in\text{DB}}\ell(x_j,y_j)\end{aligned}\tag{4.3}$$

式中，$\ell(\cdot,\cdot)$ 是作用于两个属性值的核函数，它衡量两个值之间的相似性。对于数值型数据，$\ell(x_j,y_j)=x_jy_j$。这样，一旦定义了适用于离散符号的核 $\ell(\cdot,\cdot)$，就可以导出离散型数据的标准偏差度量。例如，定义核函数为

$$\ell(x_d,y_d)=\begin{cases}1, & x_d=y_d\\0, & x_d\neq y_d\end{cases}\tag{4.4}$$

式（4.4）使用了下标 d 以突出是针对离散型特征 A_d 的度量，A_d 取值为离散符号集 O_d，即 $x_d,y_d\in O_d$。将式（4.4）代入式（4.3），可得离散型特征 A_d 的标准偏差函数为

$$\text{Gini}(A_d)=1-\sum_{o\in O_d}\left(\frac{\#(x_d=o)}{N}\right)^2\tag{4.5}$$

式（4.5）实际上就是以统计学家 Gini 命名的“基尼指标”（Gini diversity index）[7]。以表 4.1 中的 A_3 和 A_4 为例，有 $\text{Gini}(A_3)=\frac{5}{18}<\text{Gini}(A_4)=\frac{1}{2}$，这也是符合预期的，因为 A_3 上两个符号的分布显然比 A_4 的集中，而 A_4 上的符号是均匀分布的。

另一种适用于离散型数据特征评价的度量是符号的分布熵（entropy）。这里，将某个样本在 A_d 上取值 $x_d=o$ 视为离散随机变量 X_d 的事件 $X_d=o$，该事件的概率 $\Pr[X_d=o]$ 通常采用频度估计，即

$$\Pr[X_d=o]=\frac{\#(x_d=o)}{N} \tag{4.6}$$

这样就可以基于 X_d 的熵 $H(X_d)$ 定义离散型特征的评价函数，即

$$\text{Ent}(A_d)=H(X_d)=-\sum_{o\in O_d}\Pr[X_d=o]\times\log_2\Pr[X_d=o] \tag{4.7}$$

熵值越高，表明 A_d 上符号分布得越分散，因此其重要性就越低。还以表 4.1 中的 A_3 和 A_4 为例，$\text{Ent}(A_3)\approx 0.65<\text{Ent}(A_4)=1$。

需要指出的是，不管基尼系数还是熵度量并非对所有类型的离散型数据都适用，尤其对于序数型数据可能导致不符合预期的结果[8]。表 4.1 中的 A_5 和 A_6 是序数型特征，其 5 个符号（假设是一个推荐系统中对物品的五分制评价等级，'5'为最高评价评级）间存在顺序关系'5'>'4'>'3'>'2'>'1'。根据式（4.5）和式（4.7）可知，$\text{Gini}(A_5)\approx 0.44<\text{Gini}(A_6)=0.5$ 和 $\text{Ent}(A_5)\approx 0.92<\text{Ent}(A_6)=1$，表明根据这两种评价函数 A_5 比 A_6 更重要。但是，结合推荐系统的应用背景，A_6 应比 A_5 更显重要，因为五分制评价系统中等级'3'和'2'是很接近的。

这种矛盾结果的一个重要原因是序数型特征通常源自某个（未知分布的）连续型数据离散化的结果，而离散化过程可能扭曲了原来的数据分布。考虑序数型特征 A_d，假设它是通过离散化均值为 0、方差为 σ_d^2 的高斯分布数据而来的，数据被离散化为三个序数型符号，分别对应 $(-\infty,-\alpha]$、$(-\alpha,\alpha]$ 和 $(\alpha,+\infty)$ 区间的数值，这里 $\alpha>0$；其基尼指标可计算为

$$\begin{aligned}\text{Gini}(A_d)&=1-[F(-\alpha)]^2-[F(\alpha)-F(-\alpha)]^2-[1-F(\alpha)]^2\\&=\frac{2}{3}-\frac{3}{2}\left[\text{erf}\left(\frac{\alpha}{\sqrt{2}\sigma_d}\right)-\frac{1}{3}\right]^2\end{aligned}$$

式中，F 是高斯分布函数；erf 是高斯误差函数。若有 β 使得 $\text{erf}(\beta)=\frac{1}{3}$ 且 $\sigma_1^2>\sigma_2^2>\alpha/(\sqrt{2}\beta)$，则从上式可知 $\text{Gini}(A_1)<\text{Gini}(A_2)$，这显然与 $\sigma_1^2>\sigma_2^2$ 相矛盾。问题的症结在于式（4.4）定义的离散核 $\ell(\cdot,\cdot)$，事实上，式（4.4）基于以下假设：符号间没有顺序关系且不同符号间的差异是相同的（这是多数名称型符号的特点）。因此，实际应用

中，我们可以结合应用背景定义合适的离散核 $\ell(\cdot,\cdot)$，再代入式（4.3）推导适用于离散型特征的无监督评价函数。

以上述评价函数为准则评价特征优劣的过程也称为特征评分（feature ranking），因为实质上这些评价函数的输出就是对每个特征的评分，常用于过滤型特征选择或嵌入在数据挖掘算法中实现嵌入型特征选择。

4.2.2 有监督评价函数

有监督特征评价函数利用了训练数据中的类别或作为回归分析输出属性的信息，注意到这里的类别或输出属性也可以看作样本的一个特征。根据所针对的对象不同，有监督评价函数大致分为两类：针对样本的和针对特征的函数。前者所评价的对象是原始样本在特征子集定义的空间中的投影，因此该型函数是间接地评价所选择的特征子集。后者直接针对特征，与 4.2.1 节中的特征评分函数不同，针对特征的有监督评价函数通常考虑一对特征或一组特征，以揭示它们之间的差异或相关性；若其中一个是数据的类别或输出属性，则是对其他特征有监督的评分。

1. *差异性度量*

“差异性”是数据挖掘中最基本的概念之一，是量化待评价对象间差异程度的一种度量。待评价对象是样本时，最常用的度量是样本间的距离函数，其中又以闵考斯基距离（即 L_p 距离）最为常见，其定义见式（1.4）；用于特征集评价时，修改为加权 L_p 距离，如

$$\mathrm{dis}_{\boldsymbol{w}}(\boldsymbol{x},\boldsymbol{y})=\left(\sum_{j=1}^{D}w_j\times\left|x_j-y_j\right|^p\right)^{\frac{1}{p}} \tag{4.8}$$

式中，$\boldsymbol{w}$ 是一个 0/1 权重向量，其每个元素 w_j=1 或 w_j=0 表示是否选择了该特征，即待评价的特征集是否包含特征 A_j。使用距离函数来评价不同特征集的性能通常基于如下假设：好的特征子集应该使得每个类的类内样本间距离尽可能小，而属于不同类的样本之间的距离尽可能大。

待评价对象是特征时，通常借助数理统计中的概率方法。对于连续型特征 A_{j_1} 和 A_{j_2}，设它们对应的（连续）随机变量是 X_{j_1} 和 X_{j_2}，其概率密度函数分别记为 $p_{j_1}(X)$ 和 $p_{j_2}(X)$，这样，A_{j_1} 和 A_{j_2} 间的差异就可以通过两个概率密度函数 $p_{j_1}(X)$ 和 $p_{j_2}(X)$ 的某种差异性度量来计算。K-L 散度（Kullback-Leiber divergence）[9]是其中一种最为常见的度量，基于 K-L 散度的特征评价函数定义为

$$\mathrm{Div}_{\mathrm{KL}}(A_{j_1},A_{j_2})=\int p_{j_1}(X)\times\log_2\frac{p_{j_1}(X)}{p_{j_2}(X)}\mathrm{d}X \tag{4.9}$$

由于式（4.9）涉及难以实现的积分运算，在实际应用中，一般需要给出（假定）概率

密度函数的具体形式，如高斯密度函数，再将之转换成容易计算的表达式。密度函数包含的参数可以使用最大似然估计（Maximum Likelihood Estimate，MLE）等方法从训练数据中学习得到。若待评价特征是离散型的，则差异性的计算较为容易。此时，特征评价函数变为

$$\mathrm{Div}_{\mathrm{KL}}(A_{d_1}, A_{d_2}) = \sum_{o} \Pr[X_{d_1} = o] \times \log_2 \frac{\Pr[X_{d_1} = o]}{\Pr[X_{d_2} = o]} \tag{4.10}$$

式中，X_{d_1} 和 X_{d_2} 是与离散型特征 A_{d_1} 和 A_{d_2} 对应的离散随机变量。

注意到基于 K-L 散度的评价函数并不是一种距离度量，因为它们不满足距离度量要求的对称性质。为此，可以基于海林格距离（Hellinger distance）定义特征间的差异性评价函数，即

$$\mathrm{Div}_{\mathrm{HD}}(A_{j_1}, A_{j_2}) = \sqrt{1 - \int \sqrt{p_{j_1}(X) \times p_{j_2}(X)} \mathrm{d}X} \tag{4.11}$$

及针对离散型特征的

$$\mathrm{Div}_{\mathrm{HD}}(A_{d_1}, A_{d_2}) = \sqrt{1 - \sum_{o} \sqrt{\Pr[X_{d_1} = o] \times \Pr[X_{d_2} = o]}} \tag{4.12}$$

式（4.9）～式（4.12）可以用于对特征评分，此时要求评价函数的另一个参数是数据的类别属性，评分值越小意味着该特征越重要。这些差异性度量也可以用于检测数据中的冗余特征，特别地，若两个特征间的差异为 0，则其中一个就是完全冗余的。在这种应用中，估计式中各项概率值时使用每个类别的数据，也就是首先使用每个类别的训练样本分别计算评价函数的值。例如，对于类 c_k，式（4.10）和式（4.12）中的 $\Pr[X_{d_1} = o]$ 根据式（4.6）估计，但原式中的 N 用 $|c_k|$ 代替，$\#(X_{d_1} = o)$ 指类别为 c_k 训练样本中 $x_{d_1} = o$ 的样本数目；然后通过累加或加权平均获得总的特征评分。

2. 相关性度量

相关性度量（correlation measures）又称为依赖性度量（dependence measures），用于对特征评分时，它利用类别与特征之间的统计相关性来衡量特征的重要性程度[10]，并基于以下假设进行特征选择：一组重要的特征应该与类别具有较高的相关度，而组内特征之间的相关性较低。相关系数（correlation coefficient）是众多相关性度量的一个代表，它能够衡量两个特征间的线性相关关系及相关程度，有

$$\mathrm{Corr}(A_{j_1}, A_{j_2}) = \frac{\sum_{\boldsymbol{x} \in S} (x_{j_1} - \bar{x}_{j_1})(x_{j_2} - \bar{x}_{j_2})}{\sqrt{\sum_{\boldsymbol{x} \in S} (x_{j_1} - \bar{x}_{j_1})^2} \sqrt{\sum_{\boldsymbol{x} \in S} (x_{j_2} - \bar{x}_{j_2})^2}} \tag{4.13}$$

式中，$\bar{x}_{j_1}$ 和 $\bar{x}_{j_2}$ 分别是数据集 S 中数值型特征 A_{j_1} 和 A_{j_2} 的均值。在统计学中，式（4.13）称为 Pearson 相关系数，值域为[−1, 1]。若值大于 0，则说明两个特征是正相关的；若

小于 0，则二者是负相关的；特别地，值为 0 表明 A_{j_1} 和 A_{j_2} 不是线性相关的，此时，二者可能线性独立，也可能存在非线性相关关系。因此，Corr 的绝对值越大，表明两个特征的相关性越强，需要说明的是，这并不意味着二者间存在因果关系。

为两个类属型特征计算 Pearson 相关系数称为卡方测试（Pearson's chi-squared test）。对于类属型特征 A_{d_1} 和 A_{d_2}，对应的离散随机变量分别为 X_{d_1} 和 X_{d_2}，二者的相关系数定义为

$$\mathrm{Corr}(A_{d_1}, A_{d_2})=N\sum_{o_1\in O_{d_1}}\sum_{o_2\in O_{d_2}}\frac{(\Pr[X_{d_1}=o_1\wedge X_{d_2}=o_2]-\Pr[X_{d_1}=o_1]\times\Pr[X_{d_2}=o_2])^2}{\Pr[X_{d_1}=o_1]\times\Pr[X_{d_2}=o_2]} \tag{4.14}$$

式（4.14）定义在数据全集上，因此，我们可以通过固定 A_{d_2} 为数据集的类别来对 A_{d_1} 进行特征评分。此时，$O_{d_2}=\{1,\cdots,k,\cdots,K\}$，即 K 个训练类别标号，评分的依据是特征与类别之间的相关性，相关性越高，特征就越重要。当然，式（4.13）和式（4.14）也可以直接应用于两个特征间的相关性分析，以识别数据中冗余特征，这种情况下，这些相关性度量可以作为无监督特征评价函数使用。

还有一些常用的相关性度量用于有监督地评价类属型特征。它们的出发点与 Corr 类似，即通过检验 $\Pr[X_d=o\wedge Z=k]$ 和 $\Pr[X_d=o]\times\Pr[Z=k]$ 的差异来分析特征 A_d 与类别属性的相关性（Z 是对应类别属性的离散随机变量），相关性越高，则特征 A_d 越重要。例如，文献[11]使用了基于互信息的相关性度量：

$$\mathrm{Rel}(A_d)=\sum_{o\in O_d}\sum_{k=1}^{K}\Pr[X_d=o\wedge Z=k]\times\log_2\frac{\Pr[X_d=o\wedge Z=k]}{\Pr[X_d=o]\times\Pr[Z=k]} \tag{4.15}$$

该度量也可以用于连续型特征，在定义上就是用积分代替累加符号，用概率密度函数替换 $\Pr[\cdot]$，积分的计算方法同式（4.9）的说明。

3. 一致性度量

与其他准则相比，一致性度量（consistency measures）更依赖于具有类别信息的数据集[12]，它基于样本类别分布的一致性来衡量特征的重要性，是一种典型的有监督特征评价法。基于一致性度量的特征选择方法的目的是找到与原始特征集有同样区分类别能力的最小特征子集[4]，如果剔除某个特征后增强了不一致性，则有理由认为被剔除的特征是重要的。典型算法有 Focus[13]、LV's[14]等。一致性度量仅适用于离散特征。

一致性度量函数通常基于不一致率来定义，所谓不一致率指的是数据集中类别不一致的样本占样本总数的比例。基本的不一致率度量通常基于布尔判断，即对于每种特征取值组合判断样本类别是否是一致的[15,16]。表 4.2 列出了一个用于类别一致性检验的数据例子。

表 4.2　用于类别一致性检验的数据例子

样本	A_1	A_2	A_3	类别
$\boldsymbol{x}_1$	'A'	'T'	'A'	c_1
$\boldsymbol{x}_2$	'A'	'A'	'A'	c_2
$\boldsymbol{x}_3$	'T'	'T'	'A'	c_3
$\boldsymbol{x}_4$	'A'	'A'	'A'	c_1
$\boldsymbol{x}_5$	'A'	'T'	'T'	c_1
$\boldsymbol{x}_6$	'A'	'A'	'A'	c_2

在表 4.2 所列数据上，三个特征的一致性检验结果如表 4.3 所示。以 A_2 为例，其取值范围为 O_2={'A'，'T'}。从表 4.2 可知，在 A_2='A'的样本中类别为 c_1 的有 1 个，为 c_2 的有 2 个，不一致样本数为 1 个（类别为 c_1 的那个样本）；A_2='T'的样本，其类别分布为 2 个 c_1、1 个 c_3，不一致样本数为 1 个。

表 4.3　表 4.2 数据中三个特征的一致性检验结果

A_1			A_2			A_3		
取值	类分布	不一致样本数	取值	类分布	不一致样本数	取值	类分布	不一致样本数
'A'	c_1：3 个 c_2：2 个	2	'A'	c_1：1 个 c_2：2 个	1	'A'	c_1：2 个 c_2：2 个 c_3：1 个	3
'T'	c_3：1 个	0	'T'	c_1：2 个 c_3：1 个	1	'T'	c_1：1 个	0

根据表 4.3 的检验结果，A_1、A_2、A_3 的不一致率分别为 2/6、2/6 和 3/6。因此，根据一致性度量，特征 A_3 因为具有较大的不一致率可以被约简。基于一致性度量的特征选择具有效率高、可去除低相关性特征等优点，但对噪声数据较为敏感。一致性度量还可以用于特征组选择，详见 4.4 节。

4. 分类器错误率度量

分类器错误率度量将分类器的分类效果作为评价特征重要性的标准，通常用于封装型特征选择过程。显然，分类效果与使用的分类器有关，例如，Li 等[17]利用遗传算法结合 *k*-NN 分类器进行特征子集的选取；Huang 等[18]利用 SVM 的分类性能作为特征选择的衡量标准；Chiang 等[19]将 Fisher 判别分析与遗传算法相结合，用于辨别关键变量等。尽管所采用的分类器可能差异很大（这提高了特征选择方法的灵活性），但对分类效果的评价可以是统一的，即根据测试集上分类器的预测错误率（或预测准确率）来评价特征集的优劣。

分类器错误率一般通过混淆矩阵（confusion matrix）计算。混淆矩阵是一种可视化工具，以表格形式体现分类预测结果与样本实际类别间的匹配情况，二分类问题的混淆矩阵如表 4.4 所示。表中的 TP 指正确的肯定（true positive）的样本数，FP 指错误的肯定（false positive）的样本数，FN 表示错误的否定（false negative）的样本数，TN 是正确的否定（true negative）的样本数目。

表 4.4　二分类问题的混淆矩阵

		预测类别	
实际类别		Class=Yes	Class=No
	Class=Yes	TP	FN
	Class=No	FP	TN

根据表 4.4 计算的分类错误率为

$$\text{Error Rate} = \frac{\text{FN} + \text{FP}}{\text{TP} + \text{TN} + \text{FP} + \text{FN}} \times 100\% \tag{4.16}$$

在实际应用中，式（4.16）容易产生误导，尤其对于类别不平衡的数据（指类的样本数差异很大的数据，例如，实际类别为 Yes 的样本数为 9990，为 No 的样本数为 10。这样，若某个分类器将所有样本都预测为 Yes，则其分类错误率也仅有 0.1%）。为此，需要定义新的度量，通常用准确度代替，准确度越高，则错误率越低。常见的准确度度量包括 F1 指标（F1-measure），定义为

$$\text{F1} = \frac{2 \times \text{Recall} \times \text{Precision}}{\text{Recall} + \text{Precision}} \tag{4.17}$$

F1 指标涉及 Recall 和 Precision 两个度量，分别称为召回率和精确率，通过下式计算：

$$\text{Recall} = \frac{\text{TP}}{\text{TP} + \text{FN}}, \quad \text{Precision} = \frac{\text{TP}}{\text{TP} + \text{FP}}$$

对于多类别情形，可以通过平均求取整个数据集的 F1 指标（微指标 Micro-F1 或宏指标 Macro-F1）。以上述不平衡数据集为例，分类器将所有样本都预测为 Yes 时，Recall(Yes)=1 和 Precision(Yes)=0.999，而 Recall(No)=0 和 Precision(No)=0；这样，Macro-F1=(0.9995+0)/2=0.4998，结果显然比根据式（4.16）计算的分类错误率更符合实际情况。

除上述分类错误率和 F1 指标外，尚有多种分类器性能评价标准，包括常用的接受者操作特性（Receiver Operating Characteristic，ROC）曲线。ROC 源于信号检测理论，是刻画正确分类率（True Positive Rate，TPR）与误警率（False Positive Rate，FPR）之间平衡特性的一种可视化工具，一个好的分类器，其 ROC 曲线下的面积越大，因此可以用 ROC 面积（ROC area）作为分类器性能的评价标准。这里的 TPR 和 FPR 也是在混淆矩阵上计算的，具体地，TPR=TP/(TP+FN)，FPR=FP/(FP+TN)。ROC 曲线的计算较为烦琐，相比之下，基于分类错误率和 F1 指标的评价函数更为简洁、实用。

4.2.3　信息度量

信息度量利用信息熵、互信息等方法评价特征，其评价依据是特征对于分类的不

确定性程度，即特征所包含信息量的多与少。以信息熵为例，信息熵越大意味着特征为分类任务带来的信息量越大，一方面说明该特征可以为区分类别提供更多的信息，另一方面也暗示着依据该特征进行分类时不确定程度越高。作为一类最为常用的特征评价函数，信息度量在前述的差异性度量、相关性度量等中已有应用，见式（4.9）、式（4.10）和式（4.15）。本节将主要探讨有监督条件下类属型特征的信息评价函数。

令 X、Y 或 Z 表示与特征相对应的离散随机变量，其取值为离散符号集合 O_x、O_y 或 O_z；特别地，Z 表示与类别相关的随机变量，$O_z=\{1, \cdots, k, \cdots, K\}$ 是 K 个类标号的集合。给定训练样本集 Tr，用式（4.18）的信息熵计算随机变量 X 所对应特征的不确定性，即

$$H(X)=-\sum_{o_x\in O_x}\Pr[X=o_x]\times\log_2\Pr[X=o_x] \tag{4.18}$$

分析式（4.18）可知信息熵的基本性质：变量 X 的分布越“有序”，则信息熵越小，反之，分布得越“紊乱”，则信息熵越大；特别地，当某一符号出现的概率为 1 时，$H(X)$ 取得最小值 0；当各符号出现的概率相等（均为 $1/|O_x|$）时，$H(X)$ 取最大值 $\log_2|O_x|$。在信息熵的基础上可以定义条件熵，已知变量 Y 的情况下，随机变量 X 的条件熵为

$$H(X|Y)=-\sum_{o_y\in O_y}\Pr[Y=o_y]\times\sum_{o_x\in O_x}\Pr[X=o_x|Y=o_y]\times\log_2\Pr[X=o_x|Y=o_y] \tag{4.19}$$

互信息作用于两个随机变量，衡量两个变量的双向依赖性，按式（4.20）计算：

$$\mathrm{MI}(X;Y)=\sum_{o_x\in O_x}\sum_{o_y\in O_y}\Pr[X=o_x\wedge Y=o_y]\times\log_2\frac{\Pr[X=o_x\wedge Y=o_y]}{\Pr[X=o_x]\times\Pr[Y=o_y]} \tag{4.20}$$

实际上，式（4.15）定义的相关性度量就是在式（4.20）中用 Z 替换 Y 的结果。因此，互信息度量可以直接用于特征选择。最优单个特征选择算法[20]就是基于这样一种度量（用 Z 替换 Y）的特征选择方法，其基本过程如下：为每个候选特征 X 计算互信息 MI(X; Z)，并按互信息降序排列，取前 D' 个特征组成所约简的特征子集。除信息熵和互信息外，还常用信息增益、条件互信息和最小描述长度等。下面介绍现有特征选择方法使用的其他代表性信息度量。需要说明的是，一些信息度量是可以用于特征子集评价的（见 4.4 节），以下仅针对单个特征展开讨论。

1. 信息增益

信息增益（Information Gain，IG）很早就被应用于数据挖掘任务中。例如，著名的决策树算法 ID3 就是使用信息增益为属性选择的度量，它在生成决策节点时选择分裂后信息增益最大的属性进行分裂[21]。在基于信息增益度量的特征选择中，考察特征优劣的标准是特征能为分类系统带来（增加）多少信息，增加的信息越多，则特征越重要。

直观地讲，信息增益就是先验不确定性与期望的后验不确定性之间的差异。对于待评价特征 X，其信息增益定义为

$$\mathrm{IG}(X)=H(X)-H(Z\mid X) \tag{4.21}$$

式中，$H(Z\mid X)$表示给定候选特征 X 的条件下目标类别 Z 的条件熵。从式(4.21)可以看出，信息增益实质上也是一种互信息度量。考察两个特征 X 和 Y，若 $\mathrm{IG}(X)>\mathrm{IG}(Y)$，则可以认为 X 较之 Y 具有更强的分类能力。

信息增益具有简单、效率高等优点，适合于高维数据情况，特别在文本挖掘领域有广泛的应用[22]。但该度量更倾向于选择具有大量值的特征，针对这个缺陷，决策树算法 C4.5[23]使用了增益比例（gain ratio），即

$$\mathrm{GR}(X)=\frac{\mathrm{IG}(X)}{-\sum_{o_x\in O_x}\frac{\#(X=o_x)}{N}\log_2\frac{\#(X=o_x)}{N}} \tag{4.22}$$

式（4.22）的分母也称为分割熵，显然，若 X 拥有大量值，则分割熵将变得很大。增益比例度量通过在分母中引入分割熵，惩罚了那些具有大量值的特征。

2. 基于互信息的特征选择

一般而言，一个好的特征子集不但要求其子集内的每个特征与类别都具有较高的相关性，还要求子集内的各特征间没有很高的相关性[24]，也就是要求在子集内尽可能地排除冗余特征。为此，需要定义新的信息度量。Battiti[25]考虑到特征之间存在的冗余关系，将互信息用于特征间共有信息量的度量，并将候选特征与已选特征子集的相关性作为惩罚量，定义了称为 MIFS（Mutual Information Based Feature Selection）的信息度量，即

$$\mathrm{MIFS}(X)=\mathrm{MI}(X;Z)-\beta\sum_{Y\in \mathrm{SF}}\mathrm{MI}(Y;X) \tag{4.23}$$

式中，SF 为已选择特征的集合；β 为用户指定的惩罚参数。式（4.23）右边第一项考虑了特征与类别之间的相关性，第二项的引入是为了增强所选特征子集内部特征间的相关性。参数β的值越大意味着评价函数更加侧重于降低所选特征间的依赖关系，特别地，当$\beta=0$ 时，式（4.23）退化为基于互信息的相关性度量（见式（4.15））。

上述 MIFS 度量体现了相关特征与冗余特征之间的一种平衡[24]，但没有考虑冗余程度的增长量，也未涉及已选特征与类别 Z 之间的相关性。为此，Kwak 等[26]对 MIFS 进行了改进，给出了称为 MIFS-U（Mutual Information Feature Selector Under Uniform Information Distribution）的评价函数，即

$$\mathrm{MIFS\text{-}U}(X)=\mathrm{MI}(X;Z)-\beta\sum_{Y\in \mathrm{SF}}\mathrm{MI}(Y;X)\frac{\mathrm{MI}(Y;Z)}{H(Y)} \tag{4.24}$$

该式引入 $H(Y)$ 对不同特征的值分布做归一化处理。但是，MIFS 和 MIFS-U 都引入了难以设置的惩罚参数β，这在一定程度上降低了评价函数的适应能力。为此，Novovičová 等[27]以 MIFS-U 为基础，提出了 mMIFS-U（Modified Version of MIFS-U），定义评价函数为

$$\text{mMIFS-U}(X) = \text{MI}(X;Z) - \max_{Y \in \text{SF}} \text{MI}(Y;X)\frac{\text{MI}(Y;Z)}{H(Y)} \tag{4.25}$$

与 MIFS-U 相比，mMIFS-U 的不同之处在于使用候选特征与已选特征中相关性最大的特征作为冗余量进行惩罚，而不是采用和的形式。

3. 条件互信息最大化

以统计的观点来看，特征选择的目标是从全部特征中选择出一小部分特征子集，使得约简数据与原有数据的分布尽可能吻合。上述观点可以形式地表示为：选择特征子集 $\{A_1, A_2, \cdots, A_{D'}\}$，对应随机变量集合 $\{X_1, X_2, \cdots, X_{D'}\}$，使得 $H(Z \mid X_1, X_2, \cdots, X_{D'}\}$ 在所有可能的 D'维特征组合中是最小的。但是，从计算的角度来看，用穷举的方式找到符合上述要求的子集是不现实的，因为这种方法需要进行 $2^{D'+1}$ 次概率估计，即便存在这样的估计方法，最小化该目标的算法也将具有很高的时间复杂度。另一种可能的做法是（不考虑模型的预测能力）进行简单的随机抽样，这在一定程度上可以保持特征之间的独立性，但很可能选择出冗余特征。

为此，Fleuret[28]提出称为 CMIM（Conditional Mutual Information Maximization）的迭代式特征选择方案。该方案中，第 1 个特征根据式（4.26）选择，并加入已选特征集 SF，后续的特征选择则根据式（4.27）迭代地进行，即

$$\text{CMIM}_{\text{first}}(X) = \text{MI}(X;Z) \tag{4.26}$$

$$\text{CMIM}_{\text{iterative}}(X) = \min_{Y \in \text{SF}} \text{MI}(Z;X \mid Y) \text{ with } X \notin \text{SF} \tag{4.27}$$

式（4.26）就是特征与类别属性间的互信息，CMIM 选择具有最大互信息的特征为第 1 个特征；从第 2 个特征开始，所选择的都是令式（4.27）最大的特征，并加入已选特征集 SF。一方面，令式（4.27）最大可以保证新选特征具有较高类预测能力；另一方面，根据式（4.27），所选特征相对于每个已选特征是具有最小条件互信息的，注意到要得到一个小的条件互信息 $\text{MI}(Z; X \mid Y)$值，要么是 X 与类别 Z 相关性低，要么是已选特征 Y 已经提供了 X 要提供的信息，后者表明 X 和 Y 在某种程度上是冗余的。因此，CMIM 实际上提供了一种平衡计算效率和特征子集性能的折中方案。

如上所述，针对应用领域中的实际问题已提出多种信息度量，与其他类型的度量相比，信息度量的一个优势在于能够很好地评估特征与类别之间的非线性相关程度[29]。同时，信息度量不依赖于变量具体的取值，仅取决于变量的分布，这在一定程度上避免了噪声数据所带来的影响。因此，基于信息度量的特征选择方法近年来获得了人们的广泛关注。以上信息度量虽形式各异，但它们的核心思想均是找出与类别相关性最大的特征子集，并且该子集中特征之间具有最小的相关性。在设计信息度量函数时，体现这一思想尤其重要。

4.3　粗糙集方法

粗糙集理论由波兰大学 Pawlak 教授提出，是继概率论、模糊集、证据理论之后的又一个处理不确定性的数学工具。许多实际系统都不同程度地存在不确定性因素，采集到的数据通常包含噪声、不精确甚至不完整的数据。粗糙集作为一种较新的软计算方法，在不需要先验信息的情况下，能有效地分析和处理不完备、不一致、不精确的数据集。因此，粗糙集近年来越来越受到人们的关注，已在知识获取、机器学习、数据挖掘等方面获得了广泛应用。

传统上，将基于粗糙集理论的特征选择过程称为属性约简。它利用了粗糙集理论能依据观察到的不精确的结果进行分类数据处理的能力[30]，通过研究已知信息粒与目标概念间的依赖关系，剔除数据集冗余特征的同时选取其中的有效特征。Pawlak 给出了一种基于属性重要度的约简方法，它在约简过程中遍历所有特征子集，分别验证其是否是约简的。由于该方法的时间复杂度和空间复杂度高，后续研究提出了许多改进型约简方法，包括差别矩阵法、启发式属性约简法等。下面首先介绍一些基本概念，然后阐述若干代表性方法，最后给出一个网络入侵检测应用中的例子。

4.3.1　基本概念

本节结合数据挖掘中的分类应用介绍粗糙集理论的一些基本概念。设$\{\mathcal{X},\mathcal{Q},\mathcal{V},\mathcal{F}\}$为一个信息系统，其中$\mathcal{X}$称为论域（对象的集合），$\mathcal{Q}$是属性集合，$\mathcal{V}$是属性值集合，$\mathcal{F}$是$\mathcal{X}\times\mathcal{Q}\to\mathcal{V}$的映射，它为$\mathcal{X}$中各对象的属性指定唯一值。若$\mathcal{Q}=\mathcal{A}\cup\mathcal{Z}$，且$\mathcal{A}\cap\mathcal{Z}=\varnothing$，则$\mathcal{A}$称为条件属性集，$\mathcal{Z}$称为决策属性集，此时信息系统也称为决策表。在分类应用中，通常只有一个类别属性（在多标号机器学习研究中，样本可能有一个以上的类别标号，这里仅考虑单标号情形），因此$\mathcal{Z}=\{$类别属性 $z\}$和$\mathcal{A}=\{A_1,A_2,\cdots,A_D\}$。所有属性都是离散型的。

定义 4.1　设$Q\subseteq\mathcal{Q}$为任一属性子集，称

$$R_Q=\{(\boldsymbol{x},\boldsymbol{y})\in\mathcal{X}\times\mathcal{X}:\mathcal{F}(\boldsymbol{x},q)=\mathcal{F}(\boldsymbol{y},q),\forall q\in Q\}$$

是论域$\mathcal{X}$上的一个等价关系。

以表 4.2 的数据为例，考虑由特征 A_1 和 A_2 构成的属性子集 $Q=\{A_1, A_2\}$，根据等价关系 R_Q 形成的该数据集上的等价类如表 4.5 所示，其中$\mathcal{X}/R_Q$表示$\mathcal{X}$关于 Q 的划分。直观上，等价类就是那些在 Q 确定的特征上具有相同属性值的样本的集合，用$[\boldsymbol{x}]_Q$表示。根据表 4.5，有$[\boldsymbol{x}_2]_Q=[\boldsymbol{x}_4]_Q=[\boldsymbol{x}_6]_Q=\{\boldsymbol{x}_2, \boldsymbol{x}_4, \boldsymbol{x}_6\}$，$[\boldsymbol{x}_1]_Q=[\boldsymbol{x}_5]_Q=\{\boldsymbol{x}_1, \boldsymbol{x}_5\}$和$[\boldsymbol{x}_3]_Q=\{\boldsymbol{x}_3\}$。

表 4.5 表 4.2 数据的等价类（Q={A_1,A_2}）

$\mathcal{X}/R_Q$	A_1	A_2
{$\boldsymbol{x}_2$, $\boldsymbol{x}_4$, $\boldsymbol{x}_6$}	'A'	'A'
{$\boldsymbol{x}_1$, $\boldsymbol{x}_5$}	'A'	'T'
{$\boldsymbol{x}_3$}	'T'	'T'

定义 4.2 设 $S\subseteq\mathcal{X}$ 为论域的一个子集，$Q\subseteq\mathcal{Q}$，S 关于等价关系 R_Q 的下近似和上近似分别为

$$R_{Q}\_(S)=\{\boldsymbol{x}\in\mathcal{X}\mid[\boldsymbol{x}]_Q\subseteq S\}$$

和

$$R_Q^{-}(S)=\{\boldsymbol{x}\in\mathcal{X}\mid[\boldsymbol{x}]_Q\cap S\neq\varnothing\}$$

定义 4.3 设 $Q,Q'\subseteq\mathcal{Q}$，等价关系 R_Q 的 Q' 正域（positive region）为

$$\mathrm{POS}_Q(Q')=\bigcup_{S\in\mathcal{X}/R_{Q'}}R_{Q}\_(S)$$

定义 4.4 若对于 $Q\subseteq\mathcal{A}$ 满足 $R_Q=R_{\mathcal{A}}$，且对于任意的 $q\in Q$，$R_{Q-\{q\}}\neq R_Q$，则称 Q 为信息系统的一个属性约简。$\mathcal{A}$ 的所有属性约简的交集称为 $\mathcal{A}$ 的核，记为 Core($\mathcal{A}$)。

需要指出的是，一般而言，一个信息系统的属性约简是不唯一的，而核是唯一的[31]。

4.3.2 差别矩阵法

我们只考虑决策表这一类特殊的信息系统，即约定 $\mathcal{Z}$={类别属性 z}和 $\mathcal{A}=\{A_1, A_2, \cdots, A_D\}$。根据 4.3.1 节的定义，基于粗糙集的属性约简就是要从 $\mathcal{A}$ 搜寻符合定义 4.3 的约简属性集及它们的核。如前所述，一种简单的方案是遍历所有条件属性集的子集，检查其是否满足定义 4.3 的条件，输出满足条件的子集，得到约简结果。显然，当数据原始特征数目很大时，这种方法的计算代价高昂，需要寻求更有效的方案。Skowron 等[32]提出的差别矩阵法是其中一种代表性的解决方案，该方法使用的决策表差别矩阵定义如下。

定义 4.5 决策表的差别矩阵 $\boldsymbol{M}=\{m_{ij}\}_{N\times N}$ 是一个对称的 N 阶矩阵，矩阵元素 m_{ij} 表示对象 $\boldsymbol{x}_i$ 和 $\boldsymbol{x}_j$ 之间的差异，即

$$m_{ij}=\begin{cases}\{A_d\mid A_d\in\mathcal{A}\wedge x_{id}\neq x_{jd}\}, & z_i\neq z_j\\ 0, & z_i=z_j\\ -1, & z_i\neq z_j,\forall A_d\in\mathcal{A}:x_{id}=x_{jd}\end{cases}$$

式中，z_i 和 z_j 分别是 $\boldsymbol{x}_i$ 和 $\boldsymbol{x}_j$ 的类别标号。

差别矩阵法利用上述差异矩阵求解给定决策表中的所有属性约简，过程如下：首先通过推导差异矩阵获得合取范式结构的差异函数，然后求解差异函数的析取范式，

其中的每一个析取式便是决策表的一个约简。利用这种简单、解释性良好的方法虽可以获得决策表的核属性及所有约简结果，但由于差异矩阵中可能出现大量的重复元素，且需要完成从合取式到析取式的转换，降低了特征选择算法的效率。为此，在此方法的基础上提出了一些改进算法[33,34]，它们在时间性能方面有了一定提升。

4.3.3 启发式属性约简法

启发式属性约简法将一些启发式搜索策略引入属性约简求解中，尽管应用这些搜索策略通常只能找到局部最优的约简结果，但计算效率能够大幅提高。通常，启发式约简法以决策表的核为基础，根据属性重要度的判别准则，将最重要的新属性加入已选择的属性集中，直到所选择的属性集与原决策表的分类能力（决策能力）相同。在为数众多的启发式约简法研究中，大部分集中在属性重要度和差别矩阵两个方面，代表性的方法主要有属性重要度法[35,36]、信息熵法等。

1. 属性重要度法

此型启发式约简算法使用属性重要度作为启发式信息指导特征选择过程，例如，Hu 等[35]提出的基于正域的启发式属性约简法。该方法基于正域定义属性重要度，并以该属性重要度为启发式信息。属性集 $\mathcal{Q}\subseteq\mathcal{A}$ 的重要度根据 $\mathcal{Q}$ 与决策属性集 $\mathcal{Z}=\{$类别属性 $z\}$的依赖程度来衡量，表示为 $\mathrm{Dep}(\mathcal{Q},\mathcal{Z})$，根据式（4.28）计算：

$$\mathrm{Dep}(\mathcal{Q},\mathcal{Z})=\frac{\mathrm{card}[\mathrm{POS}_{\mathcal{Q}}(\mathcal{Z})]}{\mathrm{card}[\mathrm{POS}_{\mathcal{A}}(\mathcal{Z})]} \tag{4.28}$$

式中，card[·]表示集合的基数。为求取决策表的核属性，该方法还定义了一个基于符号表示的差别矩阵 $\boldsymbol{M}$，与定义 4.5 不同，这个差别矩阵的元素 m_{ij} 简化为

$$m_{ij}=\begin{cases}\{A_d \mid A_d\in\mathcal{A}\wedge x_{id}\neq x_{jd}\}, & z_i\neq z_j\\ \varnothing, & z_i=z_j\end{cases}$$

式中，$\boldsymbol{x}_i,\boldsymbol{x}_j\in\mathcal{X}$，$z_i$ 和 z_j 分别是 $\boldsymbol{x}_i$ 和 $\boldsymbol{x}_j$ 的类别标号。根据上式，在决策表差别矩阵中，只有 $\boldsymbol{x}_i$ 和 $\boldsymbol{x}_j$ 不属于同一个（决策）类时，其元素 m_{ij} 才记录 $\boldsymbol{x}_i$ 和 $\boldsymbol{x}_j$ 不同取值的属性；若它们属于同一类，则 m_{ij} 为空。当所得到的矩阵元素为单个属性时，该属性被认定为核属性，即

$$\mathrm{Core}(\mathcal{A})=\{a\in\mathcal{A}\mid m_{ij}=\{a\},1\leqslant i,j\leqslant N\}$$

基于正域的启发式属性约简方法以核属性集合作为属性约简的起点，按属性重要程度对决策表中所有条件属性进行排列，随后将重要程度最高的属性加入属性子集，直到属性子集对决策属性的依赖程度与原条件属性集合和决策属性的依赖程度相同。在此基础上，检查属性子集中的每个属性的删除是否会改变该子集对决策属性的依赖程度。若不影响，则删除该属性，反之则保留。经过以上检查过程得到的属性子集即

为决策表的属性约简。该约简方法所提出的基于差别矩阵的求核方法是一种重要的核求解方法，具有较高的求解核效率，现已成为规模较小的决策表进行求核及属性约简的主要手段。

2. 信息熵法

在决策表中，人们关心的是哪些条件属性对于决策更重要。这启示人们考虑条件属性与决策属性之间的互信息。苗夺谦等[37]从互信息角度为决策表的条件属性定义了属性重要性度量，以此作为启发式信息，提出了基于互信息的启发式属性约简算法，并将其应用到癌症分类问题的基因选择中[38]。设属性集 $Q \subset \mathcal{A}$ ， $a \in \mathcal{A} - Q$ 为待评价属性，在该方法中，a 的重要性用 $\mathrm{SGF}(a,Q,\mathcal{Z})$ 表示，定义为

$$\mathrm{SGF}(a,\ Q,\ \mathcal{Z}) = H(\mathcal{Z} \mid Q) - H(\mathcal{Z} \mid Q \cup \{a\}) \tag{4.29}$$

特别地，若 Q 为空集，则式（4.29）简化为

$$\mathrm{SGF}(a, \varnothing, \mathcal{Z}) = H(\mathcal{Z}) - H(\mathcal{Z} \mid a) = \mathrm{MI}(a; \mathcal{Z}) \tag{4.30}$$

即属性 a 与类别属性的互信息。根据式（4.29）， $\mathrm{SGF}(a,Q,\mathcal{Z})$ 的值越大，说明在已知 Q 的条件下，属性 a 对于决策属性越重要。

基于互信息的启发式属性约简算法将 $\mathrm{SGF}(a,Q,\mathcal{Z})$ 作为寻找最小属性约简过程的启发式信息，将互信息相等作为约简算法的终止条件（见文献[39]的证明），取得了很好的约简性能。此外，钱国良等[40]也使用信息熵的思想定义了新的属性重要度度量，设计了相应的启发式约简算法；王国胤等[41]提出了基于条件信息熵的启发式属性约简算法，其采用的搜索策略与文献[37]类似，但该方法选择的属性子集可以令决策表不确定性保持不变。

4.3.4　与其他软计算相结合的方法

如何在约简结果的准确性和约简效率间进行平衡是基于粗糙集的属性约简算法需要面对的一项课题。为此，人们引入各式软计算方法，在计算时间开销可以接受的情况下，应尽可能地提高算法优化的效果。软计算最初是由模糊集理论的创始人Zadeh[42]提出的，它是一种通过对不确定、不精确及不完全真值的数据进行容错处理，从而取得低代价、易控制处理以及鲁棒性高的方法的集合。目前，软计算方法主要包括神经网络、遗传算法（GA）等。

遗传算法是模拟自然选择和遗传学机理的计算模型，它以一种类似于生物进化过程的方式搜索优化问题的最优解[43]，主要优点包括：具有内在的隐并行性和全局寻优能力；采用概率化的寻优方法，能自动获取和指导优化的搜索空间，自适应地调整搜索方向，不需要确定的规则等。将遗传算法与粗糙集理论相结合，可以用于解决属性约简问题[44-46]。其主要思想是：通过定义针对属性约简的评估函数（即遗传算法的适

应度函数），将寻找基于粗糙集的属性约简问题转变为在遗传空间搜索最优解的问题。典型的算法过程[44-46]如算法 4.1 所示。

算法 4.1　基于遗传算法的粗糙集属性约简算法伪代码

输入：决策表 $\{\mathcal{X},\mathcal{A}\cup\mathcal{Z},\mathcal{V},\mathcal{F}\}$，$\mathcal{A}$ 是条件属性，$\mathcal{Z}$ 是决策属性

过程:

1: 计算条件属性 $\mathcal{A}$ 对决策属性 $\mathcal{Z}$ 的依赖度 $\mathrm{Dep}(\mathcal{A},\mathcal{Z})$；$\mathrm{Core}(\mathcal{A})=\varnothing$；

2: 依次选择一个属性 $a\in\mathcal{A}$，若 $\mathrm{Dep}(\mathcal{A}-\{a\},\mathcal{Z})\neq\mathrm{Dep}(\mathcal{A},\mathcal{Z})$，则 $\mathrm{Core}(\mathcal{A})=\mathrm{Core}(\mathcal{A})\cup\{a\}$；

3: 若 $\mathrm{Dep}(\mathrm{Core}(\mathcal{A}),\mathcal{Z})=\mathrm{Dep}(\mathcal{A},\mathcal{Z})$，则输出 $\mathrm{Core}(\mathcal{A})$ 为最小相对约简，否则执行下一步；

4: 随机产生 m 个长度为 n（条件属性的个数）的二进制串组成初始群体：对于 $\mathrm{Core}(\mathcal{A})$ 中的属性，其对应的二进制位取 1；其他位随机取 0 或 1；一个二进制串为一个个体；

5: **repeat**

6: 计算每个个体所含条件属性对决策属性 $\mathcal{Z}$ 的依赖度，由适应度函数计算出每个个体的适应值，再根据每个个体的适应值依轮盘赌等选择策略选择个体进入下一步操作；

7: 根据交叉概率进行交叉操作；根据变异概率进行变异操作，$\mathrm{Core}(\mathcal{A})$ 中的属性在个体中的对应位不发生变异；

8: 根据采用的保存策略，将最优个体复制到下一代群体中。

9: **until** 连续若干代中最优个体的适应值不再改变

输出：最优个体中二进制位取 1 者对应的属性，这些属性的集合构成约简属性集

根据算法 4.1，基于遗传算法的粗糙集属性约简从一个初始群体出发，不断重复执行选择、交叉和变异等操作，使群体进化越来越接近优化目标。遗传算法中的群体由若干个体组成，而每个个体与决策表的一个约简相对应；选择、交叉和变异就是调整约简属性集的操作，所定义的适应度函数用来评价每个约简属性集的优劣，通常使用式（4.28）等基于属性集与决策属性依赖性的评价标准来判断。4.3.5 节将具体描述一个基于遗传算法和粗糙集理论的特征选择应用实例。

遗传算法在基于粗糙集属性约简中的成功应用说明，可以结合其他智能优化算法来提高属性约简性能，包括蚁群计算、粒子群计算等群体智能优化方法，人工神经网络等生物计算方法以及模拟退火算法等。随着数据规模的急剧膨胀，这些结合软计算法的粗糙集属性约简算法也在承受着算法效率方面的压力。为解决效率问题，已提出了一些分布式算法或并行算法[47,48]，目的是利用粗糙集理论解决较大规模数据属性约简的问题。此外，针对数据收集呈动态增长的现实，Bazan[49]提出了动态约简方法，以期解决动态增长的数据属性约简问题，提高约简效率。

在实际应用中，基于粗糙集的属性约简的性能不可避免地受到数据质量的影响。数据缺失便是其中一个广泛存在的质量问题。传统的属性约简算法对于缺失型的决策系统或决策表的处理能力有限。为此，Hong 等[50]在相容关系下提出了一种利用上下近似进行空值填充和规则提取算法，能够部分处理一些属性值缺失的信息系统，但该算法并不能处理空值过多的情况。周献中等[51]在相容关系的基础上将分布约简、最大分布约简、分配约简引入不完备信息系统，且利用条件信息量刻画属性的相对重要性，

以此为启发知识提出了不完备决策表的分配约简算法。通过实例检验，该类算法能够找到不完备信息系统的分配约简。

4.3.5　基于粗糙集的入侵检测特征选择

本节介绍一种应用于网络入侵检测数据特征选择的方法[52]，是一种过滤型特征约简方法。网络入侵检测系统需要实时处理海量的网络数据，数据包含大量的特征，识别并去除其中不相关或者冗余的特征，可以在保证一定检测精度的前提下有效降低网络入侵检测系统的负载，提高检测效率。所介绍的方法基于粗糙集理论和遗传算法，以特征重要度为启发式信息对遗传算法的初始群体进行优化，在提高算法收敛速度的同时取得了更优化的结果。

1. 算法过程

网络入侵检测是一种通过收集和分析被保护系统的信息而发现入侵的技术。它的主要功能是对网络进行实时监控，发现和识别系统中的入侵行为或企图，并发出入侵警报，因此，可将网络入侵检测看作区别系统状态是正常还是异常的二分类问题。其数据直接提取自网络通信设备或检测设备，特征包括每次网络通信连接的协议（离散型）、连接时长（连续型）等，是一种混合类型的高维数据。运用粗糙集理论进行属性约简时，需要首先转换成离散型数据。这些特征组成了决策表的条件属性 $\mathcal{A}$（属性数为 D），决策属性 $\mathcal{Z}$ 仅包含类别（区分正常还是异常的类别）。

基于粗糙集的入侵检测特征选择算法的总体流程如图 4.3 所示。算法由四部分组成。首先使用 Naive Scaler 算法[53]离散化连续型特征，接着为每个特征计算其重要度。重要度根据式（4.29）计算，即每个条件特征（对应用于公式中的 a）与决策属性的互信息。第三部分是算法的核心，完成基于粗糙集和遗传算法的特征子集选择。遗传算法的基本过程与算法 4.1 类似，算法细节如下。

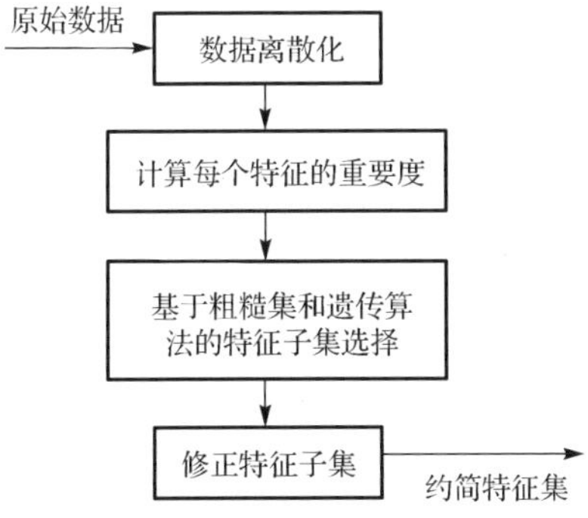

图 4.3　网络入侵检测特征选择算法的流程

1）个体编码

采用二进制编码方案，个体长度等于条件属性（特征）的数目，因此编码中的每个二进制位对应于一个原始特征，1 表示选择该特征，0 表示不选择该特征。

2）适应度函数

在特征选择中，个体的适应度取决于特征子集所包含的特征数目以及特征子集的分类能力，要求前者尽可能少、后者尽可能强。从粗糙集和信息论角度看，后者体现为特征子集与决策特征间互信息的大小，因此定义个体 i 的适应度函数为

$$\text{Fitness}(i) = \frac{D - \text{BitOne}(i)}{D} \times \text{MI}(Q; \mathcal{Z}) \tag{4.31}$$

式中，BitOne(i)表示个体 i 中二进制位为 1 的数目，即待评价特征子集（记为 Q）包含的特征数，互信息根据式（4.20）计算。

3）初始种群的选取

传统的初始种群选择是采用随机选取的方法。显然，在实际求解过程中，如果初始种群个体接近问题解，则将缩短全局搜索的时间，有利于找到优化的解，提高算法效率。因此，这里利用单个特征对决策特征的重要度作为启发式信息对初始群体进行优化，使得每个个体均包含特征重要度较高的特征。为此，设定两个特征重要度阈值 $T_{\min}$ 和 $T_{\max}$，对 $\forall a \in \mathcal{A}$：①若 $\text{SGF}(a, \varnothing, \mathcal{Z}) \leqslant T_{\min}$，则将对应编码位置 0；②若 $\text{SGF}(a, \varnothing, \mathcal{Z}) \geqslant T_{\max}$，则将对应编码位置 1；③否则，对应的编码位随机置 1 或 0。

4）选择算子

选择操作采用普遍使用的轮盘赌和精英保留策略。对父代种群中的个体，按照各自的适应度在整个种群的个体适应度的总和中所占的比例，采用轮盘赌方法进行选择。具体地，若个体 i 的适应度为 Fitness(i)，则该个体被选中的概率为

$$p(i) = \frac{\text{Fitness}(i)}{\sum_{t=1}^{n} \text{Fitness}(t)}$$

式中，n 表示种群规模的大小。根据上式选择出来的新一代个体也要进行适应度评价，若其中最差个体的适应度值小于上一代的最好个体的适应度值，则用后者替换前者。

5）交叉和变异

该过程采用单点交叉策略并按照一定的变异概率选择个体进行变异，即随机地选择参与变异的个体的二进制位，对该位取反。

6）迭代终止规则

当迭代次数满足预先设定的最大进化代数时，终止迭代。

特征选择算法的第四部分对由上述遗传算法得到的解进行修正，这一过程保证约

简后的特征子集所提供的信息量不低于原始特征全集提供的信息量。修正步骤的算法流程如图 4.4 所示。

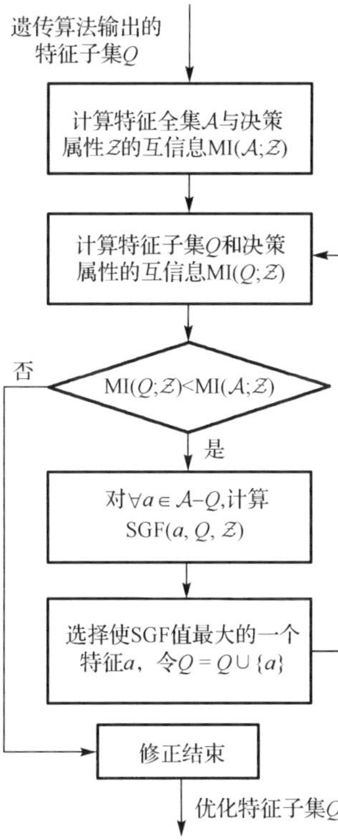

图 4.4　特征子集修正流程

2. 特征选择结果

选用 MIT LINCOLN 实验室 1998 年采集的 DARPA 入侵检测数据测试和分析上述基于粗糙集理论的特征选择方法。选用 KDD CUP 1999 数据，选取其中代表性的 corrected 数据集，随机抽取 30000 条记录作为训练数据用于特征选择，另外随机抽取 60000 条数据用于测试，以评估特征子集的入侵检测性能。该数据包含 41 个特征（特征 ID 用 1～41 表示），数据分为 normal 和 attack 两类，即所有不同的攻击行为均被标记为 attack。关于数据集及特征的详细介绍参见 6.5 节。算法涉及的若干参数设置如下：特征重要度阈值 T_{min}=0, T_{max}=0.03，种群初始规模为 30，交叉概率为 75%，变异概率为 1%。

4.3.5 节的第 1 部分所述算法从训练数据提取的特征子集如表 4.6 所示。算法成功提取了 protocol_type(2)、service(3)、src_bytes(5)、dst_bytes(6)、land(7)、logged_in(12)、su_attempted(15)、srv_rerror_rate(28)、diff_srv_rate(30)、dst_host_same_srv_rate(34)、 dst_host_srv_diff_host_rate(37)和 dst_host_rerror_rate(40)共 12 个特征，获得了 70%的特征约简率。

表 4.6　基于粗糙集的网络入侵检测特征选择结果

序号	特征名称	特征 ID	特征描述
1	protocol_type	2	协议类型，如 TCP、UDP 等
2	service	3	目的端网络服务，如 HTTP 等
3	src_bytes	5	从源端传向目的端的字节数
4	dst_bytes	6	从目的端传向源端的字节数
5	land	7	源和目的主机端口相同与否
6	logged in	12	是否成功登录进系统
7	su_attempted	15	是否尝试 su_root 命令行
8	srv_rerror_rate	28	含有“REJ”错误的连接所占百分比
9	diff_srv_rate	30	不同服务的连接所占百分比
10	dst_host_same_srv_rate	34	对于同一服务的连接所占百分比
11	dst_host_srv_diff_host_rate	37	对于不同主机的连接所占百分比
12	dst_host_rerror_rate	40	含有“SYN”错误的连接所占百分比

为检验所选择特征子集的有效性，使用 SVM 算法在不同特征子集上进行分类测试，根据测试集上的分类精度进行性能评价，评价指标是式（4.17）所示的 F1 指标和检测率（即对 attack 类样本的识别率）。具体测试过程如下：首先在训练数据全集上进行 SVM 训练，将训练好的模型用于测试数据全集的分类，报告预测结果的 F1 指标值和检测率；然后，对训练数据和测试数据进行特征约简，仅保留上述 12 个特征，重复 SVM 训练和分类过程，报告约简数据上的预测结果。测试结果见表 4.7。

表 4.7　不同特征集上 SVM 预测性能对比

	原始特征集	约简特征集（表 4.6）
特征数	41	12
F1 指标	0.9665	0.9726
检测率	0.9727	0.9955

由表 4.7 可以看出，与原始特征全集相比，选取的特征子集不但没有降低预测精度，反而将预测精度从 96.65%提高到 97.26%；在漏检率指标上，使用约简特征集时漏检率从特征全集的 2.73%降低至 0.45%。上述结果表明基于遗传算法和粗糙集理论的特征约简在实际应用中可以取得较好效果。另外，也再次验证了 1.3.2 节所述的观点，即对于一个实际问题，借助特征约简技术提取重要的小部分特征，仅使用这些特征时数据挖掘算法可能取得更好的效果。当然，基于粗糙集的方法仅是为数众多的特征约简方法中的一类方法，与其他方法一样，它也只适用于某些应用（相同数据上其他方法的约简结果见 6.5 节），但基于粗糙集的约简方法有较完善的理论支撑，结合遗传算法等软计算方法时可以有效提高解的精度，具有重要的应用价值。

4.4　特征组选择

本节从两个角度讨论特征组选择议题。第一个角度是特征子集（组）的评价。如前所述，一个理想的特征选择算法需要遍历所有特征子集，鉴于这种穷举式搜索算法高昂的时间复杂度，多数算法采用了启发式搜索策略，将问题转换为单特征的评价与选择问题，或以单特征评价与选择为起点进行启发式搜索。为提高约简特征集的精度，需要以特征子集为单位进行评价与选择。一种可行的方案是基于遗传算法等软计算方法进行特征子集搜索（如 4.3.5 节给出的例子），涉及的一个关键问题是如何定义特征子集的评价函数（在基于遗传算法的特征选择方法中，就是如何定义适应度函数）。

如式（4.8）定义的 L_p 距离等差异性度量可以用于特征子集评价，因为距离计算是在特征子集定义的空间中进行的，所以样本间距离的差异一定程度上反映了特征子集的不同。4.2.3 节涉及的一些信息度量也可以扩展为特征子集的评价函数。以信息熵为例，考虑两个特征组成的特征子集，用 X 和 Y 表示两个特征对应的随机变量，该子集的信息熵为

$$H(XY)=H(X)+H(Y\mid X)$$

上式体现了信息熵的“可加性”性质；特别地，若假设 X 和 Y 是统计独立的，则

$$H(XY)=H(X)+H(Y)$$

评价特征子集时，除特征间的相关性外，还要考虑子集内特征的冗余性。理想的特征子集所含的特征应具有最大的相关性，同时具有最小的冗余性。为此，Peng 等[11]提出了一种基于空间搜索的最小冗余最大相关（Minimal-Redundancy-Maximal-Relevance，mRMR）方法，用于搜索符合上述要求的特征子集。对于特征子集 SF，mRMR 定义的评价函数为

$$\mathrm{mRMR}(\mathrm{SF})=\frac{1}{|\mathrm{SF}|}\sum_{X\in\mathrm{SF}}\mathrm{MI}(X;Z)-\frac{1}{|\mathrm{SF}|^2}\sum_{X\in\mathrm{SF}}\sum_{Y\in\mathrm{SF}}\mathrm{MI}(X;Y) \tag{4.32}$$

式中，$|\mathrm{SF}|$为特征子集所含的特征数；MI 为式（4.20）表示的互信息；Z 为对应于类别属性的随机变量。式（4.23）可用于有监督条件下评价特征子集的优劣，其值越大表明子集预期会有越好的分类预测性能。

一致性度量（见 4.2.2 节的第 3 部分）可以直接用于特征子集评价，此时，需要对特征子集的所有取值组合进行一致性检验。还以表 4.2 的数据为例，考虑两个特征组成的特征子集，一致性检验结果见表 4.8。特征子集$\{A_1, A_2\}$、$\{A_1, A_3\}$、$\{A_2, A_3\}$的不一致率分别为 1/6、2/6 和 2/6；由此，若只考虑两特征组合，则$\{A_1, A_2\}$是最好（最一致）的候选特征子集之一。对比表 4.8 和表 4.5，我们可以将特征子集及其对样本集的划分与粗糙集理论中等价类概念联系在一起，实际上，一致性检验就是在“等价类”内分析样本类别的分布情况。

表 4.8　表 4.2 数据三个特征子集的一致性检验结果

$\{A_1, A_2\}$			$\{A_1, A_3\}$			$\{A_2, A_3\}$		
取值	类分布	不一致样本数	取值	类分布	不一致样本数	取值	类分布	不一致样本数
'A', 'A'	c_1：1 个 c_2：2 个	1	'A', 'A'	c_1：2 个 c_2：2 个	2	'A', 'A'	c_1：2 个 c_2：2 个	2
'A', 'T'	c_1：2 个	0	'A', 'T'	c_1：1 个	0	'A', 'T'	c_1：2 个	0
'T', 'T'	c_3：1 个	0	'T', 'A'	c_3：1 个	0	'T', 'T'	c_3：1 个	0

第二个角度是特征组的选择。实际应用领域产生的高维数据通常融合了从不同角度使用不同测量方法获取的数据。从同一角度或使用相似测量方法采集的特征之间或多或少地存在一些联系，若按照特征间的相关性进行划分，则可以发现许多高维数据是由一些内部存在较强相关性的特征组构成的。例如，在银行客户数据集中，特征可以划分为统计客户信息的人口统计组、显示客户信息的账户组和描述客户消费行为的支出组；核血细胞数据集[54]的特征包括密度组、几何组、颜色组和纹理组，其中每个特征组代表在有核血细胞中使用特定测量方法取得的测量数据。已有一些统计工具用于从数据中提取特征分组，如因子分析[55]，它根据特征间的统计相关性将特征分组，使得同组内的特征之间相关性较高，不同组的特征相关性较低。每组特征代表数据的一种基本结构，在因子分析中这个基本结构称为因子。

考虑数据中的特征分组现象时，特征选择任务转换为特征组选择，即以特征组为单位进行特征选择。这种现象令特征选择变得更为复杂：特征选择方法既要确定哪些特征归入哪个组，还要确定选择哪些组。子空间聚类领域已提出一些解决方案[56-61]。例如，Chen 等[62]提出的特征组加权模型，它赋予每个特征一个权值表示特征与特征组（每个特征组与一个簇相关联）的相关性，再赋予每个簇一组权值以实现特征组的软选择，这些权值在聚类过程中予以优化；Gan 等[63]在此基础上实现了特征组数目的自动估计。关于这两种算法的有关细节将在 5.3.2 节具体介绍。

进行特征组选择时，还要考虑组与组之间的相关性和冗余性问题，这涉及随机向量的统计相关性测量。对于类属型特征，可以推广式（4.14）定义的 Pearson 相关系数（卡方测试）为两个离散随机向量的相关性度量；但是，这种推广将导致算法时间复杂度呈指数增长（卡方测试要计算的 cell 数与子集内的特征数呈指数关系）。对于连续型特征，则可以采用距离相关性（distance correlation）度量。2007 年前后，Székely 等[64]系统地研究了基于距离的随机变量（随机向量）间统计相关性测量方法，提出了距离相关性度量。设 $\boldsymbol{X},\boldsymbol{Y}$ 为两个随机向量，它们的距离相关系数定义为

$$\mathrm{dCor}(\boldsymbol{X},\boldsymbol{Y})=\frac{\mathrm{dCov}(\boldsymbol{X},\boldsymbol{Y})}{\sqrt{\mathrm{dVar}(\boldsymbol{X})\,\mathrm{dVar}(\boldsymbol{Y})}}$$

$$\mathrm{dCov}(\boldsymbol{X},\boldsymbol{Y})=\frac{1}{N}\sqrt{\sum_{i=1}^{N}\sum_{j=1}^{N}\alpha_{ij}\beta_{ij}}\,,\quad \mathrm{dVar}(\boldsymbol{X})=\mathrm{dCov}(\boldsymbol{X},\boldsymbol{X}) \tag{4.33}$$

式中，N 为样本数；$\alpha_{ij}=a_{ij}-\bar{a}_{i.}-\bar{a}_{.j}+\bar{a}_{..}$ 和 $\beta_{ij}=b_{ij}-\bar{b}_{i.}-\bar{b}_{.j}+\bar{b}_{..}$，$a_{ij}$ 为距离矩阵 $\boldsymbol{A}$ 第 i 行第 j 列元素，$\bar{a}_{i.}$ 为 $\boldsymbol{A}$ 第 i 行元素的平均值，$\bar{a}_{.j}$ 为 $\boldsymbol{A}$ 第 j 列元素的平均值，$\bar{a}_{..}$ 为 $\boldsymbol{A}$ 中所有元素的平均值；有关 b 的符号含义同理，它们是关于距离矩阵 $\boldsymbol{B}$ 的。距离矩阵 $\boldsymbol{A}$ 和 $\boldsymbol{B}$ 的元素 a_{ij} 和 b_{ij} 用下式计算（$i, j = 1, 2, \cdots, N$）：

$$a_{ij}=\left\|\boldsymbol{x}_i^{(X)}-\boldsymbol{x}_j^{(X)}\right\|_2,\quad b_{ij}=\left\|\boldsymbol{y}_i^{(Y)}-\boldsymbol{y}_j^{(Y)}\right\|_2$$

式中，$\boldsymbol{x}^{(X)}$ 表示样本 $\boldsymbol{x}$ 在随机向量 $\boldsymbol{X}$ 对应的特征空间中的投影。在实际应用中，式(4.33)可以用于分析两组连续型特征组之间的相关性。

4.5　层次特征选择及其应用

多数情况下，人们只考虑“平面式”（flat）特征选择，也就是假定给定数据集只存在一组最优的特征子集。在一些应用场合，这种假设不完全恰当。例如，在基于数据挖掘的恶意软件鉴别中，软件可以从整体上分为两类：恶意的和良性的；结合背景知识可知，恶意软件还需要进行细分，如划分为计算机病毒、后门软件、蠕虫、木马等，不同类型的恶意软件的原理差异很大，因此需要提取不同的特征加以识别；更进一步，人们发现同一类型恶意软件中的不同“家族”表现出来的恶意行为可能大相径庭，还有必要按家族对某一类型的恶意软件进一步细分。在这个数据挖掘任务中，需要从同一个数据集（软件代码集）提取的特征不再是平面式的，而是层次式（hierarchical）的，不同层面上都存在最优的特征子集。

本节介绍一种层次特征选择方法。由于这种特征选择方法与具体应用密切相关，下面结合迷惑恶意代码检测（detection of obfuscated malicious code）应用，介绍层次化提取迷惑恶意代码特征的方法[65]，简称为 HFS（Hierarchical Feature Selection）。该方法首先根据两类代码（恶意代码和良性代码）的显著性差异搜索引导特征（称为引导层特征），从而有指导地学习每个恶意代码的多重不定长特征（个体层特征），之后依次在家族内部（家族层）和外部（全局层）选择强相关性的特征，以供鉴别恶意软件的分类器学习。

4.5.1　背景知识

在鉴别程序文件（软件）是否为恶意代码之前，首先要对程序文件进行处理，将它表示成特征空间中的数据。我们从程序文件（可执行文件）提取十六进制操作码（Hexadecimal Operation Code，Hex-Opcode）序列为原始特征。图 4.5 给出一个例子，该图显示 CIH 病毒（可从 https://www.f-secure.com/v-descs/cih.shtml 下载）的局部代码，经反汇编可以得到每条指令的 Hex-Opcode，这里一个 Hex-Opcode 是 00～FF 的十六进制字符，多个 Hex-Opcode 的有序连接表示程序的一个指令或多个指令的有序集合。

例如，指令 push ecx 的 Hex-Opcode 为 51，对应于十进制数是 81；从前 3 条指令提取的操作码序列是 51505B。恶意代码中包含的一些特殊指令代码序列通常是良性代码中所没有或少有的，这些可以用来区分两类代码的 Hex-Opcode 序列就是需要提取的特征。

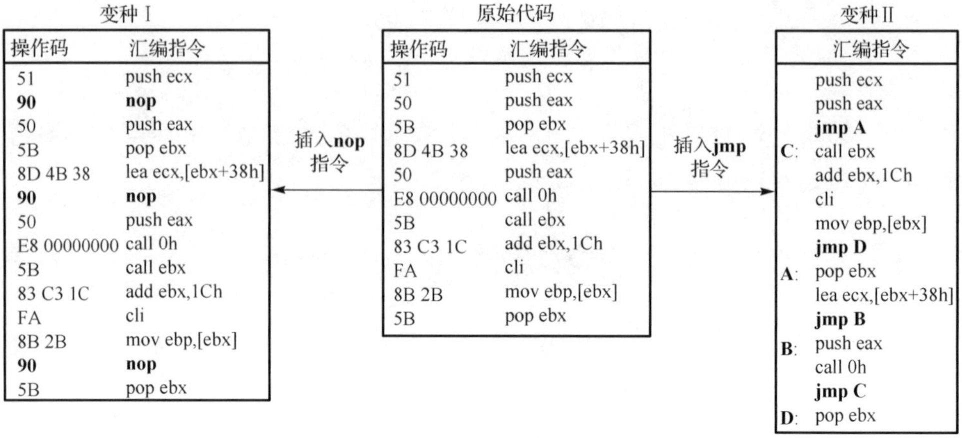

图 4.5　CIH 病毒及其变种实例

经过预处理之后得到的 Hex-Opcode 序列，需要从中提取特征用于建立分类模型。传统方法通常提取一些定长特征，虽然简单方便，但却难以描述迷惑恶意代码，原因在于迷惑技术通过插入冗余代码（如 nop 指令）或调换代码位置（如 jmp 指令）等方式改变了原始代码的表现形式。如图 4.5 所示，CIH 病毒的一段原始代码经迷惑技术后产生两个变种，这两个变种的 Hex-Opcode 序列发生了明显的变化，传统方法不得不对每个变种单独提取特征并存储，这样的特征提取和存储方式容易导致检测器过于庞大，尤其是在恶意代码经过修改或自行演化等途径后往往会形成数十种甚至更多的变种时。经过这样的预处理，提取的特征序列会达到几十万甚至上百万，有必要进行特征选择作降维处理。

如图 4.5 所示，CIH 的变种的 Hex-Opcode 序列在结构上仍然与原始代码有一定的相似性。事实上，一个恶意代码经过迷惑技术处理后，与原始代码仍旧是同源恶意代码，在结构、指令代码以及感染方式上大多都具有一定的相似性，这些恶意代码可以认为属于同一家族。恶意代码家族在进化过程中，大多只是迷惑其中的部分特征，家族主体特征往往仍被保留下来。例如，蠕虫家族 Rinbot[66]从版本 Rinbot.A 到 Rinbot.L，该蠕虫病毒只是增加或者减少一些特性；蠕虫家族 Bagle[67]从版本 Bagle.A 到 Bagle.K 进行了不断的演化和升级，但都与原始代码非常相似。

总而言之，同一家族的多个相同关键指令有机结合，从而产生了该家族共同的恶意性作用。就 Hex-Opcode 序列而言，这些相同的关键指令表现为家族内不同恶意代码具有多个相同或相似的子序列。为提取这些恶意代码的特征子序列，HFS 的基本思路是：首先在家族内部提取不定数目的不定长子序列，并以此来标识一个恶意代码，在此基础上选择相关性较强的特征，降低特征空间的规模。

4.5.2　恶意代码的层次特征选择

用于恶意软件分类的恶意代码层次特征选择过程如图 4.6 所示。组成恶意代码不定长特征的 Hex-Opcode 与良性代码有一定的差异，因此在提取不定长特征之前首先搜索这些具有差异性的 Hex-Opcode，并以此建立引导特征（Oriented Feature，OF）库，此为第一层特征，称为引导层特征；OF 库与每个家族的恶意代码 Hex-Opcode 序列进行匹配，生成一系列的不定长特征，构造恶意代码的个体模式（individual pattern），此为第二层的个体特征；个体模式中的不定长特征数量庞大，层次特征选择方法先后在家族内部和外部对其进一步精化，生成家族特征（Family Feature，FF）和全局特征（Global Feature，GF），此二者分别为第三层和第四层特征。以下逐层对其说明。

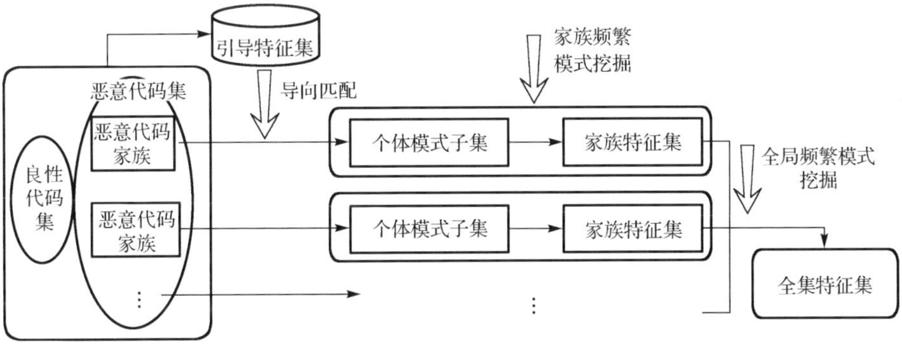

图 4.6　恶意代码层次特征选择过程示意图

1．引导层

恶意代码检测器中包含的有效信息直接影响模型检测性能，然而，借助良性代码信息提取恶意代码特征的传统方法，生成的特征数目往往与良性代码的 Hex-Opcode 序列数目呈指数关系，其原因就在于传统的特征提取方法采用无监督搜索方式。而在计算机系统中，良性代码的信息往往又是足够庞大的，这样不仅会产生大量的无效计算，同时使得检测器中存储了大量无效特征。尽管现有的多数方法对提取的特征进行了优化，某种程度上可以将指数关系降为线性关系，但无法从根本上解决特征数目庞大的问题。因此这里首先从大量的代码序列中提取出能够体现其差异的操作码，这些操作码称为引导特征。

引导特征 OF_i 为连续两个字节的 Hex-Opcode，其中 $i\in[0,65535]$表示其对应的十进制数。如图 4.7 所示，长度为两个字节的滑动窗口每次向前滑动一个字节可以收集到的 OF 为：(01 4C) (4C 24) (24 FE) (FE 5B)。

OF 是下一层中不定长特征的基本组成单元。从统计角度看，每一个 OF 在恶意代码与良性代码序列中的频度是存在一定差异的，这种频度差异具有指向性，反映了该

OF 趋向于代表恶意代码或良性代码的程度。在不定长特征的生成过程中，OF 对滑动窗口的前进具有完全的引导作用，为衡量引导特征的引导能力（指向恶意代码的能力）强弱，引入以下定义。

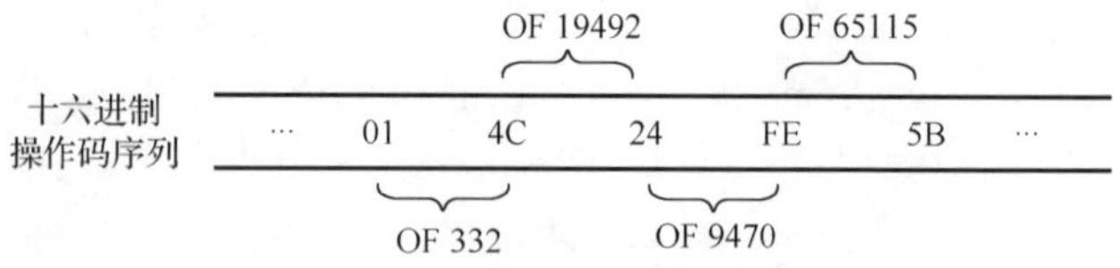

图 4.7　程序文件的引导层特征实例

定义 4.6　OF_i趋向值 tendency(i)表示 OF_i趋向于代表恶意代码的程度。计算公式为

$$\text{tendency}(i)=\begin{cases}\dfrac{d_M(i)}{d_M(i)+d_B(i)}, & d_M(i)\neq 0\\ 0, & d_M(i)=0\end{cases}$$

式中，$d_M(i)$与 $d_B(i)$分别表示 OF_i在恶意代码与良性代码中的频度。

这里，OF_i 的频度类似于文本分类领域特征项（词）在文档中的频度。借鉴文本挖掘 TF-IDF 算法[6]的思想（见 4.2.1 节），根据 OF_i在样本中出现的频率赋予其相应的权重。不同于 TF-IDF 的是，在某类代码（恶意代码或良性代码）的多数样本中出现的 OF，权重则要比在少数样本中出现的 OF 的权重高，以下给出 OF_i在恶意代码与良性代码中的权重计算公式：

$$w_M(i)=\frac{I_M(i)}{I_M},\quad w_B(i)=\frac{I_B(i)}{I_B}$$

式中，$I_M(i)$、$I_B(i)$分别表示含有 OF_i 的恶意代码和正常代码样本数目；I_M、I_B 分别表示恶意代码和正常代码样本数目。最后，根据式（4.34）计算 OF_i 在恶意代码中的频度，根据式（4.35）计算在良性代码中的频度，其中 $U_M(i)$、$U_B(i)$分别表示 OF_i在训练集恶意代码和正常代码样本中出现的次数，U_M、U_B 分别表示训练集中所有恶意代码和正常代码样本包含的 OF 数目：

$$d_M(i)=w_M(i)\times\frac{U_M(i)}{U_M}\tag{4.34}$$

$$d_B(i)=w_B(i)\times\frac{U_B(i)}{U_B}\tag{4.35}$$

引导层上的主要工作是统计 OF_i在恶意代码和良性代码中的频度，根据 tendency(i)决定其是否入选 OF 库。当 tendency(i)超过预设的阈值时，判定为具有较强的引导能力，允许其加入恶意代码 OF 库中。

2. 个体层

利用已得到的 OF 库与恶意代码 Hex-Opcode 序列，采用导向匹配 GM（Guiding

Match）方法生成不定长特征，称为项。给定 Hex-Opcode 序列，GM 方法从第一个匹配的 Opcode 开始向前“滑动”，滑动窗口以一个字节为步长，直到遇到断点，统计从开始匹配到结束匹配滑动窗口滑过的 Hex-Opcode 子序列，如果该子序列长度不低于 6 个字节（注：计算机有效的关键指令多为 6 个字节以上），则将其存储下来，否则认为该子序列不包含足够多的信息，不是恶意代码的关键指令。图 4.8 显示一个项的生成过程，在这个例子中，发生匹配的子序列为（24 FE 5B 83 C3 1C），其长度为 6，因此需要存储下来。

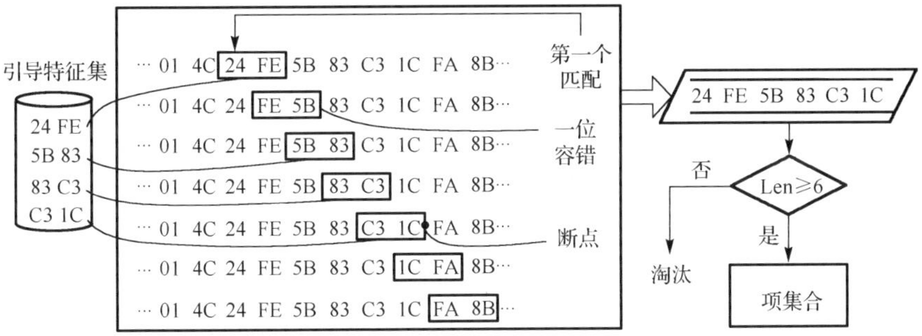

图 4.8　个体层不定长子序列生成过程实例

经过 GM 方法处理之后，一个恶意代码会产生多个项，为保存恶意代码原始信息，同时减少存储量，使用多个项构成的个体模式来标识恶意代码序列。假设第 $h(h = 1, 2, \cdots, H)$个家族包含 R 个恶意代码，每个恶意代码的不定长特征构成了个体模式 IP_r，家族个体模式库 $IP^{(h)}=\{IP_r \mid r = 1, 2, \cdots, R\}$。家族所有不定长特征构成了项集 $IS=\{is_1, is_2, \cdots, is_N\}$，显然 IP_r 是 IS 的非空子集。这里 IP_r 的每个项 is_i 是通过恶意代码序列与 OF 库进行匹配生成的。由于下一层特征精化过程是在家族内部完成的，这里将各家族的 IP_r 单独存储，这样就保证了同一家族的不定长特征能够存放在一起，不同家族的不定长特征分离保存。

3. 家族层

采用频繁模式挖掘算法 Apriori[14]搜索家族特征。记项集 IS 的长度为 k 的子集为 M_k，称为 k 项集，即$|M_k|=k$。如果 M_k 是 IP_r 的子集，则称个体模式 IP_r 包含 M_k。M_k 的族内支持数$\sigma(M_k)$为 $IP^{(h)}$中包含 M_k 的个体模式数，M_k 的相对支持度为 $\mathrm{Support}(M_k)=\sigma(M_k)/|IP^{(h)}|$。若$\sigma(M_k)$不小于预设的阈值，则 M_k 为 $IP^{(h)}$中频繁 k 项集，否则为非频繁项集。由所有频繁 k 项集构成的集合记为 F_k。

家族内恶意代码有以下两个特性：①迷惑恶意代码通常会加入一些自己特有的特征以降低与其他变种之间的相似性，但是该家族的恶意性是多个恶意代码所共有的；②家族的恶意性是具有关联性的多个关键指令的共同作用，因此家族特征是频繁的。根据频繁模式挖掘算法的原理，频繁项集中各项之间具有较强的关联性，因此家族特

征应是 $IP^{(h)}$中的频繁项。若家族恶意性是由 k 个关联项共同作用产生的，则搜索家族特征就是要挖掘 $IP^{(h)}$中的 F_k。另外，一个很大的 k 可能导致较小个体模式中包含的恶意性信息遗失，如果 k 太小，则难以找出更多具有关联性的特征。综合考虑，以最小个体模式的项数 $\arg\min_{r=1,2,\cdots,R}|P_r|$为上限，不断增大 k，将最大的 k 值对应的 F_k 作为家族特征。

4. 全局层

家族特征虽然较好地刻画了家族内恶意代码所共有的特性，但是大多数家族特征在该家族内出现频度很高，却在整个训练集上出现频度很低。若直接将所有家族特征存储在检测器中，则不仅检测器体积庞大，而且这些没有在整个训练集上进行精化的特征是粗糙的，需要对家族特征在全局层上进一步精化。

类似于家族层的挖掘方法，给定最小全局支持度阈值，若家族特征的全局支持度不小于该阈值，则将其作为全局特征加入 GF 库，显然，每一个全局特征都是上一层中频繁的家族特征。不同于家族层的是，这里只对每个全局特征统计家族支持数并将其作为全局支持度，换言之，全局特征是家族特征中的频繁一项集。与家族特征相比，全局特征不仅数量少，而且更具有一般性。最后，GF 库被存储在模型检测器中，GF 库中的特征数目直接决定了检测器的大小以及整个检测系统的规模。

以上层次化特征所体现的优势在于，特征数目逐层减少，每一层的特征提取都是在相对更小的数据集上进行的，提高了模型的训练效率，也便于根据各层提取工作的需要采用不同的特征存储方式。

参 考 文 献

[1] Stańczyk U, Jain L C. Feature Selection for Data and Pattern Recognition: An Introduction. Berlin: Springer, 2015.

[2] 孙鑫. 机器学习中特征选问题研究. 长春: 吉林大学, 2013.

[3] Moore A W, Lee M S. Efficient algorithms for minimizing cross validation error//The 11th International Conference on Machine Learning, New Brunswick, 1994.

[4] 张靖. 面向高维小样本数据的分类特征选择算法研究. 合肥: 合肥工业大学, 2014.

[5] 苏映雪. 特征选择算法研究. 长沙: 国防科学技术大学, 2006.

[6] Soucy P, Mineau G W. Beyond TFIDF weighting for text categorization in the vector space model//The 19th International Joint Conference on Artificial Intelligence, Edinburgh, 2005.

[7] Light R J, Margolin B H. An analysis of variance for categorical data. Journal of the American Statistical Association, 1971, 66(335): 534-544.

[8] Chen L, Wang S, Wang K, et al. Soft subspace clustering of categorical data with probabilistic distance. Pattern Recognition, 2015, 51: 322-332.

[9] Kullback S, Leibler R. On information and sufficiency. Annals of Mathematical Statistics, 1951,

22(22): 79-86.

[10] 刘华文. 基于信息熵的特征选择算法研究. 长春: 吉林大学, 2010.

[11] Peng H, Long F, Ding C. Feature selection based on mutual information criteria of max-dependency, max-relevance, and min-redundancy. IEEE Transactions on Pattern Analysis and Machine Intelligence, 2005, 27(8): 1226-1238.

[12] 王博. 文本分类中特征选择技术的研究. 长沙: 国防科学技术大学, 2009.

[13] Fountain T, Almuallim H, Dietterich T G. Learning with many irrelevant features//The 9th National Conference on Artificial Intelligence, Anaheim, 1991.

[14] Liu H, Setiono R. A probabilistic approach to feature selection-a filter solution//The 13th International Conference on Machine Learning, Bari, 1996.

[15] Arauzo-Azofra A, Benitez J M, Castro J L. Consistency measures for feature selection. Journal of Intelligent Information Systems, 2008, 30(3): 273-292.

[16] Liul H, Motoda H, Dash M. A monotonic measure for optimal feature selection//The 10th European Conference of Machine Learning, Chemnitz, 1970.

[17] Li L P, Weinberg C R, Darden T A, et al. Gene selection for sample classification based on gene expression data: study of sensitivity to choice of parameters of GA/KNN method. Bioinformatics, 2001, 17(12): 1131-1142.

[18] Huang J Z, Ng M K, Rong H, et al. Automated variable weighting in k-means type clustering. IEEE Transactions on Pattern Analysis and Machine Intelligence, 2005, 27(5): 657-668.

[19] Chiang L H, Kotanchek M E, Kordon A K. Fault diagnosis based on Fisher discriminant analysis and support vector machines. Computers and Chemical Engineering, 2004, 28(8): 1389-1401.

[20] Jain A K, Duin R P W, Mao J. Statistical pattern recognition: a review. IEEE Transactions on Pattern Analysis and Machine Intelligence, 2000, 22(1): 4-37.

[21] Quinlan J R. Learning efficient classification procedures and their application to chess end games. Machine Learning: An Artificial Intelligence Approach, 1983: 463-482.

[22] Lee C, Lee G G. Information gain and divergence-based feature selection for machine learning-based text categorization. Information Processing and Management, 2006, 42(1): 155-165.

[23] Quinlan J R. C4.5: Program for Machine Learning. San Mateo: Morgan Kaufmann Publishers, 1993.

[24] Brown G. A new perspective for information theoretic feature selection//The 12th International Conference on Artificial Intelligence and Statistics, Clearwater Beach, 2009.

[25] Battiti R. Using mutual information for selecting features in supervised neural net learning. IEEE Transactions on Neural Networks, 1994, 5(4): 537-550.

[26] Kwak N, Chong-Ho C. Input feature selection for classification problems. IEEE Transactions on Neural Networks, 2002, 13(1): 143-159.

[27] Novovičová J, Somol P, Haindl M, et al. Conditional mutual information based feature selection for classification task//The 12th Iberoamericann Congress on Pattern Recognition, Valparaiso, 2007.

[28] Fleuret F. Fast binary feature selection with conditional mutual information. Journal of Machine Learning Research, 2004, 5(3): 1531-1555.

[29] Beirlant J, Meulen E C V D, Dudewicz E J, et al. Nonparametric entropy estimation: an overview. International Journal of Mathematical and Statistical Sciences, 1997, 6(1): 17-39.

[30] 施伟, 战守义, 盛思源. 基于 Rough Set 的数据预处理. 计算机工程与应用, 2003, 39(22): 190-191.

[31] 朱建平. 数据挖掘的统计方法及实践. 北京: 中国统计出版社, 2005.

[32] Skowron A, Rauszer C. The discernibility matrices and functions in information systems. Theory and Decision Library, 1992, 11: 331-362.

[33] 王熊彬, 郑雪峰, 徐章艳. 基于系统熵的属性约简的简化差别矩阵方法. 计算机应用研究, 2009, 26(7): 2460-2464.

[34] 杨明, 孙志挥. 改进的差别矩阵及其求核方法. 复旦学报: 自然科学版, 2004, 43(5): 865-868.

[35] Hu X, Cercone N. Learning in relational databases: a rough set approach. Computational Intelligence, 1995, 11(2): 323-338.

[36] Hu X. Knowledge Discovery in Databases: An Attribute-oriented Rough Set Approach. Regina: University of Regina, 1996.

[37] 苗夺谦, 胡桂荣. 知识约简的一种启发式算法. 计算机研究与发展, 1999, 36(6): 681-684.

[38] Xu F F, Miao D Q, Wei L. Fuzzy-rough attribute reduction via mutual information with an application to cancer classification. Computers and Mathematics with Applications, 2009, 57(6): 1010-1017.

[39] 苗夺谦, 王珏. 粗糙集理论中概念与运算的信息表示. 软件学报, 1999, 10(2): 113-116.

[40] 钱国良, 舒文豪. 基于信息熵的特征子集选择启发式算法的研究. 软件学报, 1998, (12): 911-916.

[41] 王国胤, 于洪, 杨大春. 基于条件信息熵的决策表约简. 计算机学报, 2002, 25(7): 759-766.

[42] Zadeh L A. Fuzzy logic, neural networks, and soft computing. Communications of the ACM, 1994, 37(3): 77-85.

[43] 汤建国, 祝峰, 佘堃, 等. 粗糙集与其他软计算理论结合情况研究综述. 计算机应用研究, 2010, 27(7): 2404-2410.

[44] Hoa N S, Son N H. Some efficient algorithms for rough set methods//The 7th Conference on Information Processing and Management of Uncertainty in Knowledge-Based Systems, Paris, 1996.

[45] 陶志, 许宝栋, 汪定伟, 等. 基于遗传算法的粗糙集知识约简方法. 系统工程, 2003, 21(4): 116-122.

[46] 王萍, 王学峰, 吴谷丰. 基于遗传算法的粗糙集属性约简算法. 计算机应用与软件, 2008, 25(5): 42-44.

[47] 覃政仁, 吴渝, 王国胤. 一种基于 Rough Set 的海量数据分割算法. 模式识别与人工智能, 2006, 19(2): 249-256.

[48] 孙涛, 董立岩, 李军, 等. 用于粗糙集约简的并行算法. 吉林大学学报: 理学版, 2006, 44(2): 211-216.

[49] Bazan J G. A comparison of dynamic and non-dynamic rough set methods for extracting laws from decision tables. Rough Sets in Knowledge Discovery, 1998, 1: 321-365.

[50] Hong T P, Tseng L H, Wang S L. Learning rules from incomplete training examples by rough sets. Expert Systems with Applications, 2002, 22(4): 285-293.

[51] 周献中, 黄兵. 基于粗集的不完备信息系统属性约简. 南京理工大学学报, 2003, 27(5): 630-635.

[52] 陈路莹, 姜青山, 陈黎飞. 一种面向网络入侵检测的特征选择方法. 计算机研究与发展, 2009, 45: 156-160.

[53] 王国胤. Rough 集理论与知识获取. 西安: 西安交通大学出版社, 2001.

[54] Mui J K, Fu K S. Automated classification of nucleated blood cells using a binary tree classifier. IEEE Transactions on Pattern Analysis and Machine Intelligence, 1980, 2(5): 429-443.

[55] 何有世, 徐文芹. 因子分析法在工业企业经济效益综合评价中的应用. 数理统计与管理, 2003, 22(1): 19-22.

[56] Keller A, Klawonn F. Fuzzy clustering with weighting of data variables. International Journal of Uncertainty, Fuzziness and Knowledge-Based Systems, 2000, 8(6): 735-746.

[57] Gan G, Wu J. A convergence theorem for the fuzzy subspace clustering algorithm. Pattern Recognition, 2008, 41(6): 1939-1947.

[58] Jing L, Ng M K, Huang J Z. An entropy weighting k-means algorithm for subspace clustering of high-dimensinoal sparese data. IEEE Transactions on Knowledge and Data Engineering, 2007, 19(8): 1026-1041.

[59] Jing L, Ng M K, Xu J, et al. On the performance of feature weighting k-means for text subspace clustering. Lecture Notes in Computer Science, 2005, 3739(3): 502-512.

[60] 陈黎飞, 郭躬德, 姜青山. 自适应的软子空间聚类算法. 软件学报, 2010, 21(10): 2513-2523.

[61] Chan E, Ching W, Ng M, et al. An optimization algorithm for clustering using weighted dissimilarity measures. Pattern Recognition, 2004, 37(5): 943-952.

[62] Chen X, Ye Y, Xu X, et al. A feature group weighting method for subspace clustering of high-dimensional data. Pattern Recognition, 2012, 45(1): 434-446.

[63] Gan G, Ng M K P. Subspace clustering with automatic feature grouping. Pattern Recognition, 2015, 48(11): 3703-3713.

[64] Székely G J, Rizzo M L, Bakirov N K. Measuring and testing dependence by correlation of distances. Annals of Statistics, 2007, 35(6): 2769-2794.

[65] 张健飞, 陈黎飞, 郭躬德. 检测迷惑恶意代码的层次化特征选择方法. 计算机应用, 2012, 32(10): 2761-2767.

[66] Securityfocus. Symantec threatCon. http: //www. securityfocus. com/brief/485.

[67] F-Secure. Virus and threats. http: //www. f-secure. com/v-descs/bagle_ge. shtml.

第 5 章　自动特征选择技术

5.1　自动特征选择

本章讨论嵌入在聚类算法中的特征选择技术。聚类是无监督的机器学习过程，其任务是将无类别标号数据根据其内在统计特征划分成若干个簇。在聚类挖掘任务中，特征选择是重要的一环，尤其对于高维数据聚类任务，它不但可以降低数据维度以提高挖掘效率，更重要的，在剥离了无用（噪声）特征的数据上进行聚类还可以提高聚类质量[1-3]。为无类别标号数据实施特征选择时，一种方案是在聚类之前使用无监督型特征评价函数（见 4.2.1 节）从数据中提取"重要"的特征子集。显然，这种方案是将特征选择作为聚类挖掘的数据预处理步骤，因此，所选择的特征子集与数据内在的簇类结构并无关联。为克服这个缺陷，就需要在聚类过程中实施特征选择，换句话说，需要将特征选择嵌入聚类算法的内部，令算法在实现簇类划分的同时完成特征选择功能。根据第 2 章关于特征约简和挖掘算法结合方式的讨论，此为一种无监督的嵌入式特征选择方案，基本原理如图 5.1 所示。

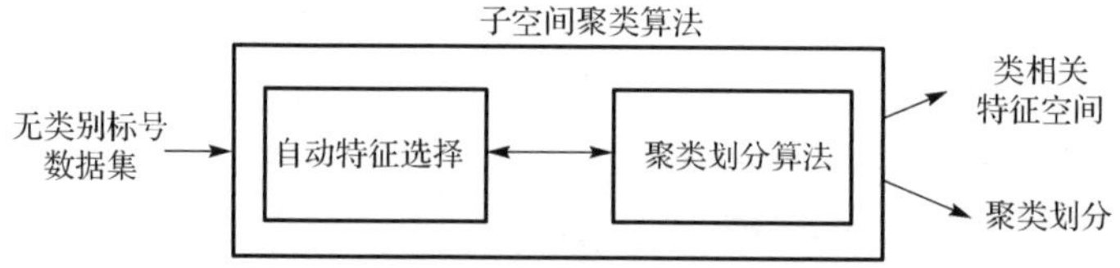

图 5.1　嵌入特征选择的聚类原理图

在这种嵌入式实现方案中，特征选择是在聚类过程中"自动"完成的，因此称为自动特征选择（automatic feature selection）。从空间变换的角度看，在聚类中为每个簇选择一个最优的特征子集就是为这些簇类搜索其相关子空间的过程，因而，这样的聚类方法也称为子空间聚类。在子空间聚类中，典型地，不同的类相关的子空间是有差别的，由此簇类与其相关的子空间形成了一种"相互依赖"的关系。这个特性在高维数据聚类中普遍存在。以文档聚类为例，表 5.1 是一个用 VSM 表示的简单文档数据例子。这里，$\boldsymbol{x}_i$ 表示第 i 个文档向量，A_j 表示第 j 个词条，表中的每个元素表示词条在文档中出现的次数。从表 5.1 可以看出，若要将 6 篇文档聚为 2 类，应划分为 $c_1=\{\boldsymbol{x}_1, \boldsymbol{x}_2, \boldsymbol{x}_3\}$ 和 $c_2=\{\boldsymbol{x}_4, \boldsymbol{x}_5, \boldsymbol{x}_6\}$，因为 $\boldsymbol{x}_1$, $\boldsymbol{x}_2$ 和 $\boldsymbol{x}_3$ 具有很高的相似性，它们都包含了关键词 A_1 和 A_2，而这两个词都没有出现在 $\boldsymbol{x}_4$, $\boldsymbol{x}_5$ 和 $\boldsymbol{x}_6$ 中；$\boldsymbol{x}_4$, $\boldsymbol{x}_5$ 和 $\boldsymbol{x}_6$ 都包含的关键词 A_4 和 A_5 没有

或很少出现在 $\boldsymbol{x}_1, \boldsymbol{x}_2$ 和 $\boldsymbol{x}_3$ 中。词条 A_3 出现在所有文档中，根据反向文档频率 Idf 的观点（见 4.2.1 节），它对于区分不同的文档类别没有意义，应当被约简。然而，对其他 4 个词条却不能进行这样简单的约简。注意到 A_1 和 A_2 是能够表达簇 c_1 语义的关键词，它们对于 c_1 是重要的，但对 c_2 而言，它们却可以被约简，因为能够表达簇 c_2 语义的是另外两个关键词 A_4 和 A_5。综上所述，与簇 c_1 相关的特征子集是$\{A_1, A_2\}$，与簇 c_2 相关的是$\{A_3, A_4\}$，显然由这两个特征子集组成的子空间是不一样的。从这个例子可以看出，自动特征选择实际上实现了局部特征选择功能。

表 5.1　子空间聚类的例子

	A_1	A_2	A_3	A_4	A_5
$\boldsymbol{x}_1$	4	2	1	0	0
$\boldsymbol{x}_2$	2	3	2	0	0
$\boldsymbol{x}_3$	3	2	1	0	1
$\boldsymbol{x}_4$	0	0	1	3	2
$\boldsymbol{x}_5$	0	0	1	1	3
$\boldsymbol{x}_6$	0	0	2	2	1

从效果上看，自动特征选择是将隶属不同簇的样本投影到不同的空间中。若用 $\boldsymbol{\omega}_k = \mathrm{diag}[\omega_{k1}, \omega_{k2}, \cdots, \omega_{kD}]$ 表示簇 c_k 相关的投影矩阵，样本 $\boldsymbol{x} \in c_k$ 在其子空间的投影 $\boldsymbol{x}'$ 为

$$\boldsymbol{x} \xrightarrow{c_k} \boldsymbol{x}' = \boldsymbol{\omega}_k \cdot \boldsymbol{x}$$

即

$$\begin{bmatrix} x_1 \\ x_2 \\ \vdots \\ x_D \end{bmatrix} \xrightarrow{c_k} \begin{bmatrix} x_1' \\ x_2' \\ \vdots \\ x_D' \end{bmatrix} = \begin{bmatrix} \omega_{k1} & & & \\ & \omega_{k2} & & \\ & & \ddots & \\ & & & \omega_{kD} \end{bmatrix} \cdot \begin{bmatrix} x_1 \\ x_2 \\ \vdots \\ x_D \end{bmatrix}$$

由上式可知，$\omega_{kj} = 0$ 意味着特征 A_j 被排除在 c_k 相关的子空间之外，其值越大表示特征 A_j 对形成 c_k 越重要。因此，投影矩阵直观地表达了自动特征选择的结果。例如，表 5.1 所列两个文档簇类的投影矩阵分别写作 $\boldsymbol{\omega}_1 = \mathrm{diag}[\tau, \tau, 0, 0, 0]$ 和 $\boldsymbol{\omega}_2 = \mathrm{diag}[0, 0, 0, \tau, \tau]$，$\tau > 0$，就可以用于表示特征子集$\{A_1, A_2\}$和$\{A_3, A_4\}$对应的子空间。这样的子空间也称为投影子空间，相应的聚类算法有时也称为投影聚类（projective clustering 或 projected clustering）算法。

“类依赖”的自动特征选择技术可以帮助聚类算法更容易地识别簇类，提高聚类质量。图 5.2 显示一个例子。在这个例子中，共有 19 个待聚类样本，预期分为 2 类，分别用空心三角形（记为 c_1 类）和菱形（记为 c_2 类）表示。在原始数据空间中，样本的分布较为分散，并不能自然地进行两类划分。现在定义两个投影矩阵分别为

$$\boldsymbol{\omega}_1=\begin{bmatrix}\sqrt{0.84} & \\ & \sqrt{0.16}\end{bmatrix},\quad \boldsymbol{\omega}_2=\begin{bmatrix}\sqrt{0.16} & \\ & \sqrt{0.84}\end{bmatrix}$$

图 5.2(b)显示使用上面两个矩阵进行投影变换之后的样本分布。投影之后，每个簇的样本分布变得聚集，同时簇的边界也变得清晰，此时，采用一些传统的无监督聚类分析方法（如 *K*-Means 算法）即能够很好地划分出数据中的两个簇。

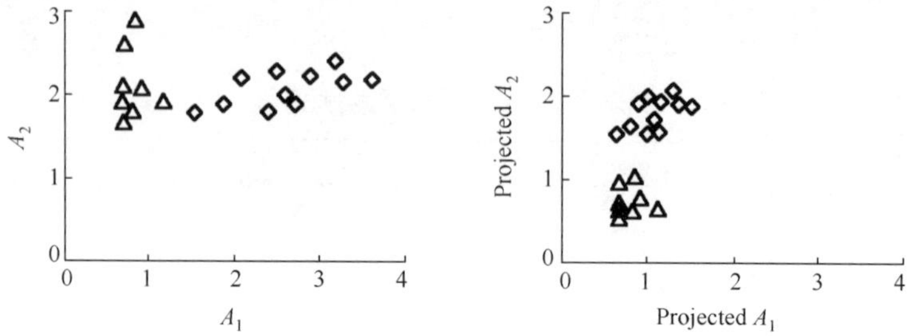

(a) 原始空间样本分布　　(b) 投影空间样本分布

图 5.2　“类依赖”自动特征选择技术对样本分布的影响

广义上说，自动特征选择就是为聚类过程中产生的每个簇“选择”一个优化的特征集合，而集合中的特征可能是数据的原始特征，也可能是它们经线性或非线性组合后的新特征。上述例子输出的结果均属前者，因而在文献中也常称为“自动变量选择”（automated variable selection）。在实际应用中，自动特征选择产生的特征子集（子空间）是多样的，见下面的讨论。

5.2　子空间聚类

给定数据集，我们称由全体特征组成的空间为全空间，用 $\mathcal{A}$ 表示；通过自动特征选择为簇选取的特征子集所组成的空间称为特征子空间，记为 $\mathcal{A}'$。如前所述，高维数据空间中往往存在许多不相关的特征，使得要寻找的簇只存在于某些低维子空间中，而不同的簇所关联的子空间通常是不一样的[4,5]。在高维空间中挖掘隐藏在不同低维子空间中簇的过程，就称为子空间聚类。与普通聚类（ordinary clustering）[6]相比，子空间聚类不仅可以从数据集的不同子空间中发现相应的簇类，还可以提供每个簇所在子空间的信息，这是对数据集进行局部自动特征选择的结果，在文本挖掘、基因微序列数据挖掘、信息安全等领域应用中具备普通聚类方法很难实现的优点。

算法采用的自动特征选择技术的差异最终将反映在所挖掘的子空间簇上，体现为数据集划分的差异和子空间类型的差异。本节首先总结文献中常见的几种子空间类型，接着给出子空间以及子空间簇的形式定义，并对子空间聚类中常用的距离度量函数进行讨论，为后面章节提供若干理论铺垫。

5.2.1 子空间类型

对于同一个数据集，不同聚类方法挖掘到的聚类结果不尽相同，算法产生的子空间簇也具有不同的特点。以下从三个角度进行分析。

1）坐标轴对齐与非坐标轴对齐型子空间

依据算法是否考虑簇所在子空间的方向性进行的分类。大多数子空间聚类算法不考虑子空间的方向性，此时，构成子空间的特征集合 $\mathcal{A}' \subseteq \mathcal{A}$，通常 $|\mathcal{A}'| < |\mathcal{A}|$。图 5.3 显示了一个例子。

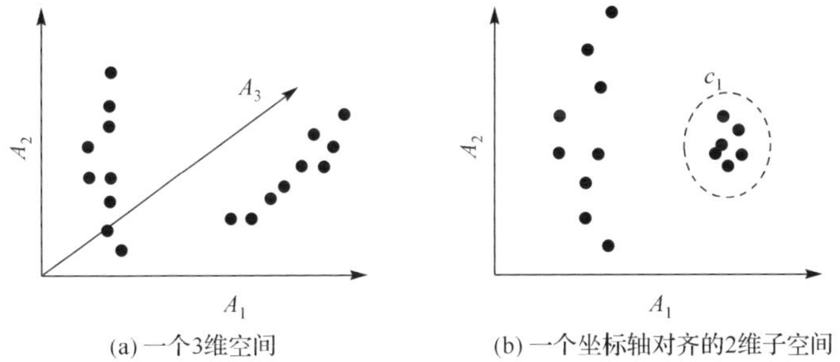

图 5.3 坐标轴对齐型子空间实例

如图 5.3(a)所示，原始数据空间由三个维度组成，$\mathcal{A} = \{A_1, A_2, A_3\}$，数据点在这个 3 维空间中分布较为分散。若投影到由子集 $\mathcal{A}' = \{A_1, A_2\}$ 组成的子空间，如图 5.3(b)所示，一部分数据点分布变得紧凑，形成了一个簇 c_1。此时，称簇 c_1 存在于由 A_1, A_2 两个维度组成的 2 维子空间中。组成这种类型子空间的每个维度，相对于原始空间的对应维度，其空间方向并没有改变，因此称为坐标轴对齐的[6]。相应地，这样的投影方式也称为坐标轴平行投影（axis-parallel projection）[7]。

自底向上（bottom-up）型子空间聚类算法，如基于网格的子空间聚类（Clustering in Quest，CLIQUE）[8]、CBF（Cell-based Clustering Method）[9]、基于密度的最优投影聚类（Density-based Optimal Projective Clustering，DOC）[10]、有限区间的自适应合并（Merging of Adaptive Finite Intervals，MAFIA）算法[11]、ENCLUS（Entropy-based Clustering）[12]等，将原始空间分割成矩形（或立方体）单元，形成网格结构，从一维开始寻找数据点密集的单元；根据密度向下封闭性（downward closure property of density）[13]搜索密集单元相连的最大区域，组成覆盖区域的维度即为类对应的子空间。显然，这些维度都是坐标轴对齐的。多数的自顶向下（top-down）型子空间聚类算法，如维归约子空间聚类（Projected Clustering，PROCLUS）算法[4]、模糊子空间聚类（Fuzzy Subspace Clustering，FSC）算法[14]、熵加权的 K-均值（Entropy Weighting K-Means，EWKM）算法[15]、特征加权的 K-均值（Feature Weighting K-Means，FWKM）算法[16]、自适应的软子空间聚类（Adaptive Soft-subspace Clustering，ASC）算法[17]、基于特征

差异的子空间聚类（Subspace Optimization Clustering，SOC）[18]、COSA（Clustering Objects on Subsets of Attributes）[19]等，其核心思想是为每个簇评估每个特征的重要性，簇所存在的子空间由其中重要的特征组成，因而这些算法所表达的子空间也是坐标轴对齐的。

与之形成对比的是能发现隐藏在任意方向子空间（arbitrarily oriented subspace）中簇类的聚类算法，包括 ORCLUS（Arbitrarily Oriented Projected Cluster Generation）[20]、KSM（*K*-means with Splitting and Merging）[21]、EPCH（Efficient Projective Clustering by Histograms）[22]等。考虑图 5.4(a)所示的数据集，处在虚线框内的数据点无论投影到 A_1 或 A_2 维度上都无法形成簇，但若进行非坐标轴平行投影，如图 5.4(b)所示，投影到 A_3（一个一维子空间；通常要求子空间的维度数大于 1，此处为便于说明进行简化）时，其投影的区域相对密集有可能形成簇。这样的子空间称为非坐标轴对齐的。

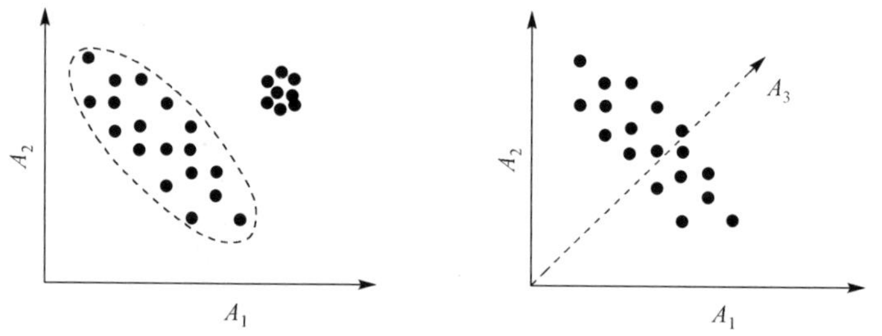

(a) 一个2维空间　　(b) 非坐标轴对齐的1维子空间{A_3}

图 5.4　非坐标轴对齐型子空间实例

2）特征选择与特征组合型子空间

子空间聚类可以看作特征约简方法的推广，所不同的是子空间聚类需要针对不同簇类进行特征约简[5]。这样的方法也称为局部特征约简，包括特征变换和特征选择两类方法。前者通过对原始特征的组合生成新的特征，构造出特征组合型的子空间，代表性的算法包括 ORCLUS[20]、GPCA（Generalized Principal Component Analysis）[23]等。例如，图 5.4(b)中的 A_3 就可以通过 A_1 和 A_2 的线性组合得到。

坐标轴对齐型子空间可以看作特征选择的结果，但二者并不完全相同。特征选择提取出的子空间通常是无限的，而坐标轴对齐型子空间可以对空间范围进行约束。例如，CLIQUE 算法可以用 DNF（Disjunctive Normal Form）形式描述子空间的簇；DOC 定义子空间为与坐标轴平行的空间超矩形。

3）软子空间与硬子空间

软子空间是特征选择型子空间的扩展，其投影矩阵的元素 ω_{kj} 可以视为赋予簇 c_k 特征 A_j 的特征权重，用于衡量 A_j 相对于 c_k 的重要程度，这里 $0 \leqslant \omega_{kj} \leqslant 1$。主要算法包括前面提到的软子空间聚类算法 ASC[17]、FSC[14]、EWKM[15]和 FWKM[16]等。与之对应的是 PROCLUS[4]等算法，它们为每个簇选择的是一个特征子集，可以看作软子空间的特例（硬子空间），此时限定 ω_{kj} 的取值为 1 或 0。与硬子空间聚类相比，软子空间聚类对数据集的处理具有更好的适应性和灵活性。

从以上的分析可知，不同的子空间聚类算法对子空间的定义不尽相同。下面为这些子空间类型给出统一的形式化描述。

5.2.2 子空间簇类

设 $\boldsymbol{b}_{k1},\boldsymbol{b}_{k2},\cdots,\boldsymbol{b}_{kD}$ 为 D 个线性无关的向量，其中 $\boldsymbol{b}_{kj}=(b_{kj_1},b_{kj_2},\cdots,b_{kj_D})^{\mathrm{T}}$，$k=1,2,\cdots,K$（$K$ 为簇类数），$j=1,2,\cdots,D$；则 $\boldsymbol{b}_{k1},\boldsymbol{b}_{k2},\cdots,\boldsymbol{b}_{kD}$ 构成 $\mathcal{R}^D$ 的一组基，用矩阵 $\boldsymbol{B}_k$ 表示，$\boldsymbol{B}_k$ 的每行对应于其中的一个向量：

$$\boldsymbol{B}_k=\begin{bmatrix} b_{k1_1} & b_{k1_2} & \cdots & b_{k1_D} \\ b_{k2_1} & b_{k2_2} & \cdots & b_{k2_D} \\ \vdots & \vdots & & \vdots \\ b_{kD_1} & b_{kD_2} & \cdots & b_{kD_D} \end{bmatrix}$$

给定 $\boldsymbol{B}_k$，$\mathcal{R}^D$ 中任意元素 $\boldsymbol{x}$ 的坐标是唯一的，由于存在这种对应关系，下面用 $\boldsymbol{B}_k$ 表示一个空间。记由常用基组成的矩阵为 $\boldsymbol{I}_D$，$\boldsymbol{B}_k$=$\boldsymbol{I}_D$ 对应于数据的原始空间。

$$\boldsymbol{I}_D=\begin{bmatrix} 1 & 0 & \cdots & 0 \\ 0 & 1 & \cdots & 0 \\ \vdots & \vdots & & \vdots \\ 0 & 0 & \cdots & 1 \end{bmatrix}$$

设簇 c_k 与权重向量 $\boldsymbol{w}_k=(w_{k1},w_{k2},\cdots,w_{kD})^{\mathrm{T}}$ 相关联，w_{kj} 衡量第 j 个特征相对于簇 c_k 的重要程度，其值越大意味着该特征越重要，且满足

$$\sum_{j=1}^{D}w_{kj}=1,\quad 0\leqslant w_{kj}\leqslant 1;\quad j=1,2,\cdots,D;\quad k=1,2,\cdots,K \tag{5.1}$$

令 $\omega_{kj}=\sqrt{w_{kj}}$，用 $\boldsymbol{\omega}_k$ 表示由这些权重组成的 $D\times D$ 投影矩阵：

$$\boldsymbol{\omega}_k=\begin{bmatrix} \sqrt{w_{k1}} & & & \\ & \sqrt{w_{k2}} & & \\ & & \ddots & \\ & & & \sqrt{w_{kD}} \end{bmatrix}$$

下面用 $\boldsymbol{\omega}_k\boldsymbol{B}_k$ 描述 $\mathcal{R}^D$ 的第 k 个子空间。这里 $\boldsymbol{\omega}_k$ 起到特征选择的作用，若 $w_{kj}=0$，则说明该子空间不包括第 j 个特征。通过设定不同的 $\boldsymbol{\omega}_k$ 和 $\boldsymbol{B}_k$，$\boldsymbol{\omega}_k\boldsymbol{B}_k$ 可以描述上述所列不同的子空间类型。若 $\boldsymbol{B}_k=\boldsymbol{I}_D$，则所描述的子空间就是坐标轴对齐型的，若 $\forall j=1,2,\cdots,D: w_{kj}=1/D$，

则退化为原始空间；若 $\forall j=1,2,\cdots,D:0\leqslant w_{kj}\leqslant 1$，则表示软子空间。若 $\boldsymbol{B}_k\neq \boldsymbol{I}_D$，则该子空间具备了非坐标轴对齐的特性，此时它的每个基是由原始空间特征组合变换而来的。

与普通聚类不同，子空间的簇不再仅是一个数据样本的集合，它还应该提供该簇所在子空间的信息。

定义 5.1　子空间簇类 SC_k 是一个三元组 $\mathrm{SC}_k=(c_k,\boldsymbol{\omega}_k,\boldsymbol{B}_k)$或 $\mathrm{SC}_k=(c_k,\boldsymbol{w}_k,\boldsymbol{B}_k)$；若 $\boldsymbol{B}_k=\boldsymbol{I}_D$，则 SC_k 简略地表示为 $\mathrm{SC}_k=(c_k,\boldsymbol{w}_k)$。

给定数据集 DB 和聚类数 K，子空间聚类的目标就是生成集合$\{\mathrm{SC}_1,\mathrm{SC}_2,\cdots,\mathrm{SC}_K\}$。根据定义 5.1，为检验子空间簇类 SC_k 中的样本点分布，通常需将这些样本点投影到它们的子空间中。

定义 5.2　设 $\boldsymbol{x}\in c_k$，记 $\boldsymbol{x}'=\varPhi_k(\boldsymbol{x})$ 为 $\boldsymbol{x}$ 在其子空间上的投影，有

$$\boldsymbol{x}'=\varPhi_k(\boldsymbol{x})=\boldsymbol{\omega}_k\boldsymbol{B}_k\boldsymbol{x} \tag{5.2}$$

对任意两个样本 $\boldsymbol{x},\boldsymbol{y}\in c_k$，由式（5.2）定义的 $\boldsymbol{x}'$ 和 $\boldsymbol{y}'$ 间的欧几里得距离为

$$\begin{aligned}\mathrm{dis}(\boldsymbol{x}',\boldsymbol{y}')&=\sqrt{\left(\varPhi_k(\boldsymbol{x})-\varPhi_k(\boldsymbol{y})\right)^{\mathrm{T}}\left(\varPhi_k(\boldsymbol{x})-\varPhi_k(\boldsymbol{y})\right)}\\&=\sqrt{(\boldsymbol{x}-\boldsymbol{y})^{\mathrm{T}}\boldsymbol{B}_k^{\mathrm{T}}\boldsymbol{\omega}_k^2\boldsymbol{B}_k(\boldsymbol{x}-\boldsymbol{y})}\end{aligned} \tag{5.3}$$

式（5.3）是二次型距离（quadratic distance）的推广。二次型距离定义为

$$\mathrm{dis}_{\boldsymbol{A}}(\boldsymbol{x},\boldsymbol{y})=\sqrt{(\boldsymbol{x}-\boldsymbol{y})^{\mathrm{T}}\boldsymbol{A}(\boldsymbol{x}-\boldsymbol{y})} \tag{5.4}$$

式中，$\boldsymbol{A}$ 是一个正对称矩阵。易知 $\boldsymbol{A}=\boldsymbol{I}$ 和 $\boldsymbol{A}=\boldsymbol{\Sigma}^{-1}$（协方差矩阵）时，式（5.4）分别退化为欧几里得距离和马氏距离（Mahalanobis distance）。在式（5.4）中若令 $\boldsymbol{A}=\boldsymbol{B}_k^{\mathrm{T}}\boldsymbol{\omega}_k^2\boldsymbol{B}_k$，则形式上同式（5.3）。

从矩阵分解的角度看，$\boldsymbol{A}=\boldsymbol{B}_k^{\mathrm{T}}\boldsymbol{\omega}_k^2\boldsymbol{B}_k$ 说明 $\boldsymbol{\omega}_k^2$ 中的元素可以看作 $\boldsymbol{A}$ 的特征值，$\boldsymbol{B}_k$ 的每个向量是对应的 $\boldsymbol{A}$ 的特征向量。ORCLUS[20]就是通过设定 $\boldsymbol{A}=\boldsymbol{\Sigma}^{-1}$ 并使用上述矩阵分解得到一组正交向量，然后依据对应特征值的大小选择某些向量表示簇所在的子空间。从这个意义上说，$\boldsymbol{\omega}_k^2$ 元素 w_{kj} 的值反映了投影到 $\boldsymbol{b}_{kj}$ 上数据样本分布的分散程度。这有助于理解 $\boldsymbol{\omega}_k$ 的物理意义，实际上，大多数的子空间聚类算法都是基于此计算 w_{kj} 的[5]。

考察一个特例。令 $\boldsymbol{B}_k=\boldsymbol{I}_D$，则式（5.3）可以变换为

$$\begin{aligned}\mathrm{dis}_{\boldsymbol{w}}(\boldsymbol{x}',\boldsymbol{y}')&=\sqrt{(\boldsymbol{x}-\boldsymbol{y})^{\mathrm{T}}\boldsymbol{I}_D\boldsymbol{\omega}_k^2\boldsymbol{I}_D(\boldsymbol{x}-\mathbf{y})}\\&=\sqrt{\sum_{j=1}^{D}w_{kj}(x_j-y_j)^2}\end{aligned} \tag{5.5}$$

式（5.5）正是常用的加权欧几里得距离函数。从以上推导可知，加权欧几里得距离仅针对坐标轴对齐型子空间。

5.3　主 要 技 术

子空间聚类是实现嵌入型特征选择的主要载体。因此，本节通过分析现有的子空间聚类方法来介绍主要的自动特征选择技术。由于非坐标轴对齐型子空间的每个特征是原始特征经组合变换而来的，计算时间复杂度较高且可理解性也相对较差，下面将重点放在坐标轴对齐型子空间聚类方法上，即设定 $\boldsymbol{B}_k = \boldsymbol{I}_D$。如 5.1 节所述，从空间变换的角度看，特征子集与子空间是一一对应的，由此，特征子集以及所采用的特征选择技术的类型与子空间的类型也是可对应的。从这个角度说，挖掘硬子空间聚类的算法采用的是硬特征选择技术，而软子空间聚类算法采用软特征选择技术。下面依次介绍这两类算法及其采用的自动特征选择技术。

5.3.1　硬特征选择

本节介绍硬子空间聚类方法及其采用的硬特征选择技术。如 5.2.1 节所述，硬子空间聚类的投影矩阵每个对角元素取值非 1 即 0，也就是赋予每个特征非 1 即 0 的权重，表示对特征的“硬性”选择。图 5.5 显示了现有主要硬子空间聚类方法情况。根据搜索子空间策略的不同，现有的硬子空间聚类算法可以进一步分成两类：采用自底向上子空间搜索策略和自顶向下子空间搜索策略的方法。前者是一种基于密度的子空间聚类方法，它从低维子空间开始搜索直到最大（维度数最高）子空间；与此相反，后者从全空间出发，通过迭代更新和改进数据集的簇划分以及每个簇相关的子空间。

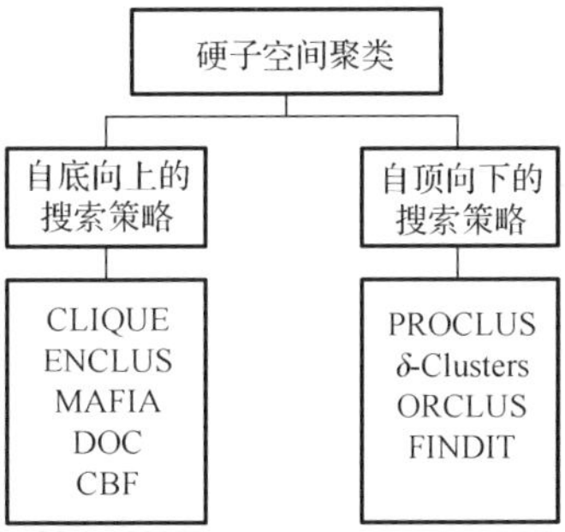

图 5.5　硬子空间聚类方法归类

1. 自底向上的子空间搜索方法

这类方法使用自底向上的搜索策略，并通过利用密度向下封闭性来缩小搜索空间。密度向下封闭性指的是[13,24]，如果一个空间区域样本投影到 r 维空间上是稠密的，则其投影到它的 r–1 维子空间上时一定也是稠密的；反之，若给定的 r–1 维空间是非稠密的，则其更高维空间 r 维空间也必是非稠密的。这是关联分析中 Apriori 性质的一个应用。

典型地，自底向上方法先将全空间中的每一维划分为等量的网格，再以落到某网格单元中样本点的先验概率描述子空间的密度情况。密度超过某一阈值的网格作为稠密单元加以保留，而对稀疏单元进行舍弃，这是因为根据密度向下封闭性，包含稀疏单元的子空间一定是非稠密子空间。最后，将相连的稠密单元合并以形成最终的簇，而组成合并区域的维度即为簇对应的子空间。代表算法有 CLIQUE[8,25]、ENCLUS[12]等。

自底向上方法容易产生重叠的子空间簇，即一个样本点可能属于零个或多个簇。此外，现有的这类方法通常都要求用户输入两个关键参数：网格的大小和密度阈值，这些参数对算法的最终聚类结果具有重要影响，但设置这些参数比较困难。因此，后续提出的该类算法，包括 MAFIA[11]、CBF[9]、CLTree（Clustering Based on Decision Trees）[26]、DOC[10]等，都采用数据驱动的策略（data driven strategies）[5]动态搜索每个维度上的分割点，以获得稳定的聚类结果。下面介绍两种代表性算法。

1）基于网格的子空间聚类（CLIQUE）

CLIQUE 是一种代表性的基于密度和网格的子空间聚类算法，它能发现子空间中基于密度的簇，簇可以是任意大小和任意形状的。CLIQUE 算法首先将空间分割成矩形（超矩形）单元，形成网格结构，从一维开始根据密度向下封闭性来搜索和合并样本点密度大于指定阈值的网格，产生候选子空间。随后将这些候选子空间按照子空间中所包含样本点的数量进行降序排序，并使用最小描述长度（Minimum Description Length，MDL）准则将排序较后的子空间舍弃，形成最终聚类结果，并使用 DNF 表达式进行描述。

CLIQUE 算法无须用户事先确定数据集中的簇数目，并且对输入样本点的顺序不敏感，但其性能与设置的网格大小和密度阈值密切相关，尤其是密度阈值的设置，这在实际应用中是难以估计的[27]。此外，若给定的区间本身就是稠密的，则该区域所有低维子空间上的投影均是稠密的，这导致所发现的稠密区域存在很大的重叠，并且也难以发现那些在不同维子空间上密度差异较大的簇。

针对 CLIQUE 算法的不足，已提出一些改进思路。例如，Cheng 等[12]提出的 ENCLUS 算法继承了 CLIQUE 的核心思想，但它采用了一种基于信息熵的子空间选择标准；Goil 等[11]提出的 MAFIA 算法是 CLIQUE 的另一种改进版本。相比 CLIQUE 算法，MAFIA 算法根据数据的分布动态调整网格大小，而不是固定不变的，同时它还通过引入并行处理来提高算法可伸缩性，但 MAFIA 的聚类结果同样对网格的大小和密度阈值这两个关键参数的设置敏感。

2）基于密度的最优投影聚类（DOC）

DOC 算法[10,28]同时使用了自底向上的网格策略和自顶向下的迭代策略以改善聚类质量。DOC 引入了最佳投影簇的概念，将投影簇定义成一个二元组（DBs，Ds），其中 DBs 表示数据集的一个划分，Ds 表示与其相关特征的子集。算法的目的就是寻找这样的二元组，使在 DBs 中的样本点在 Ds 中有很强的“聚集趋势”。

DOC 算法首先从数据集随机选择一个样本 $\boldsymbol{x}$，随后从整个数据集中随机抽取少量的样本点组成一个较小规模的判别集合 Dis，遍历该集合中的每个样本 $\boldsymbol{y}$，若在第 j 维上所有的 $\boldsymbol{y}$ 均满足 $\left|x_j - y_j\right| \leqslant$ Radius（Radius 为用户设定的参数，表示网格直径），则将特征 A_j 记录到集合 Ds 中，重复此过程若干次，以搜寻出样本 $\boldsymbol{x}$ 所有相关的特征。在获得集合 Ds 后，即可确定样本 $\boldsymbol{x}$ 所在簇的关联子空间，并识别出簇的集合 DBs。若识别出的簇与预先设置的条件相符合，则保存 DBs 并从数据集中去除 DBs 所包含的样本点，得到新的数据集 nDB。DOC 算法在 nDB 或原数据集中循环迭代以上过程，直到算法满足一定的终止条件。该算法的运行时间随着样本数量增大而线性增长，但与特征数目呈指数关系。

根据以上分析，DOC 算法提出了一个新的角度评价投影聚类的质量，认为一个好的投影簇集合应使得每个簇包含尽量多的样本，同时具有尽量大的投影子空间。注意到它使用样本点数目而不是簇内样本点的分布(已被广泛接受的一种度量指标便是“簇内紧凑度”[29]）作为簇质量评价的一个标准。

2. 自顶向下的子空间搜索方法

此型方法使用自顶向下的子空间搜索策略。它首先将给定的数据集划分为 K 个簇，并为每个簇中的各维特征赋予相同的权重（相当于在全空间定义了 K 个簇）；随后通过迭代策略不断地对这些初始划分和各簇关联的子空间进行更新和改进，直到所有簇中的样本不再改变，或满足某个终止条件。由于这类方法在聚类过程中需进行多次迭代，且每次迭代都会在全空间中重新划分整个数据集，所以有些方法借助抽样技术来提高算法的聚类性能。

自顶向下方法将整个数据集划分成多个簇，且每个样本点只会被分配到一个簇中，意味着这类方法形成的簇为非重叠簇。PROCLUS 算法[4]是最早提出的此类方法之一，与其类似的算法还有 ORCLUS[20]，FINDIT（a Fast and Intelligent Subspace Clustering Algorithm Using Dimension Voting）[30]，δ-Clusters[31]等。下面介绍其中三种代表性算法。

1）维归约子空间聚类（PROCLUS）

PROCLUS 是一种 K-Mediods 型的算法，它首先从整个数据集中选取一小部分样本点，再从中选择 K 个样本点作为初始簇中心，迭代地提高子空间簇的质量。PROCLUS 的执行过程主要分为三个阶段：初始化阶段、迭代阶段以及改进阶段。每一个阶段的具体过程如下。

初始化阶段：利用贪心策略从数据集中随机抽取少量样本点组成一个超集，要求选取的样本点间彼此尽可能分离，目的是确保每个簇中至少有一个样本点存在于该超集中。

迭代阶段：从超集中随机选择 K 个样本作为初始中心点，对于每个中心点，PROCLUS 考虑其在整个数据集中的局部邻域，并通过最小化邻域中的点到每个维上中心点距离的标准差来寻找各个簇对应的子空间。一旦确定了所有子空间，PROCLUS 根据分段曼哈顿距离（每个维度进行 0/1 形式的加权）分配数据集中的样本点到最近的中心点，从而识别簇。若分配到某个中心点的样本点过少，则将该中心点定义为孤立点并用其他样本点代替，同时开始新一轮的迭代过程。

改进阶段：重新识别每个簇中心点所在的子空间，并基于加权曼哈顿距离对数据集进行重新划分，同时去除孤立点。

PROCLUS 偏向于寻找超球形状的簇，且在聚类过程中要求用户事先设置以下参数：簇数目、子空间维度数以及最小偏差，这些参数在一定程度上影响了算法对不同数据的适应能力。同时，它们被定义为全局的（不同簇类使用统一的参数），导致算法趋向于寻找同一子空间或子空间大小相近的簇。由于采用了抽样技术，PROCLUS 对大数据集的聚类效率明显高于 CLIQUE 等采用自下而上子空间搜索策略的算法。

ORCLUS[20]是 PROCLUS 的扩展版本，能够发现非坐标轴平行的子空间。它使用主成分替代原始空间的输入维作为簇的投影区域，并将投影聚类质量定义为簇成员在各投影维上的方差之和。ORCLUS 算法能够发现任意方向的子空间，同时具有更高的准确性和稳定性，但该算法同样对输入参数较为敏感。

2）基于维度投票的快速智能子空间聚类（FINDIT）

与 PROCLUS 的算法结构类似，FINDIT[30]的聚类过程划分为三个阶段：抽样阶段、簇形成阶段以及样本分配阶段。首先，FINDIT 算法使用抽样技术从整个数据集随机选择两个相异的样本集合，用于确定簇的初始中心；随后，该算法使用面向维度的距离（Dimension Oriented Distance，DOD）度量和维度投票策略寻找每个中心所对应的子空间：在每个维度上，若两个样本间的差异不超过阈值 ε，则认为它们是相似的，再根据相似维度数目进行投票以确定样本所在的子空间。算法迭代执行该过程，每次迭代放大阈值 ε，直到聚类趋于稳定。在最后阶段，根据已发现的子空间，FINDIT 将数据集中的样本分配到最近中心点，而未分配给任何簇的样本则定义为孤立点。

FINDIT 算法可以发掘任意形状的簇，若两个簇间的距离小于设定的 $\mathrm{Dis}_{\mathrm{mindist}}$ 值，则算法合并两个簇以形成更大的簇。由于包括迭代过程（这增加了算法的实际运行时间），FINDIT 算法采用了抽样技术，在提高聚类效率的同时，使其能适用于高维数据的聚类分析。

3）基于相关性的子空间聚类（δ-Clusters）

较之于其他自顶向下方法，δ-Clusters[31]的特点是它所采用的相似性度量，它依据子空间中的样本是否“相一致”来搜索簇。两个“相一致”的样本并不是距离相近的样本，而是它们之间存在着一种相类似的趋向。例如，在寻找基因对类似环境条件的反应率中，绝对反应率可以不一致，但反应类型和时间却可能是一致的。

为能够在子空间中衡量样本间的一致性，δ-Clusters 算法引入了残差的概念，残差衡量每个样本的实际值与期望值之间的差异。整个子空间的残差定义为子空间中所有样本残差的均值，用于衡量两个子空间之间的相关性。残差值越小，则说明相关性越强。基于以上思想，δ-Clusters 算法首先将给定的数据集划分成 K 个簇，然后通过迭代不断提高聚类质量，每次迭代的主要工作是随机地交换特征和样本。每一次迭代获得的最好聚类结果作为下一次迭代的开始，直到聚类结果趋于稳定。

δ-Clusters 算法同样需用户事先输入两个参数：簇数目和簇的大小，后者对算法的运行时间具有显著的影响。若该输入参数的设置与实际数据集中簇大小的真实值相差甚远，则δ-Clusters 算法需花费更多时间才能达到终止条件。δ-Clusters 算法适合于基因微阵列数据分析等应用。

5.3.2 软特征选择

自动软特征选择在软子空间聚类算法中实现。与硬特征选择不同，软特征选择在特征子集的选择上引入模糊概念，其投影矩阵的元素不再是非 0 即 1 的离散值，而是介于 0～1 的实数表示对特征的“软性”选择，数值大小体现特征与簇之间“模糊的”关联度，也表示特征对簇构成的重要程度，是赋予特征的连续的权重，可以视为硬特征选择的一种泛化。软特征选择的重要之处在于，它将硬特征选择方法面对的“离散优化”问题转换为连续值的优化问题，由此，人们可以借助梯度下降等方法较为容易地进行特征权重优化。近年来，嵌入自动特征选择的软子空间聚类已成为聚类研究领域的一个重要分支和研究热点。

软子空间聚类算法通常采用 K-Means 式的算法结构，如算法 5.1 所示。较之于经典的 K-Means 聚类算法，主要的扩展在于增加了一个计算特征权重的步骤（步骤 6），在这个步骤中算法为每个数据集划分实施自动特征选择。算法步骤 2 将所有特征权重初始化为统一值，此时，初始簇是处在全空间中的（所有特征之间没有差异），在随后的迭代过程中算法才为每个簇搜索其最优的投影子空间。因此，K-Means 式软子空间聚类可以归入自顶向下子空间搜索方法之列。此外，根据算法 5.1，该型聚类算法可以看作一种 EM 型的优化过程，在这种优化过程中逐步估计某个目标函数 $J(C, V_n, W)$的未知参数 C、V_n 和 W。

算法 5.1　K-Means 式软子空间聚类算法结构

输入: 数据集、簇数目 K
过程:
1: 选择 K 个样本点作为初始簇中心，记为 V_n;
2: 初始化所有特征权重为统一的非零值，记为 W;
3: **repeat**
4: 　根据 V_n 和 W，重新划分数据集，记为 C;
5: 　根据 C，重新计算 V_n;
6: 　根据 C，重新计算 W;
7: **until** 满足终止条件
输出: K 个簇的集合和特征权重集合 W

K-Means 式软子空间聚类算法继承了传统 *K*-Means 聚类算法收敛速度快、时间复杂度低等优点，其计算复杂度与样本数目和特征数目均呈线性关系，因而适用于大规模数据集和高维数据集聚类[32]。典型的算法包括 FSC[14]、EWKM[15]、FWKM[16]、ASC[17]、SOC[18]、ESSC[33]、LAC[34]、AWA[35]等。这些算法的主要区别在于目标优化函数的定义，而不同的目标优化函数必然导致特征加权方式的差别，由此，可以根据特征加权方式的不同对算法进行归类[33]。依据这个标准，现有软子空间聚类算法使用的特征加权方法可以粗略地归为两类：指数型特征加权方法和多项式型特征加权方法，如图 5.6 所示。与上述仅考虑单个特征权重优化的算法不同，文献[36]、[37]将特征组加权模型引入软子空间聚类，实现了特征组选择功能，代表性算法包括 FG-*K*-Means[36]等。

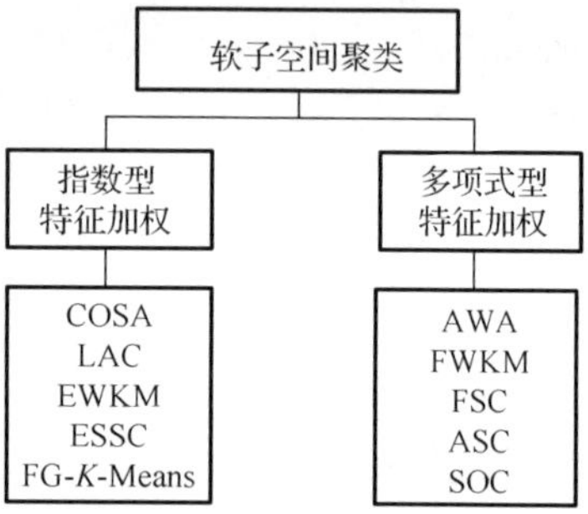

图 5.6　数值型数据软子空间聚类方法的一种归类方式

以上所涉及方法仅适用于数值型数据的软特征选择，但基本思想可以推广到类属型数据，实现类属型特征的自动软选择。严格意义上说，算法 5.1 所示的 *K*-Means 式算法仅针对数值型数据，因为算法涉及类中心 V_n 的优化，而“中心”概念仅限于数值型数据，通常就是样本的平均值（类属型数据无法“平均”）。因而，若要让算法 5.1 作用于类属型数据进行软子空间聚类，则首要的问题是如何定义类属型簇类的“中心”，在这个问题上，*K*-Modes[38]算法提供了一种简洁的思路：用类属属性的“模”表示类“中心”。事实上，*K*-Modes 也是一种 *K*-Means 式聚类算法，不同之处在于上述“中心”表示以及目标优化函数的定义。在 *K*-Modes 的基础上，人们已提出了多种适用于类属型数据的软子空间聚类方法，详见 5.3.3 节。

下面首先分析面向数值型数据的若干自动特征选择方法。使用的符号约定如下：用 $\boldsymbol{v}_k=(v_{k1}, \cdots, v_{kj}, \cdots, v_{kD})^{\mathrm{T}}$ 表示第 k 个簇 c_k 的中心向量；$V_n=\{\boldsymbol{v}_k \mid k=1, 2, \cdots, K\}$ 为簇中心集合；$W=\{\boldsymbol{w}_k \mid k=1, 2, \cdots, K\}$ 为特征权重集合；$C=\{c_1, c_2, \cdots, c_K\}$ 为 K 个簇的集合。

1. 多项式型特征加权方法

顾名思义，在多项式型特征加权方法中，用于计算特征权重的表达式是某些变量的多项式形式，在本节中特指幂运算形式的加权方法。

1）特征加权的 K-均值聚类

算法 AWA（Attributes-Weighting Algorithm）[35]较早采用了多项式型特征加权方法，其优化目标函数定义为

$$J_{\mathrm{AWA}}(C,V_n,W)=\sum_{k=1}^{K}\sum_{j=1}^{D}\sum_{\boldsymbol{x}\in c_k}w_{kj}^{\beta}(x_j-v_{kj})^2 \tag{5.6}$$

要求特征权重 w_{kj} 满足式（5.1）定义的归一化条件且加权参数 $\beta>1$。运用拉格朗日乘子法引入式（5.1）的约束条件，目标函数变为

$$J_{\mathrm{AWA\text{-}1}}(C,V_n,W)=J_{\mathrm{AWA}}(C,V_n,W)+\sum_{k=1}^{K}\lambda_k\left(1-\sum_{j=1}^{D}w_{kj}\right)$$

式中，$\lambda_k(k=1,2,\cdots,K)$为拉格朗日乘子。

AWA 算法的步骤 4（以算法 5.1 为准，下同）将样本 $\boldsymbol{x}$ 划分到下式定义的第 k' 个簇，建立数据集的划分 C：

$$k'=\arg\min_{\forall k}\sum_{j=1}^{D}w_{kj}^{\beta}(x_j-v_{kj})^2$$

在步骤 5，通过求解优化问题 $\min_V J_{\mathrm{AWA\text{-}1}}$ 更新 V：对 $k=1,2,\cdots,K$ 和 $j=1,2,\cdots,D$，令

$$\frac{\partial J_{\mathrm{AWA\text{-}1}}}{\partial v_{kj}}=-2\sum_{\boldsymbol{x}\in c_k}w_{kj}^{\beta}(x_j-v_{kj})=0$$

变换之后得

$$v_{kj}=\frac{1}{|c_k|}\sum_{\boldsymbol{x}\in c_k}x_j$$

式中，$|c_k|$表示 c_k 包含的样本数。在步骤 6，求解优化问题 $\min_W J_{\mathrm{AWA\text{-}1}}$ 以进行自动特征选择：对 $k=1,2,\cdots,K$ 和 $j=1,2,\cdots,D$，令

$$\frac{\partial J_{\mathrm{AWA\text{-}1}}}{\partial w_{kj}}=\beta\sum_{\boldsymbol{x}\in c_k}w_{kj}^{\beta-1}(x_j-v_{kj})^2-\lambda_k=0,\quad \frac{\partial J_{\mathrm{AWA\text{-}1}}}{\partial \lambda_k}=1-\sum_{j=1}^{D}w_{kj}=0$$

求解上式，得到 AWA 的特征加权表达式为

$$w_{kj}^{(\mathrm{AWA})}=\frac{\Delta_{kj}^{-\frac{1}{\beta-1}}}{\sum_{j'=1}^{D}\Delta_{kj'}^{-\frac{1}{\beta-1}}} \tag{5.7}$$

式中

$$\Delta_{kj}=\sum_{\boldsymbol{x}\in c_k}(x_j-v_{kj})^2 \tag{5.8}$$

注意到两个事实（注：当$\Delta_{kj}=0$且$\beta>1$，式（5.7）没有定义，AWA 算法[35]给出的特征权重表达式区分三种情形；这里仅考虑式（5.7））。

（1）特征权重$w_{kj}^{(\mathrm{AWA})}\propto \Delta_{kj}^{-\frac{1}{\beta-1}}$，$\beta>1$时是$\Delta_{kj}$的多项式函数。

（2）约定$\beta>1$，则w_{kj}与Δ_{kj}成反比关系，Δ_{kj}越大，则w_{kj}越小。由于$\Delta_{kj}=(|c_k|-1)\sigma_{kj}^2$，其值衡量了簇$c_k$中的类样本在第$j$维上分布的分散程度。分布得越集中，特征权重的值越大，该特征对于c_k就越重要。

上述第（2）点阐明的（连续型）特征权重与样本分布离差之间的关系，是几乎所有软子空间聚类方法进行特征权重估计时遵循的基本准则，也符合无监督特征评价函数的设计思想（见 4.2.1 节）。

由于式（5.7）在$\Delta_{kj}=0$时无法计算，FWKM 算法[16]和 FSC 算法[14]先后对式（5.6）进行修正，其中 FWKM 算法将目标优化函数修改为

$$J_{\mathrm{FWKM}}(C,V_n,W)=\sum_{k=1}^{K}\sum_{j=1}^{D}\sum_{\boldsymbol{x}\in c_k}w_{kj}^{\beta}\left((x_j-v_{kj})^2+\varepsilon\right)$$

式中，$\varepsilon>0$是一个很小的正数。特征权重表达式相应地变为

$$w_{kj}^{(\mathrm{FWKM})}\propto(\Delta_{kj}+\varepsilon|c_k|)^{-\frac{1}{\beta-1}} \tag{5.9}$$

图 5.7 显示了不同参数条件下，式（5.9）的加权函数曲线。如文献[14]、[16]所指出的，参数ε对权重分布有较大影响，对比图 5.7(a)和图 5.7(b)还可以发现，参数ε比β似乎对权重分布的影响更大。在 FSC 算法中，ε固定为一个常数，而 FWKM 算法给出了一种估算ε的手段，但二者都未提供加权参数β的估计方法，文献[15]给出的经验值为 1.5。

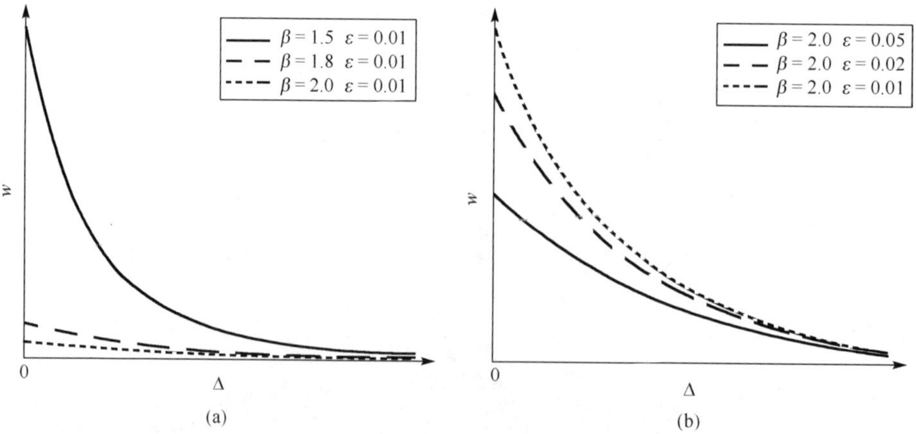

图 5.7　FWKM 和 FSC 的加权函数随算法参数变化情况

2）基于特征差异的子空间聚类

包括上述 AWA、FWKM 等算法在内的多数软子空间聚类算法在聚类过程中着重于数据集划分的优化（即如何划分使得 K 个簇更紧凑），而忽略了子空间聚类问题的另一方面：簇所在子空间的优化。为强化自动特征选择的效果，聚类算法应更倾向于为每个簇选择少量的特征，在软子空间聚类中，这种选择性体现为特征权重的大小。因此，我们希望每个簇相关的特征权重间都具有最大的差异性，由其定义的子空间称为最优子空间。SOC 算法[18]使用式（5.10）衡量簇 k 特征权重间的差异性：

$$\delta_k = \sum_{j=1}^{D}\left(1-\sqrt{w_{kj}}\right)^2 \tag{5.10}$$

结合式（5.1）定义的权重归一化条件易知

$$(\sqrt{D}-1)^2 \leqslant \delta_k \leqslant D-1$$

当特征权重均匀分布（所有权重均为 $1/D$）时，δ_k 取得最小值；其值越大表示权重分布得越分散。极端情况下，仅有一个特征获得权重 1，而其他特征的权重均为 0（仅选择了一个特征），此时 δ_k 取得最大值 $D-1$。

SOC 算法将式（5.10）作为聚类优化的一个目标，定义目标优化函数为

$$J_{\text{SOC}}(C,V,W) = \sum_{k=1}^{K}\left(\sum_{j=1}^{D} w_{kj}\frac{1}{|c_k|}\sum_{\boldsymbol{x}_i\in c_k}(x_{ij}-v_{kj})^2 + \varepsilon\sum_{j=1}^{D}\left(1-\sqrt{w_{kj}}\right)^2\right)$$

式中，$\varepsilon>0$ 为平衡参数，其作用是平衡式中的前后两项，使得算法能够在最小簇内紧凑度和最优子空间之间取得一种平衡，这种平衡状态对应于最佳的聚类结果质量。SOC 算法也是一种 K-Means 式软子空间聚类算法，给定数据集划分 C，其间每个簇的特征权重通过求解优化问题 $\min_W J_{\text{SOC}}$ 确定。经过推导，有

$$\frac{\partial J_{\text{SOC}}}{\partial w_{kj}} = \frac{1}{|c_k|}\sum_{\boldsymbol{x}\in c_k}(x_j-v_{kj})^2 + \varepsilon\left(1-\frac{1}{\sqrt{w_{kj}}}\right) = 0$$

因此

$$w_{kj}^{(\text{SOC})} \propto \left(\Delta_{kj}+\varepsilon|c_k|\right)^{-2} \tag{5.11}$$

式（5.11）也是一种多项式加权方式，是 FWKM 和 FSC 算法的特征权重表达式（5.9）的$\beta=1.5$ 的情形。SOC 算法同样也未给出ε的估计方法。

3）自适应的软子空间聚类

如上所述，为进行自动特征选择，许多聚类算法都引入了难以估计的算法参数，而这些参数直接影响了特征权重的分布。为克服这个缺陷，陈黎飞等[17]提出了 ASC 算法。该算法的基本思想与 SOC 类似：好的子空间聚类结果不仅要求 K 个簇是紧凑

的，而且输出的簇相关子空间还应该是“高质量”的，算法的优化目标应同时考虑这两个因素；所不同的是，ASC 算法通过重新定义子空间质量的度量标准，自适应地确定两个因素间的平衡系数。在该算法中，子空间的质量由子空间“大小”来衡量，用投影矩阵的“迹”（trace）表示。对于簇 c_k，其投影矩阵的迹为

$$\mathrm{Trace}(\boldsymbol{\omega}_k)=\sum_{j=1}^{D}\sqrt{w_{kj}}$$

结合式（5.1）定义的权重归一化条件可知$1\leqslant \mathrm{Trace}(\boldsymbol{\omega}_k)\leqslant\sqrt{D}$。由此定义规范化的子空间大小为（将$\mathrm{Trace}(\boldsymbol{\omega}_k)$变换到[0, 1]区间）

$$\mathrm{NSS}(\boldsymbol{w}_k)=\frac{\sum_{j=1}^{D}\sqrt{w_{kj}}-1}{\sqrt{D}-1}$$

考虑上式的优化，ASC 定义聚类目标函数为

$$J_{\mathrm{ASC}}(C,V_n,W)=\sum_{k=1}^{K}\left(\sum_{j=1}^{D}\sum_{\boldsymbol{x}\in c_k}w_{kj}(x_j-v_{kj})^2-h_k\times\mathrm{NSS}(\boldsymbol{w}_k)\right)$$
$$\text{s.t. }\forall k:\sum_{j=1}^{D}w_{kj}=1 \tag{5.12}$$

式中，$h_k>0$为平衡系数，k=1, 2, …, K。注意，这个平衡系数是簇相关的，不同簇的平衡系数可能是不一样的（是自适应的）。

在式（5.12）中，由 h_k 连接起来的前后两项相互制约。当 NSS($\boldsymbol{w}_k$)取最大值时，$w_{k1}=w_{k2}=\cdots=w_{kD}=1/D$，此时 J_{ASC} 退化为 K-Means 聚类目标函数，考虑子空间聚类背景，可以认为此时簇的紧凑性达到最小；相反，若 NSS($\boldsymbol{w}_k$)取最小值，即除了一个特征的权重值为 1，其他特征的权重值为 0，这意味着样本被投影到一个一维子空间中，则该簇将具有最大的紧凑性。最好的聚类质量对应于这两个矛盾因素之间的一种平衡。在数值上，平衡系数 h_k 的作用是将前后两项变换到相同的取值范围，注意到$0\leqslant\mathrm{NSS}(\boldsymbol{w}_k)\leqslant 1$，因此，$h_k$ 可以用$\sum_{j=1}^{D}E\{w_{kj}\}\sum_{\boldsymbol{x}\in c_k}(x_j-v_{kj})^2=\sum_{j=1}^{D}\frac{1}{D}\Delta_{kj}$来估计，这里 $E\{\cdot\}$是随机变量的数学期望。据此，ASC 算法定义平衡系数为

$$h_k=\begin{cases}\dfrac{1}{D}\sum_{j=1}^{D}\Delta_{kj}, & \sum_{j=1}^{D}\Delta_{kj}>0\\ 1, & \text{其他}\end{cases}$$

为每个簇引入拉格朗日乘子λ_k，$k=1, 2, \cdots, K$，目标优化函数转变为

$$J_{\mathrm{ASC\text{-}1}}(C,V_n,W)=J_{\mathrm{ASC}}(C,V_n,W)+\sum_{k=1}^{K}\lambda_k\left(1-\sum_{j=1}^{D}w_{kj}\right)$$

这样就可以使用一个类似算法 5.1 的 K-Means 式算法进行求解。给定数据集划分 C，对 $k=1, 2, \cdots, K$ 和 $j = 1, 2, \cdots, D$，令 $\frac{\partial J_{\text{ASC-1}}}{\partial w_{kj}} = 0$，经整理得到

$$w_{kj} = \begin{cases} \dfrac{1}{4D^2(\sqrt{D}-1)^2}\left(\dfrac{1}{\Delta_{kj}+\lambda_k}\right)^2 \times \left(\sum\limits_{l=1}^{D}\Delta_{kl}\right)^2, & \sum\limits_{l=1}^{D}\Delta_{kl} > 0 \\ \dfrac{1}{D}, & \text{其他} \end{cases} \tag{5.13}$$

式（5.13）与 FWKM 和 SOC 算法的特征权重表达式形式上接近，都是多项式函数。但是，它们都包含需要用户设置的参数，而式（5.13）包含的未知系数λ_k 是拉格朗日乘子，是可以估计的。分析如下：根据优化理论[39]，λ_k 在（$-\infty, +\infty$）区间存在。进一步分析式（5.13）可知，可行的 λ_k 取值范围是受限的。根据子空间聚类的基本准则，权值 w_{kj} 的大小应与样本点在特征 A_j 上分布的离散程度 Δ_{kj} 成反比。为使式（5.13）符合要求，有意义的λ_k 取值范围应缩小为（$-\text{MIN\_}\Delta_k$，$+\infty$），这里 $\text{MIN\_}\Delta_k$ 表示 $\Delta_{kj}(j=1,2,\cdots,D)$ 中的最小值。此外，λ_k 在该区间还应该是唯一的。

至此，λ_k 的存在性问题可描述为：给定 $\Delta_{kj}(j=1,2,\cdots,D)$，是否存在唯一的$\lambda_k > -\text{MIN_}\Delta_k$ 使得式（5.13）满足约束条件（5.1）。为此，从式（5.1）和式（5.13）推导出包含 $\Delta_{kj}(j=1,2,\cdots,D)$ 和λ_k 的约束方程为

$$\psi(\lambda_k) = \left(\sum\nolimits_{j=1}^{D}\Delta_{kj}\right)^2 \sum_{j=1}^{D}\left(\frac{1}{\Delta_{kj}+\lambda_k}\right)^2 - 4D^2(\sqrt{D}-1)^2 = 0 \tag{5.14}$$

定理 5.1 表明存在唯一的$\lambda_k > -\text{MIN_}\Delta_k$ 满足该方程。

定理 5.1　存在唯一的$\lambda_k > -\text{MIN_}\Delta_k$ 使得 $\psi(\lambda_k) = 0$。

证明：容易验证 $\psi(\lambda_k)$ 在$\lambda_k > -\text{MIN_}\Delta_k$ 时单调递减，再由 $\lim\limits_{\lambda_k \to -\text{MIN\_}\Delta_k}\psi(\lambda_k) > 0$ 和 $\lim\limits_{\lambda_k \to +\infty}\psi(\lambda_k) < 0$ 得到定理结论。

根据定理 5.1，ASC 算法使用的特征权重计算表达式（5.13）中λ_k 的值对应于方程 $\psi(\lambda_k)=0$ 的根。现有多种数值解法[40]可以用于求解式（5.14），ASC 算法采用了牛顿法。ASC 这个自适应参数估计过程一定程度上增加了算法的时间开销，但是，该过程使得算法的关键参数能根据数据集的特点和每个算法步骤产生的聚类结果进行调整，与相关研究采用固定的经验值相比，这种代价换取了算法的高度自适应性，一定程度上是值得的。

2. 指数型特征加权方法

此类方法以 Δ_{kj}（第 j 维上簇 k 的样本分布离差）的指数表达式计算特征权重，可

以有效解决多项式表达式因 $\Delta_{kj}=0$ 而无法计算的问题。采用指数型特征加权的软子空间聚类算法有 COSA[19]、LAC[34,41]、EWKM[15]、ESSC[33]和 FG-*K*-Means[36]等，大致划分为两类，以 LAC 为代表的一类实现自动特征加权的算法以及以 FG-*K*-Means 为代表的自动特征组选择算法。

1）熵加权的 *K*-均值聚类

在第一类算法中，将每个簇相关的特征权重看作某个随机变量的观测值，用随机变量的信息熵衡量特征权重分布的不确定性。权重分布越分散，不确定性就越强，则信息熵越大。如前所述，在软子空间聚类中，为突出自动特征选择的效果，人们希望特征权重分布尽可能分散，这要求算法优化目标倚重权重变量的信息熵。COSA 算法[19]较早引入上述信息熵方法到聚类中，随后 LAC[41]和 EWKM[15]等也基于该思想定义了新型的软子空间聚类算法，其中，LAC 算法定义的聚类优化目标函数为

$$J_{\mathrm{LAC}}(C,V_n,W)=\sum_{k=1}^{K}\frac{1}{|c_k|}\sum_{j=1}^{D}\sum_{\boldsymbol{x}\in c_k}w_{kj}(x_j-v_{kj})^2+h\sum_{k=1}^{K}\sum_{j=1}^{D}w_{kj}\ln w_{kj}$$
$$\text{s.t.}\ \forall k:\sum\nolimits_{j=1}^{D}w_{kj}=1 \tag{5.15}$$

式中，$h>0$ 为算法参数。最小化式（5.15）意味着最大化簇内平均紧凑度（最小化函数的第一项）的同时最大化 K 个权重变量的信息熵（注：第 k 个随机变量的信息熵为 $-\sum\nolimits_{j=1}^{D}w_{kj}\ln w_{kj}$ ）。

目标函数（5.15）通过算法 5.1 优化。在算法的第 6 步，固定 C 和 V_n，求解优化问题 $\min_W J_{\text{LAC-1}}(W)=J_{\mathrm{LAC}}(C,V_n,W)+\sum\nolimits_{k=1}^{K}\lambda_k\left(1-\sum\nolimits_{j=1}^{D}w_{kj}\right)$：令 $\forall k,j:\dfrac{\partial J_{\text{LAC}-1}}{\partial w_{kj}}=0$ 得到

$$\frac{1}{|c_k|}\sum_{\boldsymbol{x}\in c_k}(x_j-v_{kj})^2+h(1+\ln w_{kj})-\lambda_k=0$$

进一步整理得

$$w_{kj}^{(\mathrm{LAC})}=\mathrm{e}^{\frac{\lambda_k}{h}-1}\mathrm{e}^{-\frac{1}{h}\frac{\Delta_{kj}}{|c_k|}}\propto\mathrm{e}^{-\frac{1}{h}\frac{\Delta_{kj}}{|c_k|}} \tag{5.16}$$

注意到式（5.16）是指数形式；约定 $h>0$，则特征权重与 Δ_{kj} 成反比，Δ_{kj} 越大，权重越小。若 $\Delta_{kj}=0$，则特征权重固定为一个大于 0 的常数，此为指数形式自动特征选择的一个长处，它不需要额外参数即可赋予 $\Delta_{kj}=0$ 的特征权重。指数形式加权的另一个长处是随 Δ_{kj} 增加，特征权重呈指数衰减，如图 5.8 所示，选择合适的参数值时（LAC 建议 h=1/9），它对样本分布的离差更敏感，这可能是 LAC 等软子空间算法在聚类文档数据等高维稀疏数据时能够取得较好效果的主要原因。

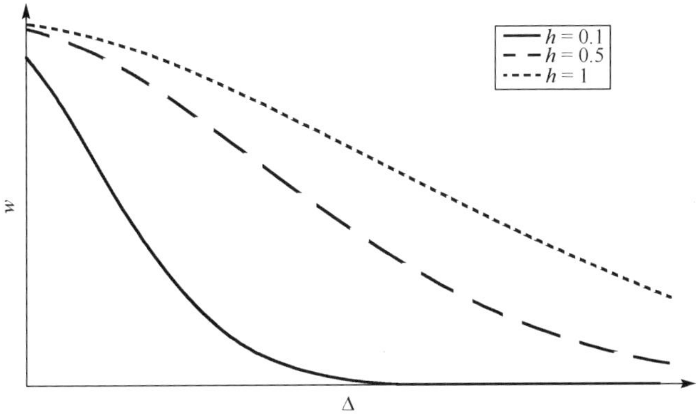

图 5.8　指数型特征加权函数随样本分布离差的变化情况

与 LAC 相比，EWKM 算法[15]定义的目标优化函数略有不同，如

$$J_{\mathrm{EWKM}}(C,V_n,W)=\sum_{k=1}^{K}\sum_{j=1}^{D}\sum_{\boldsymbol{x}\in c_k}w_{kj}(x_j-v_{kj})^2+\gamma\sum_{k=1}^{K}\sum_{j=1}^{D}w_{kj}\ln w_{kj}$$

$$\text{s.t. }\forall k:\sum\nolimits_{j=1}^{D}w_{kj}=1$$

式中，$\gamma>0$ 为算法参数。经类似推导，可得

$$w_{kj}^{(\mathrm{EWKM})}\propto \mathrm{e}^{-\frac{1}{\gamma}\Delta_{kj}}$$

对比 LAC 算法的权重表达式（5.16）可以发现$\gamma=h\,|c_k|$，从这个意义上说，EWKM 应更适用于簇内样本数较为平衡的聚类任务。

EWKM 算法有一系列变种，例如，Ahmad 等[42]在 EWKM 基础上定义的用于混合类型数据聚类的 K-Means 式软子空间聚类算法等。这些算法的目标优化函数基本上由两部分构成，第一部分衡量 K 个簇的簇内紧凑性，如 EWKM 的 $\sum_{k=1}^{K}\sum_{j=1}^{D}\sum_{\boldsymbol{x}\in c_k}w_{kj}(x_j-v_{kj})^2$；第二部分以信息熵等形式表示对特征权重的约束。ESSC 算法[33]在此基础上考虑了簇鉴别信息，在目标优化函数中引入簇间分离性度量，以进一步提高自动特征选择的性能。ESSC 定义的目标函数为

$$\begin{aligned}J_{\mathrm{ESSC}}(U,V_n,W)=&\sum_{k=1}^{K}\sum_{i=1}^{N}u_{ki}^{m}\sum_{j=1}^{D}w_{kj}(x_{ij}-v_{kj})^2+\gamma\sum_{k=1}^{K}\sum_{j=1}^{D}w_{kj}\ln w_{kj}\\&-\eta\sum_{k=1}^{K}\sum_{i=1}^{N}u_{ki}^{m}\sum_{j=1}^{D}w_{kj}(\bar{x}_j-v_{kj})^2\end{aligned}$$

约束条件包括式（5.1）和

$$0\leqslant u_{ki}\leqslant 1;\quad \sum_{k=1}^{K}u_{ki}=1,\quad i=1,2,\cdots,N \tag{5.17}$$

式中，u_{ki} 表示样本 $\boldsymbol{x}_i$ 归类到簇 c_k 的模糊隶属度；m 为模糊度；$U=\{u_{ki} \mid k=1, 2, \cdots, K; i=1, 2, \cdots, N\}$ 为隶属度集合。因此，ESSC 算法是一种“双模糊”的（样本与簇之间的关系是“模糊”的，每个特征与簇之间的关系也是“模糊”的）子空间聚类算法。除此之外，J_{ESSC} 的特别之处体现在第三项上，它衡量了簇偏离数据集中心的程度，其中的 $\bar{x}_j$ 是第 j 维上整个数据集的平均值。这样，最小化 J_{ESSC} 意味着最大化簇内紧凑性和权重分布信息熵的同时，最大化簇间分离性。也就是说，除了 EWKM 的要求，ESSC 算法还要求所选择的软特征子集具有鉴别不同簇的能力。

2）特征组加权的软子空间聚类

如 4.4 节所述，在许多实际应用的高维数据中，那些从相似角度或使用相似测量方法采集的特征具有共性，代表了数据的一种结构。这种由多个特征组成的结构称为特征组。图 5.9 显示一个例子，在这个例子中，数据具有 12 维特征，组合成 3 个特征组 $FG_1=\{A_1, A_3, A_7\}$, $FG_2=\{A_2, A_5, A_9, A_{10}, A_{12}\}$, $FG_3=\{A_4, A_6, A_8, A_{11}\}$。给定一个数据集，考虑特征组的情况下，自动特征选择分解为两个子任务：确定簇与每个特征组的相关性以及簇与特征组内每个特征的相关性。令 L 表示特征组数目，FG-K-Means 算法[36]用 w_{kl} 表示第 k 簇与第 l 特征组的相关性，满足

$$\sum_{k=1}^{K} w_{kl}=1, \quad 0<w_{kl}<1, \quad 1 \leqslant l \leqslant L \tag{5.18}$$

并用 g_{kj} 衡量第 k 簇与第 l 特征组中每个特征 j 之间的相关性，满足

$$\sum_{j \in \text{FG}_l} g_{kj}=1, \quad 0<g_{kj}<1, \quad 1 \leqslant l \leqslant L \tag{5.19}$$

式中，自动特征选择的“软”性表现为两个方面：w_{kl} 表达了特征组 FG_l 与不同簇类 c_k（$k=1, 2, \cdots, K$）有差异的相关性；g_{kj} 则表达了特征 A_j（每个特征都只属于一个特征组）与不同簇的相关性。

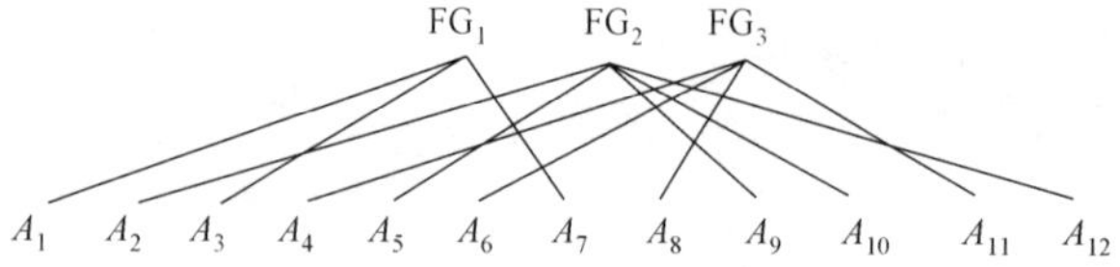

图 5.9　特征分组示意图

在上述形式化的基础上，FG-K-Means 算法定义目标优化函数为受式（5.18）和式（5.19）约束的 $J_{\text{FG-}K\text{-Means}}$，如

$$J_{\text{FG-}K\text{-Means}}(C,V,W,G)=\sum_{k=1}^{K}\left(\sum_{l=1}^{L}\sum_{j\in \text{FG}_l} w_{kl}g_{kj}\sum_{\boldsymbol{x}\in c_k}\phi(x_j,v_{kj})+\gamma\sum_{l=1}^{L}w_{kl}\ln w_{kl}+\eta\sum_{j=1}^{D}g_{kj}\ln g_{kj}\right)$$

式中，$G=\{g_{kj} \mid k=1, 2, \cdots, K; j=1, 2, \cdots, D\}$；$\phi(x_j, v_{kj})$ 表示样本 $\boldsymbol{x}$ 与簇 c_k 的中心在第 j 维

上的距离。FG-*K*-Means 可以聚类混合类型数据，它可以将类属型和数值型数据分别归到一些组中。这样，需要根据不同特征组的类型定义距离函数。对于数值型特征，$\phi(x_j, v_{kj}) = \|x_j - v_{kj}\|_2$；对于类属型特征，则使用简单匹配距离等，参见 5.3.3 节。

在 FG-*K*-Means 的优化目标函数中，两种特征权重都通过信息熵加以约束，通过参数γ和η限制它们的分布；因此，约定$\gamma > 0$和$\eta > 0$，可以预见两种特征权重都将是指数形式的表达式。但 FG-*K*-Means 将特征组数目 L 看作一个用户给定的常数，这在有些实际应用中是难以确定的，针对这个问题，Gan 等提出了 AFG-*K*-Means 算法[37]，它能在聚类过程中自动确定数据集的特征组数目。

5.3.3　类属型特征选择

5.3.1 节和 5.3.2 节讨论的软子空间聚类算法主要针对数值型数据。这些算法的一个共同特点是以投影在各数据维度上样本分布的离差 Δ_{kj} 为依据，赋予簇 c_k 的特征 A_j 以权重，实现软特征选择。注意到 $\Delta_{kj} = \sum_{\boldsymbol{x} \in c_k} (x_j - v_{kj})^2$，显然该自动特征选择方案仅限于数值型特征，这种情况下，v_{kj} 定义为簇 c_k 在属性 j 上的中心，用样本的平均值来估计。由于在类属型数据中“平均”是没有意义的，要实现类属型特征的自动选择，需要定义新的“中心”形式。为区别起见，对于类属型数据中的簇类，我们使用术语“符号中心”（central symbols），用 $m_{kd} \in O_d$ 表示，并用 $V_m=\{m_{kd} \mid k=1, 2, \cdots, K; d=1, 2, \cdots, D\}$ 表示符号中心集合，这里 d 是第 d 个类属型特征的序号，O_d 为该特征取值的符号集合。

定义 5.3　对于类属型簇 c_k，其第 d 维上的符号中心 m_{kd} 定义为

$$m_{kd} = \mathop{\arg\min}_{o \in O_d} \sum_{\boldsymbol{x} \in c_k} \phi(o, x_d)$$

式中，$\phi(\cdot,\cdot)$ 是符号间的一种距离度量。

假设 O_d 中的所有符号是统计独立的，则 $\phi(\cdot,\cdot)$ 常用如下简单匹配距离（Simple Matching Distance，SMD）替代，即

$$\phi(o_1, o_2) = \mathrm{SMD}(o_1, o_2) = \begin{cases} 0, & o_1 = o_2 \\ 1, & o_1 \neq o_2 \end{cases} \tag{5.20}$$

注意到 $\mathrm{SMD}(o_1, o_2) = 1 - \ell(o_1, o_2)$，$\ell(\cdot,\cdot)$ 是一种定义在两个离散符号上的核函数，见式（4.4）。设

$$f_{k,d}(o) = \frac{\#_{k,d}(o)}{|c_k|} \tag{5.21}$$

为符号 o 的频度估计器（frequency estimator），其中$\#_{k,d}(o)$表示 c_k 中第 d 个特征取值为 o 的样本数目。使用上述 SMD 时，有

$$\sum_{x \in c_k} \phi(o, x_d) = |c_k| \times [1 - f_{k,d}(o)]$$

由此可知，符号中心 m_{kd} 应该是那个具有最大$\#_{k,d}(o)$值的符号，是出现频率最高的那个符号，称为模符号（mode category），简称模。以表 1.3 数据为例，3 个属性的模分别为'A'（或'T'）、'T'和'G'。

实际上，在经典的 *K*-Modes 算法[38]中，就使用模作为类属型簇的中心。*K*-Modes 也是一种 *K*-Means 式算法。因此，可以容易地将算法 5.1 所示的 *K*-Means 式软子空间聚类算法推广到类属型数据聚类，如算法 5.2 所示，称为 *K*-Modes 式软子空间聚类算法。与 *K*-Means 式相比，算法 5.2 的不同之处在于算法的步骤 4 和步骤 5，在步骤 4 中 *K*-Modes 式算法依据符号间的 SMD 进行簇划分，在步骤 5 中根据符号的分布情况进行类属型数据的自动特征选择。该算法也是基于 EM 型优化过程实现的，在优化过程中逐步估计某个目标函数 $J(C, V_m, W)$的未知参数 C、V_m 和 W。

算法 5.2　*K*-Modes 式软子空间聚类算法结构

输入：类属型数据集、簇数目 K
过程：
1: 选择 K 个样本点作为初始簇的符号中心，记为 V_m；
2: 初始化所有特征权重为统一的非零值，记为 W；
3: **repeat**
4: 　根据 V_m 和 W，重新划分数据集，记为 C；
5: 　根据 C，重新计算 V_m；
6: 　根据 C，重新计算 W；
7: **until** 满足终止条件
输出：K 个簇的集合和特征权重集合 W

Chan 等较早基于算法 5.2 结构实现类属型数据自动特征选择，提出 AWA 算法[35]，其数值型数据版本已在 5.3.2 节讨论，对于类属型数据，该算法的目标优化函数定义为

$$J_{\text{AWA-2}}(C, V_m, W) = \sum_{k=1}^{K} \sum_{d=1}^{D} \sum_{x \in c_k} w_{kd}^{\beta} \times \text{SMD}(x_j, m_{kd})$$

$$\text{s.t. } \forall k: \sum_{d=1}^{D} w_{kd} = 1$$

在算法的第 6 步，在 C 给定的情况下，引入拉格朗日乘子 $\lambda_k (k = 1, 2, \cdots, K)$，求解优化问题 $\min_W J_{\text{AWA-3}}(C, V_m, W) + \sum_{k=1}^{K} \lambda_k (1 - \sum_{d=1}^{D} w_{kd})$，对所有的 k 和 d，有

$$\begin{aligned} 0 &= \beta w_{kd}^{\beta-1} \sum_{x \in c_k} \text{SMD}(x_j, m_{kd}) - \lambda_k \\ &= \beta |c_k| w_{kd}^{\beta-1} [1 - f_{k,d}(m_{kd})] - \lambda_k \end{aligned}$$

由此可知

$$w_{kd}^{(\mathrm{AWA})} \propto [1 - f_{k,d}(m_{kd})]^{-\frac{1}{\beta-1}} \tag{5.22}$$

根据式（5.22）可知，约定$\beta > 1$时，AWA 计算的类属型特征权重与符号中心 m_{kd} 的频度成正比关系：某个特征上模符号的频度越高，该特征就越重要。

需要说明的是，类属型特征的加权方式与采用的符号间距离函数密切相关。AWA 算法基于 SMD，得到了“特征权重与模频度成正比”的结论。因此，通过修正距离函数将会获得不一样的类属数据自动特征选择方案。例如，MWKM 算法[43]定义了距离函数

$$\phi_{k,d}(o_1, o_2) = \begin{cases} \tilde{w}_{kd}^{\beta}, & o_1 = o_2 \\ 1 + w_{kd}^{\beta}, & o_1 \neq o_2 \end{cases}$$

式中，w_{kd} 和 $\tilde{w}_{kd}$ 是赋予（簇 c_k 的）特征 A_d 的两个特征权重。在此基础上，MWKM 定义算法目标优化函数为

$$J_{\mathrm{MWKM}}(C, V_m, W, \tilde{W}) = \sum_{k=1}^{K}\sum_{d=1}^{D}\sum_{\boldsymbol{x}\in c_k}\phi_{k,d}(x_j, m_{kd}) + \varepsilon_1\sum_{k=1}^{K}\sum_{d=1}^{D} {w_{kd}}^{\beta} + \varepsilon_2\sum_{k=1}^{K}\sum_{d=1}^{D} {\tilde{w}_{kd}}^{\beta}$$

$$\text{s.t. } \forall k: \sum_{d=1}^{D} w_{kd} = 1, \quad \sum_{d=1}^{D} \tilde{w}_{kd} = 1$$

经过推导可得如下特征权重计算式：

$$\begin{cases} w_{kd}^{(\mathrm{MWKM})} \propto \left[1 - f_{k,d}(m_{kd}) + \dfrac{1}{|c_k|}\varepsilon_1\right]^{-\frac{1}{\beta-1}} \\ \tilde{w}_{kd}^{(\mathrm{MWKM})} \propto \left[f_{k,d}(m_{kd}) + \dfrac{1}{|c_k|}\varepsilon_2\right]^{-\frac{1}{\beta-1}} \end{cases} \tag{5.23}$$

注意到 MWKM 在赋给同一个特征的两个权重中，一个权重（w_{kd}）的值与模的频度成正比，而另一个成反比关系。表达式中的 $\varepsilon_1 > 0$ 和 $\varepsilon_2 > 0$ 可以处置 $f_{k,d}(m_{kd}) = 1$ 或 $f_{k,d}(m_{kd}) = 0$ 时权重值无法计算的问题。

在上述两种加权方式中，都只涉及模符号的频度，而忽略了其他符号的统计信息。另外，它们都是以多项式形式表示的。在 *K*-Centers 算法[44]和 CWKM（Complement-Entropy-Weighting *K*-Modes）算法[45]中，类属型特征权重是一种指数形式：

$$w_{kd}^{(K\text{-Centers})} \propto \mathrm{e}^{-\sum_{o\in O_d} f_{k,d}(o)[1-f_{k,d}(o)]}$$

值得注意的是，根据上式，特征权重是与符号的整体分布联系在一起的，而不仅依赖模符号。事实上，上式指数部分的$\sum_{o\in O_d} f_{k,d}(o)[1 - f_{k,d}(o)]$=Gini($A_d$)，是 c_k 特征 A_d 的基尼指标值，参见 4.2.1 节和式（4.5）。

5.4 嵌入型特征选择的概率模型方法

分析上述子空间聚类算法可知，它们实际上都对数据的分布做了某种假设，或者说，它们建立在某种数据先验分布假设的基础上。例如，在形如算法 5.1 的那些 *K*-Means 式软子空间聚类算法中，每个簇的样本被“认定”为在其投影（软）子空间中服从高斯分布。但是，这些隐藏在算法背后的数学模型并没有明确定义和分析。由于这种模型的缺乏，一定程度上限制了算法的应用和对算法的进一步研究。本节从软子空间聚类概率模型的角度，探讨嵌入型特征选择的模型基础以及相关的模型学习算法。我们不仅针对数值型数据，还讨论用于类属型数据软子空间聚类的概率模型。

5.4.1 数值型数据的概率模型方法

对于数值型数据，通常用高斯混合分布模型化低维空间中的簇。从原理上说，经典的 *K*-Means 算法的目的就是估计每个高斯分布分量最优的均值（即簇中心）和方差（对应于簇半径）；在聚类质量评价中，现有的聚类有效性指标也大多是基于这种高斯混合分布模型的。但是，在高维空间中数据稀疏分布的特性以及不同的簇可能存在于不同子空间的特点，使得这种简单的单一或混合分布不能有效模型化高维空间中的簇。下面介绍一种扩展的高斯混合分布模型用于描述高维空间的簇，并推导出子空间聚类的优化目标函数，在此基础上，介绍基于概率模型的投影聚类（Model-based Projective Clustering，MPC）算法[46]。

1. 特征加权的混合高斯模型

若使用概率模型描述多维数值型簇，则多元高斯分布是一个很自然的选择。考察一个 D 维高斯分布模型 $\mathcal{N}(\boldsymbol{\mu},\boldsymbol{\Sigma})$，其密度函数为

$$p(\boldsymbol{x})=\frac{1}{(2\pi)^{\frac{D}{2}}\left|\boldsymbol{\Sigma}\right|^{\frac{1}{2}}}\exp\left(-\frac{1}{2}(\boldsymbol{x}-\boldsymbol{\mu})\boldsymbol{\Sigma}^{-1}(\boldsymbol{x}-\boldsymbol{\mu})^{\mathrm{T}}\right)$$

上式在 $\boldsymbol{x}=\boldsymbol{\mu}$ 处取得最大值。然而，随着维度 D 的增长，绝大多数的 $\boldsymbol{x}$ 将远离其中心 $\boldsymbol{\mu}$。下面给出一个直观的例子[47]：令维度 D 从 1 开始增长，分别从 $\mathcal{N}(0,\boldsymbol{I}_D)$ 生成数据，然后计算落入以 0 为中心，半径为 1.65 的超球体内的数据点数目占全体的比例（对于一元高斯分布 $\mathcal{N}(0,1)$，约 90%的点落在[−1.65, 1.65]区间内，这个区间被认为是“中心地带”，故球体半径设置为 1.65）。图 5.10 显示随维度增长，落入超球体内数据点的比例变化情况。

如图 5.10 所示，当维度达到 10 时，仅有不到 1%的数据点落入中心地带，随着维数的进一步增长，这个比例趋向于 0。文献[48]对此现象进行了分析。考虑球形高斯 $\mathcal{N}(0,\sigma^2\boldsymbol{I}_D)$，令 $\boldsymbol{x}$ 是一个随机选择的点，则期望值 $\boldsymbol{E}\{\|\boldsymbol{x}\|^2\}=\sigma^2 D$。对于足够大的 D，

根据大数定律，$\|\boldsymbol{x}\|^2$ 的分布将聚集在其数学期望值的附近。也就是说，几乎所有的 $\boldsymbol{x}$ 都分布在离中心距离 $\sigma\sqrt{D}$ 的狭小区域内。随着 D 的增长，这个距离也在不断增加，使得数据点远离中心。

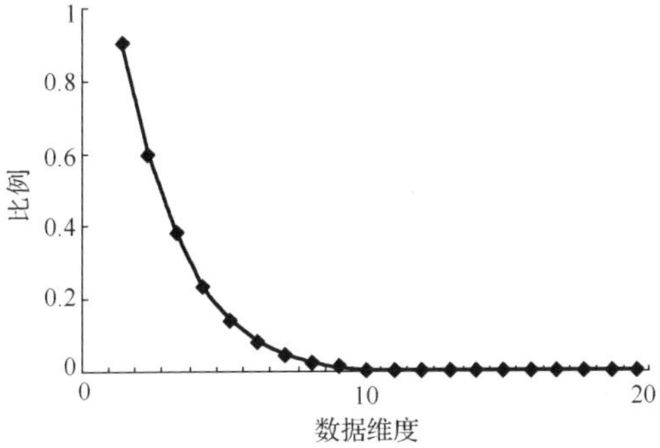

图 5.10　高斯分布的数据点落入半径 1.65 球体内的比例随维度增长变化示意图

因此，在高维情况下使用这种多元高斯分布作为簇的统计模型是不合适的。尽管文献[48]的结论表明，原始空间的数据可以投影到很低维的子空间上进行聚类，但文献[49]同时指出这个低维子空间的维数约为 $10\times\ln K$，注意图 5.10 的提示，维度数仅为 10 时，这种分布模型就已不再适用。为描述高维空间潜在簇的结构，我们首先分析投影到每个维度上数据的分布情况。考虑投影到第 j 个维度的 c_k 样本分布，令 X_j 为原空间样本对应的随机变量，X'_j 是对应投影空间的随机变量，用一元高斯描述第 j 个投影维度上的样本分布，密度函数为

$$G(X'_j \mid \mu_{kj};\sigma_k)=\frac{1}{\sqrt{2\pi}\sigma_k}\exp\left(-\frac{1}{2\sigma_k^2}(X'_j-\mu_{ij})^2\right)$$

式中，μ_{kj} 和 σ_k 分别表示高斯函数的均值和标准差。根据定义 5.2（投影变换）可以将上述密度函数转换回原始空间，重写为

$$G(X_j \mid v_{kj},w_{kj};\sigma_k)=\frac{1}{\sqrt{2\pi}\sigma_k}\exp\left(-\frac{w_{kj}}{2\sigma_k^2}(X_j-v_{kj})^2\right) \tag{5.24}$$

式中，v_{kj} 是原空间高斯函数的均值，它与 X_j 根据式（5.2）分别由 μ_{kj} 和 X'_j 变换而来。

式（5.24）与标准高斯函数的主要区别在于，引入了权重 w_{kj} 用于描述第 j 维对簇 c_k 的贡献度。图 5.11 显示固定 σ_k 时式（5.24）随 w_{kj} 的变化情况。从图上可以看出，属性权重值越小，则样本点在该维上的投影越接近均匀分布，而如果分配了较大的权重值，则样本点将集中分布在一个较小的范围内。这与子空间聚类的基本准则是一致的。实际上，绝大多数的投影聚类算法做了以下假设：投影到与簇相关的维度上时，数据点分布在一个较小的范围内，而在一个不相关的维度上，数据是接近均匀分布的[7]。式（5.24）通过在标准高斯分布函数中引入权值 w_{kj} 反映了这种分布特性的变化。

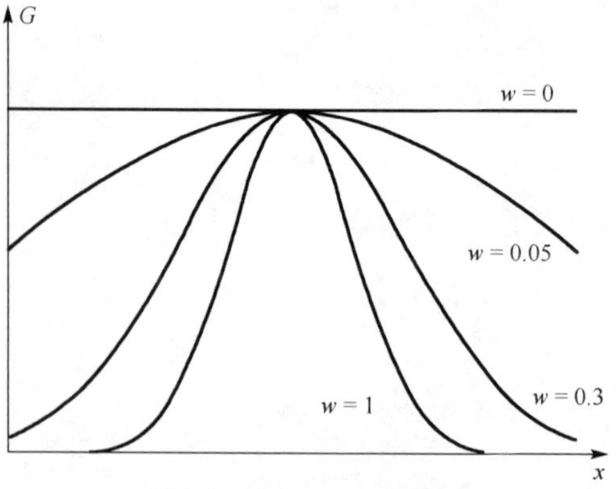

图 5.11　分布密度随维度权重变化情况

接下来，基于两个假设建立完整的概率模型：首先，假设数据的 D 个特征是相互独立的。尽管这个假设在一些应用中并不现实，但它可以降低模型的复杂度，如可以通过边缘分布的乘积来估计联合分布等。另外，从效果上看，投影变换是可以降低特征间可能存在的线性相关性的，见 6.3.2 节的讨论；其次，假设样本间是彼此独立的。最后，由于

$$\int G(X_j \mid v_{kj}, w_{kj}; \sigma_k)\mathrm{d}X_j = \frac{1}{\sqrt{w_{kj}}}$$

我们假定 N 个样本 $\boldsymbol{x}_1, \boldsymbol{x}_2, \cdots, \boldsymbol{x}_N$ 独立同分布地源自以下混合分布：

$$F(\boldsymbol{X};\Theta) = \sum_{k=1}^{K} \alpha_k \prod_{j=1}^{D} \sqrt{w_{kj}}\, G(X_j \mid v_{kj}, w_{kj}; \sigma_k)$$

满足

$$\sum_{k=1}^{K} \alpha_k = 1, \quad \alpha_k \geqslant 0, \quad k = 1,2,\cdots,K \tag{5.25}$$

式中，$\boldsymbol{X}$ 是 D 维随机向量；模型参数 $\Theta = \{(\alpha_k, \boldsymbol{v}_k, \boldsymbol{w}_k, \sigma_k) \mid 1 \leqslant k \leqslant K\}$，$\alpha_k$ 是第 k 个分量的混合系数，$\boldsymbol{v}_k = (v_{k1}, v_{k2}, \cdots, v_{kD})^{\mathrm{T}}$ 是簇 c_k 的中心向量，$\boldsymbol{w}_k$ 为特征权重向量。基于上述模型，那么子空间聚类及嵌入在其中的软特征选择的任务就是从给定数据集估计 Θ。

2. 目标优化函数

设 Θ 的一个估计为 $\hat{\Theta} = \{(\hat{\alpha}_k, \hat{\boldsymbol{v}}_k, \hat{\boldsymbol{w}}_k, \hat{\sigma}_k) \mid 1 \leqslant k \leqslant K\}$，子空间聚类算法的优化目标应使得二者之间的差异最小。二者的差异可以用两个概率分布 $F(\boldsymbol{X};\Theta)$ 和 $\hat{F}(\boldsymbol{X};\hat{\Theta})$ 之间的 K-L 距离来衡量：

$$R_1(\hat{\Theta}) = \int F(\boldsymbol{X};\Theta) \ln \frac{F(\boldsymbol{X};\Theta)}{\hat{F}(\boldsymbol{X};\hat{\Theta})} \mathrm{d}\boldsymbol{X}$$

上式可分解成两项，第一项 $\int F(\boldsymbol{X};\Theta)\ln F(\boldsymbol{X};\Theta)\mathrm{d}\boldsymbol{X}$ 相对于 $\hat{\Theta}$ 是常数，故下面的目标函数应被最大化（注：函数前面的符号↑表示最大化目标函数，相反，符号↓表示最小化），即

$$\begin{aligned}\uparrow R_2(\hat{\Theta}) &= \int F(\boldsymbol{X};\Theta)\ln \hat{F}(\boldsymbol{X};\hat{\Theta})\mathrm{d}\boldsymbol{X} \\ &= \sum_{k=1}^{K}\int p(k\,|\,\boldsymbol{X})F(\boldsymbol{X};\hat{\Theta})\ln \hat{F}(\boldsymbol{X};\hat{\Theta})\mathrm{d}\boldsymbol{X}\end{aligned} \tag{5.26}$$

式中，$p(k|\boldsymbol{X})$是一个后验概率，是给定 $\boldsymbol{X}$ 生成自第 k 个分量的概率，即

$$p(k\,|\,\boldsymbol{X}) = \frac{\hat{\alpha}_k \prod_{j=1}^{D}\sqrt{\hat{w}_{kj}}\,G(X_j\,|\,\hat{v}_{kj},\hat{w}_{kj};\hat{\sigma}_k)}{\hat{F}(\boldsymbol{X};\hat{\Theta})}$$

用上式再对式（5.26）进行变换，目标函数变为

$$\uparrow R_2(\hat{\Theta}) = \sum_{k=1}^{K}\int p(k\,|\,\boldsymbol{X})F(\boldsymbol{X};\Theta)\ln\frac{\hat{\alpha}_k \prod_{j=1}^{D}\sqrt{\hat{w}_{kj}}\,G(X_j\,|\,\hat{v}_{kj},\hat{w}_{kj};\hat{\sigma}_k)}{p(k\,|\,\boldsymbol{X})}\mathrm{d}\boldsymbol{X} \tag{5.27}$$

根据大数定律，在给定数据集的情况下，最大化式（5.27）相当于从 $\boldsymbol{x}_1, \boldsymbol{x}_2, \cdots, \boldsymbol{x}_N$ 中学习 Θ 的极大似然估计。因此，代入式（5.24）并根据大数定律，式（5.27）可进一步简化为

$$\downarrow R_3(\hat{\Theta}) = \frac{1}{N}\sum_{k=1}^{K}\sum_{i=1}^{N}p(k\,|\,\boldsymbol{x}_i)\left(\frac{1}{2}\sum_{j=1}^{D}\left(\frac{\hat{w}_{kj}}{\hat{\sigma}_k^{\,2}}(x_{ij}-\hat{v}_{kj})^2 - \ln\frac{\hat{w}_{kj}}{2\pi\hat{\sigma}_k^{\,2}}\right) + \ln\frac{p(k\,|\,\boldsymbol{x}_i)}{\hat{\alpha}_k}\right)$$

在聚类分析中，后验概率 $p(k\,|\,\boldsymbol{x}_i)$可以看作样本点 $\boldsymbol{x}_i$ 相对于簇 c_k 的隶属度。用记号 u_{ki} 表示 $\boldsymbol{x}_i$ 相对于 c_k 的隶属度，再剔除与 $\hat{\Theta}$ 无关的常数，得出受式（5.1）、式（5.17）和式（5.25）约束的聚类优化目标函数：

$$\downarrow J_{\mathrm{MPC}}(U,V_n,W,\Lambda) = \sum_{k=1}^{K}\sum_{i=1}^{N}\left(\frac{u_{ki}}{2}\sum_{j=1}^{D}\left(\frac{w_{kj}}{\sigma_k^2}(x_{ij}-v_{kj})^2 - \ln\frac{w_{kj}}{\sigma_k^2}\right) - u_{ki}\ln\frac{\alpha_k}{u_{ki}}\right) \tag{5.28}$$

式中，$\Lambda = \{\alpha_1,\alpha_2,\cdots,\alpha_K,\sigma_1,\sigma_2,\cdots,\sigma_K\}$；$U$、$W$ 和 V_n 分别是隶属度、特征权重和簇中心的集合。

考虑“硬聚类”情况（即$\forall\, i, k$：$u_{ki}\in[0, 1]$），若α_k和σ_k为常数，则式（5.28）退化为

$$J(C,V_n,W) = \sum_{k=1}^{K}\sum_{j=1}^{D}w_{kj}\sum_{\boldsymbol{x}_i\in c_k}(x_{ij}-v_{kj})^2$$

上式是子空间聚类中常用的误差测度（error measure）[19,34,50]，也是 K-Means 算法优化目标函数在软子空间聚类中的一种扩展。

3. 模型参数估计

给定数据集，要基于上述概率模型实现无监督自动特征选择，需要优化 U,V_n,W 和 Λ 四个参数以最小化式（5.28）定义的带约束的目标函数。运用拉格朗日乘法引入式（5.1）、式（5.17）和式（5.25）定义的约束条件，目标函数变为

$$\downarrow J_{\text{MPC-1}}(U,V_n,W,\Lambda)=J(U,V_n,W,\Lambda)+\sum_{k=1}^{K}\lambda_k\left(\sum_{j=1}^{D}w_{kj}-1\right)+\xi\left(\sum_{k=1}^{K}\alpha_k-1\right)+\sum_{i=1}^{N}\varsigma_i\left(\sum_{k=1}^{K}u_{kj}-1\right)$$

由于求解形如上式的非线性优化问题的全局最优解较为困难，人们通常退而求其次，采用局部优化的方法求取其局部优解，即采用一个迭代结构，在迭代的每个步骤将其中三个参数视为常数来优化第四个参数。

基于这种学习框架，首先假定 V_n,W 和 Λ 是常数（分别记为 $\hat{V}_n,\hat{W}$ 和 $\hat{\Lambda}$）来估计 U。令 $\dfrac{\partial J_2}{\partial u_{ki}}=0$ 和 $\dfrac{\partial J_2}{\partial \varsigma_i}=0$，$k=1,2,\cdots,K$，$i=1,2,\cdots,N$，有

$$u_{ki}=\frac{\tilde{u}_{ki}}{\sum_{k'=1}^{K}\tilde{u}_{k'i}} \tag{5.29}$$

式中

$$\tilde{u}_{ki}=\hat{\alpha}_k\prod_{j=1}^{D}\frac{\sqrt{\hat{w}_{kj}}}{\hat{\sigma}_k}\times \mathrm{e}^{-\frac{1}{2\hat{\sigma}_k^2}\sum\limits_{j=1}^{D}\hat{w}_{kj}(x_{ij}-\hat{v}_{kj})^2}$$

同理，固定 U, W 和 Λ 分别为 $\hat{U},\hat{W}$ 和 $\hat{\Lambda}$ 来估计 V_n。令 $\dfrac{\partial J_2}{\partial v_{kj}}=0$，$k=1,2,\cdots,K,j=1,2,\cdots,D$，得到

$$v_{kj}=\frac{1}{\hat{u}_{k+}}\sum_{i=1}^{N}\hat{u}_{ki}x_{ij},\quad \hat{u}_{k+}=\sum_{i=1}^{N}\hat{u}_{ki} \tag{5.30}$$

注意到式（5.30）正是模糊聚类算法 FCM[51]等计算簇中心的表达式（模糊因子为 1 时）。

固定 U, V_n 和 W 分别为 $\hat{U},\hat{V}_n$ 和 $\hat{W}$，令 $\dfrac{\partial J_2}{\partial \sigma_k}=0$、$\dfrac{\partial J_2}{\partial \xi}=0$ 及 $\dfrac{\partial J_2}{\partial \alpha_k}=0$，$k=1,2,\cdots,K$ 可以估计 Λ，有以下结果：

$$\alpha_k=\frac{1}{N}\hat{u}_{k+} \tag{5.31}$$

和

$$\sigma_k{}^2=\frac{1}{D\hat{u}_{k+}}\sum_{j=1}^{D}\hat{w}_{kj}\tilde{\Delta}_{kj},\quad \tilde{\Delta}_{kj}=\sum_{i=1}^{N}\hat{u}_{ki}(x_{ij}-\hat{v}_{kj})^2 \tag{5.32}$$

最后，固定 U, V_n 和 Λ 分别为 $\hat{U}, \hat{V}_n$ 和 $\hat{\Lambda}$ 来估计特征权重 w_{kj}, $k = 1, 2, \cdots, K$, $j = 1, 2, \cdots, D$。由 $\dfrac{\partial J_2}{\partial w_{kj}} = 0$ 及 $\dfrac{\partial J_2}{\partial \lambda_k} = 0$ 得到

$$w_{kj} = \frac{\hat{\sigma}_k^2 \hat{u}_{k+}}{\tilde{\Delta}_{kj} + 2\hat{\sigma}_k^2 \hat{\lambda}_k} \tag{5.33}$$

且满足

$$\sum_{j=1}^{D} \frac{1}{\tilde{\Delta}_{kj} + 2\hat{\sigma}_k^2 \hat{\lambda}_k} = \frac{1}{\hat{\sigma}_k^2 \hat{u}_{k+}} \tag{5.34}$$

4. 模型学习算法

根据上述介绍的模型参数估计方法，可以容易地基于 EM 算法结构定义模型学习算法，如算法 5.3 所示。已经证明在每一步的 EM 过程中似然都只会增大，因此可以保证算法在相当宽广的条件下收敛，至少会收敛在似然关于参数空间的局部最大值[52,53]。

算法 5.3　基于概率模型的子空间聚类算法伪代码

输入: DB={$\boldsymbol{x}_1, \boldsymbol{x}_2, \cdots, \boldsymbol{x}_N$}和聚类数目 K

过程:

1: 初始化：设定 K 个初始簇中心 V_n；设定 K 个初始子空间，即初始化 W；$\alpha_k = 1/K$，并根据式（5.32）初始化σ_k，$k = 1, 2, \cdots, K$;

2: **repeat**

3: 　令 $\hat{V}_n = V_n$，$\hat{W} = W$ 和 $\hat{\Lambda} = \Lambda$，根据式（5.29）计算每个样本 $\boldsymbol{x}_i$ 相对于簇 c_k 的隶属度 u_{ki}，得到 U;

4: 　令 $\hat{U} = U$，$\hat{W} = W$ 和 $\hat{\Lambda} = \Lambda$，根据式（5.30）更新簇中心 V_n;

5: 　令 $\hat{V}_n = V_n$，$\hat{U} = U$ 和 $\hat{W} = W$，根据式（5.31）更新α_k，根据式（5.32）更新σ_k，$k = 1, 2, \cdots, K$，得到 U;

6: 　令 $\hat{V}_n = V_n$，$\hat{U} = U$ 和 $\hat{\Lambda} = \Lambda$，根据式（5.34）求解 $\hat{\lambda}_k$，$k = 1, 2, \cdots, K$;

7: 　根据式（5.33）更新 W;

8: **until** 满足收敛条件

输出: U 和 W

除了簇类数目 K，算法 5.3 无须用户定义其他参数进行聚类划分和自动特征选择。注意到用于特征权重估计的式（5.33）包含了一个待定系数 $\hat{\lambda}_k$，该系数可以通过求解式（5.34）得到，算法的步骤 6 正是用于这个目的。在步骤 6 中，除了 $\hat{\lambda}_k$ 外的其他变量的值均已给定，可以认为它们是关于 $\hat{\lambda}_k$ 的常数，因此，可使用诸如牛顿法、二分法[40]等这样的数值计算法求解式（5.34）获得 $\hat{\lambda}_k$ 的值。定理 5.2 表明式（5.34）的解 $\hat{\lambda}_k$ 在特定区间是存在且唯一的。

定理 5.2 式（5.34）的根 $\hat{\lambda}_k$ 在 $\left(-\dfrac{\mathrm{MIN\_}\Delta_k}{2\hat{\sigma}_k^2},+\infty\right)$ 区间内是唯一的，其中 $\mathrm{MIN\_}\Delta_k$ 表示 $\tilde{\Delta}_{kj}$（$j=1,2,\cdots,D$）中的最小值。

证明：考虑以下方程

$$\psi(\lambda_k')=\sum_{j=1}^{D}\frac{1}{\tilde{\Delta}_{kj}+\lambda_k'}-\frac{1}{\hat{\sigma}_k^2\hat{u}_{k+}}$$

式中，$\lambda_k'=2\hat{\sigma}_k^2\hat{\lambda}_k$。从 $\dfrac{\mathrm{d}\psi(\lambda_k')}{\mathrm{d}\lambda_k'}<0$ 可知 $\psi(\lambda_k')$ 在（$-\mathrm{MIN\_}\Delta_k,+\infty$）区间内单调递减。另外，$\lim_{\lambda_k'\to-\mathrm{MIN\_}\Delta_k}\psi(\lambda_k')>0$ 且 $\lim_{\lambda_k'\to+\infty}\psi(\lambda_k')<0$。证毕。

定理 5.2 同时指出了对 $j=1,2,\cdots,D$ 有 $\tilde{\Delta}_{kj}+2\hat{\sigma}_k^2\hat{\lambda}_k>0$，这个结论表明式（5.33）的分母总是大于 0 的，因而特征权重 w_{kj} 在实际数据集中总是可以计算的（不会发生 FWKM[16]和 FSC[14]等算法因分母 $\tilde{\Delta}_{kj}$ 为 0 无法估计特征权重的现象，这种现象常见于文档数据。在文档数据中某个潜在文档类别中的文档包含同一个关键词是常见的，当这些关键词的频率相同时即产生这种现象）。

以基于内容的垃圾邮件自动检测应用为例。这个应用要求聚类算法不但能将邮件文档划分为正常邮件和垃圾邮件两个类别，还要求能提取标识垃圾邮件的一些关键词，以便领域专家进一步鉴别。使用 Email-1431、Ling-Spam 和 Enron-Spam 三个英文邮件语料库（可以从 http://www.iit.demokritos.gr/skel/i-config 获取），经预处理后，分别提取了 1000 个频繁出现的单词为文档的特征，并使用 1.5.1 节所述的方法将每个文档向量进行向量长度单位化处理。表 5.2 列出了算法 5.3 从各语料库提取的垃圾邮件关键词。

表 5.2 自动特征选择算法从三个英文邮件语料库中提取的关键词

语料库	若干被赋予较大特征权重的单词
Email-1431	debt, worth, isn, tv, fresh, hottest, save, click, cash, sex, unlimit, forever, fun, newsletter, amaze, incred
Ling-Spam	service, investigation, ca, hardcopy, xiv, advertisement, inversion, refuse, save, unsolicit, manufacture, enterpriser, geneva, instant
Enron-Spam	growth, discount, profession, video, play, register, lose, ag, door, solicit, retail, investment, saving, private, picture, worth, fun, hot

从表 5.2 可以看出，基于概率模型的自动特征选择方法可以在无监督条件下捕捉数据集中的重要特征，例如，在 Email-1431 中的 cash 和 sex，Ling-Spam 中的 advertisement 和 unsolicit 以及 Enron-Spam 中的 play 和 hot 等，这些特征可以标识各语料库中的垃圾邮件类别。需要说明的是，这种自动特征选择方法并非仅适用于无监督情形，它是可以运用于有监督的特征选择任务的，因为根据式（5.33），只要已知 U, V_n 和 Λ 就可以计算特征的权重。在有监督任务中，U 由训练样本决定，若簇 c_k 包含样本 $\boldsymbol{x}_i$，则 $u_{ki}=1$，否则为 0；V 可以根据训练样本按式（5.30）直接计算，Λ 也是可以按式（5.31）和式（5.32）直接计算的。

5.4.2 类属型数据的概率模型方法

类属型数据的属性值是离散的，使得无法像定义数值型数据的簇中心一样，利用样本均值为类属型数据中的簇类定义几何可解释的中心。因而，5.4.1 节构造的混合高斯模型无法用于类属型数据。本节使用核密度估计（Kernel Density Estimation，KDE）建立类属型特征自动特征选择的概率框架，基于该框架，可以对类属特征权重和基于中心的簇进行优化。然后，我们将解释如何有效地选择核带宽，并介绍基于模型的类属数据投影聚类算法 KPC（Kernel-based Projective Clustering）[54]。

1. 核密度估计模型

核密度估计是一种非参数密度估计法。它对数据分布不附加先验假定，是一种从数据样本本身出发研究数据分布的方法，在统计学理论及应用领域均得到广泛应用。设 X_d 是与簇 c_k 中特征 A_d 的观测值相联系的离散随机变量，用 $p(X_d)$表示其概率密度。传统上，$p(X_d)=f_{k,d}(X_d)$用频度估计器（5.21）来估计，这样的估计方法具有最小的样本偏差，但对于有限样本集，频度估计可能产生较大的方差[55,56]。核密度估计方法借助核平滑（kernel smoothing）技术应对这个问题。记平滑系数为 h_{kd}，也称为核带宽（bandwidth），X_d 的核密度函数[57]定义为

$$p(X_d;o_d,h_{kd})=\frac{1}{1-\alpha h_{kd}+|O_d|\beta h_{kd}}\times\begin{cases}1-(\alpha-\beta)h_{kd}, & X_d=o_d\\ \beta h_{kd}, & X_d\neq o_d\end{cases}$$

式中，o_d 为 O_d 中的任一符号；$\alpha\geqslant\beta>0$ 为两个待定系数。注意到 $\sum_{X_d\in O_d}p(X_d;o_d,h_{kd})=1$，因此只要 $h_{kd}\geqslant 0$，$p(X_d;o_d,h_{kd})$便是一个概率密度函数。若 $h_{kd}=0$，则概率密度函数退化为 $p(X_d;o_d,0)=\ell(X_d,o_d)$，这里 $\ell(\cdot,\cdot)$ 是式（4.4）定义的离散核函数。从这个意义上说，我们可以用 $p(X_d;o_d,h_{kd})$代替 $\ell(\cdot,\cdot)$ 来推导离散型特征的无监督评价函数，见 4.2.1 节的讨论。设置不同的α 和β 可以得到不同的概率密度函数。例如，设定 $\alpha=|O_d|/(|O_d|-1)$ 和 $\beta=1|/(|O_d|-1)$，便推得著名的 Aitchison & Aitken 核函数[53]。为便于后续推导，我们令 $\alpha=|O_d|$ 和 $\beta=1$，定义 X_d 的核密度函数定义为

$$p(X_d;o_d,h_{kd})=\begin{cases}1-(|O_d|-1)h_{kd}, & X_d=o_d\\ h_{kd}, & X_d\neq o_d\end{cases} \tag{5.35}$$

这里限制核带宽 $h_{kd}\in[0,1/|O_d|]$。

基于式（5.35），可以给出面向类属型数据聚类的混合分布模型。例如，基于特征间独立和样本间独立假设，我们可以首先假定 N 个样本 $\boldsymbol{x}_1,\boldsymbol{x}_2,\cdots,\boldsymbol{x}_N$ 独立同分布地源自混合分布

$$F(\boldsymbol{X};\Theta)=\sum_{k=1}^{K}\alpha_k\prod_{d=1}^{D}p(X_d;o_d,h_{kd}),\quad \Theta=\{\alpha_k,h_{kd}\,|\,1\leqslant k\leqslant K;d=1,2,\cdots,D\}$$

然后，同 5.4.1 节，利用最大似然等方法进行基于模型的聚类。相较之下，以下将要介绍的方法显得更为直接：利用式（5.35）将样本转换到概率空间，在概率空间中定义样本间的相似性度量，继而在类似算法 5.2 的聚类过程中完成类属型数据自动特征选择。

对每一个样本 $\boldsymbol{x}=(x_1,\cdots,x_d,\cdots,x_D)^{\mathrm{T}}\in c_k$，记 $\boldsymbol{x}$ 在概率空间的投影为 $\boldsymbol{x}'=(x_1',\cdots,x_d',\cdots,x_D')^{\mathrm{T}}$。在 c_k 对应的概率空间中，我们用条件概率 $p_k(X_d\mid x_d)$ 表示类属特征 A_d 的观测值 x_d，即

$$
\begin{aligned}
x_d' &= p_k(X_d\mid x_d)\\
&=\frac{p_k(X_d,x_d)}{p_k(x_d)}\overset{\text{def}}{=\!=}\frac{p(X_d;x_d,h_{kd})}{p_k(x_d)}
\end{aligned}
\tag{5.36}
$$

注意到$1=\sum_{x_d\in O_d}p_k(X_d\mid x_d)$，代入式（5.36），有

$$
\begin{aligned}
1&=\sum_{x_d\in O_d}p_k(X_d\mid x_d)\\
&=\frac{1}{p_k(x_d)}\sum_{x_d\in O_d}p(X_d;x_d,h_{kd})=\frac{1}{p_k(x_d)}
\end{aligned}
$$

由此可得

$$
\begin{aligned}
x_d' &= p_k(X_d\mid x_d)\\
&= p(X_d;x_d,h_{kd})\\
&= h_{kd}+(1-|O_d|\,h_{kd})\times I(X_d=x_d)
\end{aligned}
\tag{5.37}
$$

式中，$I(\cdot)$ 为指示函数（indicator function），即

$$
I(\text{cond})=\begin{cases}1, & \text{cond is true}\\ 0, & \text{cond is false}\end{cases}
\tag{5.38}
$$

注意 $I(\cdot)=\sqrt{I(\cdot)}=I^2(\cdot)$。

2. 类属特征的权重

与连续型数据不同，类属型数据的距离较难衡量，为数不多的度量方式包括式（5.20）所示的 SMD 等。但是，基于上述类属数据的新表示方式，距离度量问题变得容易解决，因为经式（5.37）的转换，样本每个属性 d 上的类属符号用一个概率分布表示。这样，对于 c_k 的样本 $\boldsymbol{x}$ 和 $\boldsymbol{y}$，它们类属属性 d 上的距离就可以通过衡量概率分布 $p_k(X_d\mid x_d)$和 $p_k(X_d\mid y_d)$之间的差异来计算。概率分布间的差异度量很多，包括著名的海林格距离 $\sqrt{1-\mathrm{BC}(p_1,p_2)}$，其中 $\mathrm{BC}(p_1, p_2)$表示离散概率分布 p_1 和 p_2 之间的巴氏系数（Bhattacharyya coefficient），这里表示为 $\sum_{X_d\in O_d}\sqrt{p(X_d\mid x_d)p(X_d\mid y_d)}$。样本 $\boldsymbol{x}$ 和 $\boldsymbol{y}$ 之间的（平方）海林格距离通过下式计算：

$$\begin{aligned}\mathrm{SHD}_k(\boldsymbol{x},\boldsymbol{y}) &= \sum_{d=1}^{D}\left(1-\sum_{X_d\in O_d}\sqrt{p_k(X_d\mid x_d)p_k(X_d\mid y_d)}\right)\\ &= \frac{1}{2}\sum_{d=1}^{D}\left(\sum_{X_d\in O_d}\left[\sqrt{p_k(X_d\mid x_d)}-\sqrt{p_k(X_d\mid y_d)}\right]^2\right)\end{aligned}$$

另外，根据式（5.37），有

$$\sqrt{p_k(X_d\mid x_d)}=\sqrt{h_{kd}}+\left(\sqrt{1-(|O_d|-1)h_{kd}}-\sqrt{h_{kd}}\right)\times I(X_d=x_d) \tag{5.39}$$

再根据 $\sum_{X_d\in O_d}\left[I(X_d=x_d)-I(X_d=y_d)\right]^2=2I(x_d\neq y_d)$，样本 $\boldsymbol{x},\boldsymbol{y}\in c_k$ 之间的平方距离为

$$\begin{aligned}\mathrm{SHD}_k(\boldsymbol{x},\boldsymbol{y}) &= \sum\nolimits_{d=1}^{D} w_{kd}\times I(x_d\neq y_d)\\ &= \sum\nolimits_{d=1}^{D} w_{kd}\times \mathrm{SMD}(x_d,y_d)\end{aligned} \tag{5.40}$$

式中

$$w_{kd}=\left(\sqrt{1-(|O_d|-1)h_{kd}}-\sqrt{h_{kd}}\right)^2 \tag{5.41}$$

显然，$\mathrm{SHD}_k(\cdot,\cdot)$是式（5.20）所示的 SMD 的加权版本，从这个角度来看，w_{kd} 就是簇 c_k 中属性 d 被赋予的特征权重，由于 $h_{kd}\in[0, 1/|O_d|]$，所以 $w_{kd}\in[0, 1]$。带宽 h_{kd} 越小，意味着权重 w_{kd} 越大。

3. 类属数据的簇中心

下面利用本节第 1 部分给出的概率分布表示方法形式化类属数据的簇中心。令 v_{kd} 表示属性 d 上簇 c_k 的中心，根据概率分布表示方法，其在概率空间的投影为

$$v'_{kd}=p_k(X_d\mid v_{kd})$$

并满足约束条件

$$\sum\nolimits_{X_d\in O_d} p_k(X_d\mid v_{kd})=1 \tag{5.42}$$

借鉴式（5.39），条件概率具有如下形式：

$$\sqrt{p_k(X_d\mid v_{kd})}=\sqrt{h_{kd}}+\left(\sqrt{1-(|O_d|-1)h_{kd}}-\sqrt{h_{kd}}\right)\times \tilde{v}_{kd}(X_d) \tag{5.43}$$

式中，$\tilde{v}_{kd}(X_d)$ 是与 v_{kd} 相关的一个待定值。

定义 5.4　类属型簇 c_k 的概率中心为

$$\boldsymbol{v}'_k=\arg\min_{\boldsymbol{v}}\sum_{\boldsymbol{x}\in c_k}\mathrm{SHD}_k(\boldsymbol{v},\boldsymbol{x})$$

式中，$\boldsymbol{v}'_k=\left(v'_{k1},\cdots,v'_{kd},\cdots,v'_{kD}\right)^{\mathrm{T}}$，并满足约束条件（5.42）。

代入 $\mathrm{SHD}_k(\cdot,\cdot)$ 的计算公式，定义 5.4 中的目标函数改写为

$$\min \psi_1(\boldsymbol{v}'_k) = \sum_{\boldsymbol{x}\in c_k}\sum_{d=1}^{D}\sum_{X_d\in O_d}[I(x_d = X_d) - \tilde{v}_{kd}(X_d)]^2 + \sum_{d=1}^{D}\lambda_d\left(1 - \sum_{X_d\in O_d} p_k(X_d \mid v_{kd})\right)$$

式中，λ_d为拉格朗日乘子。令$\psi_1(\cdot)$对λ_d和$\tilde{v}_{kd}$梯度为 0，$d=1,2,\cdots,D$，有

$$v'_{kd} = \frac{[\mu_k(X_d)]^2}{\sum_{o\in O_d}[\mu_k(o)]^2} \tag{5.44}$$

式中，$\mu_k(o) = \sqrt{h_{kd}} + \left(\sqrt{1-(|O_d|-1)h_{kd}} - \sqrt{h_{kd}}\right)f_{k,d}(o)$，$f_{k,d}(o)$是符号 o 的频度估计，由式（5.21）计算。

由式（5.44）可知，类属型簇的概率中心是一个经核平滑的规范化频度估计器。当核带宽 h_{kd}=0 时，式（5.44）变为$[f_{k,d}(X_d)]^2/\sum_{o\in O_d}[f_{k,d}(o)]^2$，此为属性 d 的规范化频度估计。

4. 核带宽估计

根据式（5.41）和式（5.44），由本节介绍的核密度估计学习框架可知，类属型数据的簇中心和特征权重都与核带宽有关。因此，类属特征自动选择问题转换为核带宽选择问题。实际上，对于数据集划分 C，只要给定核带宽，其特征权重和簇中心便可以确定下来。关键问题是如何估计最优核带宽，这是核密度估计中的核带宽选择问题[56]。

下面使用最小均方误差（Mean Squared Error，MSE）法估计最优带宽h^*_{kd}，这是一种数据驱动的方法，从 c_k 中的样本学习特征 A_d 的最优带宽。令 $p(o)$表示符号 $o\in O_d$ 潜在（未知的）的概率密度，基于式（5.35）所示的核密度估计函数，我们用簇 c_k 中的样本对 $p(o)$进行非参估计，记为$\hat{p}(o;h_{kd})$，即

$$\begin{aligned}\hat{p}(o;h_{kd}) &= \frac{1}{|c_k|}\sum_{\boldsymbol{x}\in c_k} p(o;x_d,h_{kd}) \\ &= h_{kd} + (1-|O_d|h_{kd})\times f_{k,d}(o)\end{aligned} \tag{5.45}$$

式中，$f_{k,d}(o)$是 o 的频度估计，见式（5.21）。$p(o)$与其核估计之间的均方误差为

$$\mathrm{MSE}(o;h_{kd}) = E\left\{\left(\hat{p}(o;h_{kd}) - p(o)\right)^2\right\}$$

考虑所有的符号 $o\in O_d$，最优带宽h^*_{kd}定义为

$$h^*_{kd} = \underset{h_{kd}}{\operatorname{argmin}}\sum_{o\in O_d}\mathrm{MSE}(o;h_{kd})$$

定理 5.3　最小均方误差意义上，簇 c_k 特征 A_d 的最优带宽为

$$h^*_{kd} = \frac{s^2_{kd}}{(|O_d|-1)|c_k| - |O_d|(|c_k|-1)s^2_{kd}} \tag{5.46}$$

式中，$s_{kd}^2=1-\sum_{o\in O_d}[p(o)]^2$。

证明：首先给出两个已知结论（其证明详见文献[56]）：$E\{f_{k,d}(o)\}=p(o)$和 $\mathrm{Var}\{f_{k,d}(o)\}=p(o)[1-p(o)]/|c_k|$，$E\{\cdot\}$和 $\mathrm{Var}\{\cdot\}$分别表示随机变量的数学期望和方差。基于此，借助变换公式 $\mathrm{Var}\{\cdot\}=E\{\cdot\}^2-(E\{\cdot\})^2$，可得

$$\mathrm{MSE}(o;h_{kd})=E\left\{[p(o;h_{kd})]^2\right\}-\left(E\{p(o;h_{kd})\}\right)^2+h_{kd}^2\left(1-|O_d|\,\tilde{p}(o)\right)^2$$

将式（5.45）代入上式，并根据上述已知结论，有

$$\begin{aligned}\psi_2(h_{kd}) &= \sum_{o\in O_d}\mathrm{MSE}(o;h_{kd})\\ &=\left(|O_d|^2\,h_{kd}^2-\frac{1}{|c_k|}(1-|O_d|\,h_{kd})^2\right)\sum_{o\in O_d}[p(o)]^2+\frac{1}{|c_k|}(1-|O_d|\,h_{kd})^2-|O_d|\,h_{kd}^2\end{aligned}$$

令 ψ_2 在 $h_{kd}=h_{kd}^*$ 处的梯度为 0，有 $(|O_d|-1)|c_k|\,h_{kd}^*-|O_d|\,h_{kd}^*\,|c_k|\,s_{kd}^2=(1-|O_d|\,h_{kd}^*)s_{kd}^2$。证毕。

然而 $p(o)$是未知的，这使得 s_{kd}^2 不可计算。实际中，我们用 $f_{k,d}(o)$来估计 $p(o)$；这样，s_{kd}^2 变为$1-\sum_{o\in O_d}[f_{k,d}(o)]^2$，此式实际上就是簇 c_k 特征 A_d 的基尼指标，见 4.2.1 节和式（4.5）。

算法 5.4 给出了带宽学习算法（Bandwidth-Learning Algorithm，BLA），其目的是为簇 c_k 的每个类属型特征 A_d 学习最优带宽 h_{kd}^*，$d=1,2,\cdots,D$。一旦学习到最优带宽，特征权重 w_{kd} 即可以根据式（5.41）和 $h_{kd}=h_{kd}^*$ 计算得到，从而获得特征权重集合 W。注意，根据 BLA 学习的最优带宽和特征权重有以下两个特点。

（1）随簇内样本数$|c_k|\to+\infty$，$h_{kd}^*\to 0$，符合核密度估计方法要求的渐近性质[58]。

（2）特征的属性值分布越分散，则其被赋予的权重越小。特别地，当特征取值相同时，体现为 $s_{kd}^2=0$，带宽值 $h_{kd}^*=0$，该特征将被赋予一个最大的权重；相反，若 A_d 上的符号是均匀分布的，则此时 $s_{kd}^2=1-1/|O_d|$，$h_{kd}^*=1$，特征权重为最小值 0。

算法 5.4　BLA 的伪代码

输入：类属型簇 c_k

过程：

1：对每个类属型特征 A_d：

2：计算 s_{kd}^2 为$1-\sum_{o\in O_d}[f_{k,d}(o)]^2$；

3：使用式（5.46）计算最优带宽 h_{kd}^*。

输出：最优带宽 h_{kd}^*，$d=1,2,\cdots,D$

---

5. 类属数据投影聚类算法

本节介绍基于核密度估计模型的投影聚类算法 KPC，该算法实现了基于概率模型的类属型特征自动选择。与 K-Means 式算法一样，给定数据集 DB 和簇数目 K，KPC 的目标是最大化 K 个簇的簇内紧凑性。通常，紧凑性用簇内样本到簇中心的差异来衡量。本节第 3 部分已经对类属型簇 c_k 的簇中心进行了形式化，是概率空间的向量 $\boldsymbol{v}'_k$；本节第 2 部分给出了类属型对象的概率距离 SHD_k。因此，类属型簇 c_k 的紧凑性可表示为 $\sum_{\boldsymbol{x}\in c_k}\mathrm{SHD}_k(\boldsymbol{x},\boldsymbol{v}'_k)$，此式隐含地包含了簇 c_k 的特征权重向量 $\boldsymbol{w}_k=(w_{k1},\cdots,w_{kd},\cdots,w_{kD})^{\mathrm{T}}$。注意到式（5.41）不符合特征权重归一化条件（见式（5.1）），为此，为每个簇 c_k 引入归一化因子

$$w_{k+}=\sum_{d=1}^{D}w_{kd}$$

在上述定义的基础上，KPC 设定聚类优化目标为受式（5.42）约束的下列函数，即

$$J_{\mathrm{KPC}}(C,V')=\sum_{k=1}^{K}\frac{1}{w_{k+}}\sum_{\boldsymbol{x}\in c_k}\mathrm{SHD}_k(\boldsymbol{x},\boldsymbol{v}'_k)$$

式中，$V'=\{v'_{kd}\mid k=1,2,\cdots,K;d=1,2,\cdots,D\}$ 为簇的概率中心集合。这里未将特征权重 W 作为优化参数，因为在给定 C 的条件下，根据式（5.41）可知特征权重的值仅依赖于带宽，而最优带宽可以利用算法 5.3 所示的 BLA 从 C 的每个聚类划分中计算得到。

KPC 采用 EM 结构求取 J_{KPC} 的局部优解，算法过程如算法 5.5 所示。算法迭代过程主要分为两个步骤，分别求解一个子问题：首先设定 $\hat{V}'=V'$ 以求解最小化 $J_{\mathrm{KPC}}(C,\hat{V}')$ 的 C，记为 $\hat{C}$，并调用 BLA 生成最优带宽，再求取特征权重；随后，令 $C=\hat{C}$，通过最小化 $J_{\mathrm{KPC}}(\hat{C},V')$ 求解最优的 V'，记为 $\hat{V}'$。

算法 5.5　KPC 算法伪代码

输入: DB = $\{\boldsymbol{x}_1,\boldsymbol{x}_2,\cdots,\boldsymbol{x}_N\}$和簇数目 K
过程:
令 t 为迭代次数，$t=1$；
初始化所有带宽为 0；
选择 K 个样本作为初始中心，并根据式（5.44）计算 V'，记为 $V'^{(1)}$；
repeat
　根据式（5.41）和当前带宽值更新特征权重向量集合 $W=\{\boldsymbol{w}_k\mid k=1,2,\cdots,K\}$；
　令 $\hat{V}'=V'^{(t)}$，根据式（5.47）重新划分 DB 获得 $C^{(t+1)}$；
　调用 BLA 计算每个 $c_k\in C^{(k+1)}$ 的最优带宽，更新当前带宽值；
　令 $\hat{C}=C^{(t+1)}$，利用式（5.44）更新簇中心，记为 $V'^{(t+1)}$；
　$t=t+1$；
until $C^{(t-1)}=C^{(t)}$
输出: $C^{(t)}$和 W

为求解第一个子问题，KPC 根据式（5.47）将每个样本 $\boldsymbol{x}$ 分配到与其最相似的簇 k' 中，即

$$k' = \arg\min_{\forall k} \frac{1}{w_{k+1}} \mathrm{SHD}_k(\boldsymbol{x}, \boldsymbol{v}'_k) \tag{5.47}$$

第二个问题则通过以下两步处理：首先调用 BLA 学习各簇类每个特征的最佳带宽，随后根据定理 5.4 解决涉及的优化问题。

定理 5.4　设 $C = \hat{C}$，当且仅当 $\hat{v}'_{kd}$ 等于式（5.44）定义的 v'_{kd} 时目标函数 $J_{\mathrm{KPC}}(\hat{C}, V')$ 达到最小，$k = 1, 2, \cdots, K$，$d = 1, 2, \cdots, D$。

证明：当 $C = \hat{C}$ 固定时，最小化 $J_{\mathrm{KPC}}(\hat{C}, V')$ 的问题可以分解为 K 个独立优化子问题（$k = 1, 2, \cdots, K$）：

$$\begin{aligned} &\min\ J_{\mathrm{KPC}\text{-}k}(\boldsymbol{v}'_k) = \frac{1}{w_{k+}} \sum\nolimits_{\boldsymbol{x} \in c_k} \mathrm{SHD}_k(\boldsymbol{x}, \boldsymbol{v}'_k) \\ &\mathrm{s.t.} \sum\nolimits_{o \in O_d} p(o \mid v_{kd}) = 1, \quad d = 1, 2, \cdots, D \end{aligned}$$

由于 w_{k+} 与 $\boldsymbol{v}'_k$ 无关，所以 $\arg\min_{\boldsymbol{v}'_k} J_{\mathrm{KPC}\text{-}k}(\boldsymbol{v}'_k) = \arg\min_{\boldsymbol{v}'_k} \psi_1(\boldsymbol{v}'_k)$。根据定义 5.4，对于 $d = 1, 2, \cdots, D$，若最小化 $\psi_1(\boldsymbol{v}'_k)$ 的解为式（5.44）定义的 v'_{kj}，则 $\hat{v}_{kj} = v'_{kj}$。证毕。

下面通过一个例子说明 KPC 算法的自动特征选择原理和效果。所用的数据是人工合成的，如图 5.12 所示。数据含 2 个簇，分别有 130 个和 170 个样本，每个样本有 4 个特征，分别为 A_1, A_2, A_3 和 A_4。在生成数据时，每个特征在[0, 1]区间取连续值，然后使用等宽离散化方法（见 1.5.1 节）转化为 8 个符号，分别用 0～7 的整数表示。因此，该数据的每个特征实际是序数型的。图 5.12 显示了 6 个二维子空间中的样本分布，两个簇的样本分别用方块（c_1 类）和圆圈（c_2 类）表示。从图上可以看出，c_1 类相关的子空间是$\{A_1, A_3, A_4\}$，c_2 类的是$\{A_1, A_2, A_3\}$。如图 5.12(d)所示，c_1 类的样本投影在 A_2（图上的横坐标）上时接近均匀分布，因此对 c_1 而言，A_2 是可以约简的；而对于 c_2，A_4 才是可以约简的，如图 5.12(f)所示，c_2 类的样本投影在 A_4（图上的纵坐标）上时是接近均匀分布的。对这个数据进行聚类分析的任务不仅包括正确地将 300 个样本划分为 c_1 和 c_2 两簇，还包括分别为 c_1 和 c_2 识别出噪声特征 A_2 和 A_4。

表 5.3 显示 KPC 算法识别出的两个簇的簇中心。根据 KPC 算法的原理，它将样本变换到概率空间，因此其“簇中心”实际上是概率向量，是对类属型符号进行核密度估计的结果，向量的元素依式（5.44）计算。在表 5.3 中，每个向量中具最高概率值者以加粗显示，它们与每个特征的模相对应。注意在 c_1 的 A_2 和 c_2 的 A_4 上，模的概率分别为 0.174 和 0.150，并没有显著超过其他符号，说明在这两个特征上各符号接近均匀分布，同时也意味着它们在簇的识别中所发挥的作用不如其他特征。

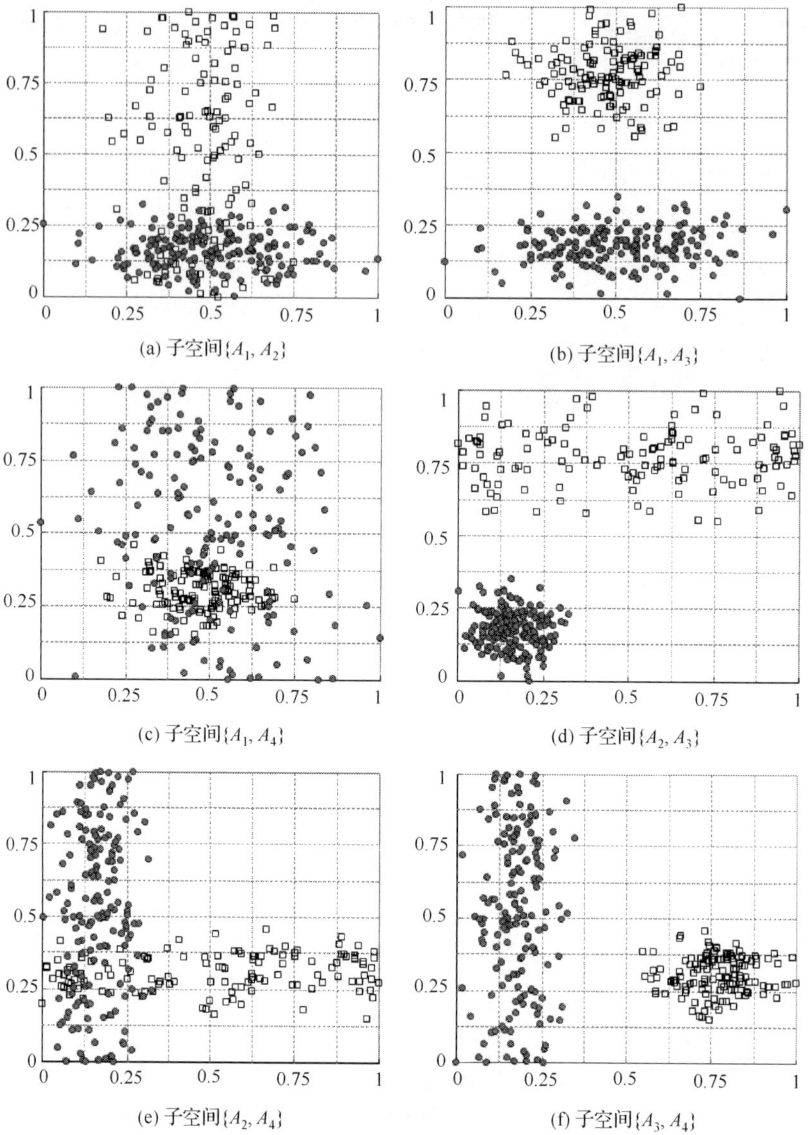
(a) 子空间{A_1, A_2}
(b) 子空间{A_1, A_3}
(c) 子空间{A_1, A_4}
(d) 子空间{A_2, A_3}
(e) 子空间{A_2, A_4}
(f) 子空间{A_3, A_4}

图 5.12　人工合成数据的样本分布情况

表 5.3　KPC 算法识别出的簇中心（图 5.12 数据）

类	特征	簇中心（概率向量）
c_1	A_1	$(0.010,0.025,0.117,\mathbf{0.397},0.383,0.047,0.010,0.010)^T$
	A_2	$(0.168,0.086,0.114,0.091,0.134,0.139,0.095,\mathbf{0.174})^T$
	A_3	$(0.009,0.007,0.011,0.007,0.031,0.314,\mathbf{0.550},0.071)^T$
	A_4	$(0.002,0.070,\mathbf{0.879},0.042,0.002,0.002,0.002,0.002)^T$

续表

类	特征	簇中心（概率向量）
c_2	A_1	(0.034,0.047,0.159, **0.265**,0.224,0.173,0.071,0.028)^{T}
	A_2	(0.177, **0.777**,0.035,0.002,0.002,0.002,0.002,0.002)^{T}
	A_3	(0.083, **0.878**,0.028,0.002,0.003,0.003,0.002,0.002)^{T}
	A_4	(0.114,0.128,0.096, **0.150**,0.126,0.131,0.137,0.117)^{T}

对于序数型数据，KPC 簇中心的这种特性可以用于恢复离散化前的数值型属性值。在图 5.12 数据中，每个特征的取值是 0～7 的序数符号，同时也含有“大小”关系，因此，通过下式可以估计出特征的“平均值”：

$$v_{kd}^{(\mathrm{num})} = \sum_{o \in O_d} o \times p_k(o \mid v_{kd})$$

表 5.4 的列“均值（期望值）”就是根据聚类结果计算的值，而“均值（真实值）”列是离散化之前真实数据的平均值。从表上可以看出，KPC 的估计值较好地逼近了真实值。表 5.4 的最后一列显示为每个特征估计的最优核带宽。其中，为 c_1 的 A_2 估计的带宽是 0.032379，远大于同类其他特征的带宽；c_2 的 A_4 也有类似现象，其带宽 0.049368 明显大于其他特征。根据带宽与特征权重关系式（5.41），带宽值越大，则权重值越小，如表的“特征权重”列所示。根据特征权重分布，对于 c_1 类，有 $A_4>A_3>A_1>A_2$，对于 c_2 类，有 $A_3>A_2>A_1>A_4$，据此自动特征选择结果，A_2 和 A_4 被识别为对 c_1 和 c_2 最不相关的特征。

表 5.4　KPC 算法识别出的子空间簇（图 5.12 数据）

类	特征	均值（期望值）	均值（真实值）	特征权重	核带宽
c_1	A_1	4.35	4.27	0.271	0.004043
	A_2	4.61	4.65	0.156	0.032379
	A_3	6.54	6.63	0.278	0.002984
	A_4	3.00	2.94	0.295	0.001096
c_2	A_1	4.54	4.55	0.259	0.008511
	A_2	1.90	1.82	0.311	0.001098
	A_3	1.99	1.91	0.314	0.000874
	A_4	4.57	4.67	0.115	0.049368

5.5　无中心聚类中的自动特征选择

目前所讨论的软自动特征选择方法都依托基于中心（center-based）的子空间聚类算法。在 K-Means 式和基于加权高斯模型的软子空间聚类算法中，簇用其所含样本的平均向量表示；在 K-Modes 式算法中，簇用符号中心表示；而在基于核密度估计模型的类属型数据聚类算法中，每个簇拥有一个概率中心。由此引发了有趣的问题：如何结合无中心聚类进行自动特征选择？依托无中心聚类算法实现的自动特征选择会有哪些特点？但这些问题对于数值型数据并无新意。典型的 *K*-Means 式软子空间聚类算法依据样本分布的离差 Δ 赋予特征权重，如式（5.8）所示，形式上 Δ 是定义在簇中心上的，但下式给出的变换表明可以“抛弃”中心概念，而直接根据数据集划分（簇）来计算数值型特征的权重：

$$\Delta_{kj} = \sum_{\boldsymbol{x} \in c_k} (x_j - v_{kj})^2$$
$$= \frac{1}{2|c_k|} \sum_{\boldsymbol{x} \in c_k} \sum_{\boldsymbol{y} \in c_k} (x_j - y_j)^2$$

因此本节将主要针对类属型数据展开讨论。

对于类属型数据，当前的主流方法[59,60]基于模定义簇的中心（符号中心），但也已提出若干非模（non-mode）方法：例如，*K*-representatives 算法[61]和 *K*-populations 算法[62]以符号的频度向量为簇中心。但是，该型方法并不直接处理类属型数据，而是在变换后的二值型数据上进行聚类（二值化方法参见 1.5.2 节），并隐含假设不同属性上类属符号间的差异是相同的。层次聚类方法也没有使用中心概念，其目的是构造层次聚类树，因而没有必要显式地给出 *K*-Modes 式聚类目标函数。代表性算法包括凝聚型算法 ROCK[63]和分裂型算法 DHCC[64]等，前者并不是子空间聚类算法，后者在一定程度上实现了自动特征选择功能，但其结果与 *K*-Modes 式算法类似：根据模的频度赋予特征以权重。基于蒙特卡罗抽样的一类方法，如基于熵的类属型数据聚类（Entropy-based Categorical Clustering，EBC）[65]，注重数据集划分的质量，其典型的优化过程如下：随机地选择一个簇中的对象，将其移动到另一个簇，使得移动之后的聚类划分具有更高的质量（提高目标优化函数的值），重复这个过程直到目标函数值不再改变。由此可见，此类算法并没有实现自动特征选择功能。

本节介绍一种类属型数据的非模聚类（Non-Mode Clustering of Categorical Data，NMCC）方法[66]，它依据样本与整个簇类的相似性构造聚类模型，避免了对类属属性中心概念的依赖，同时在聚类中实现软特征选择。

5.5.1　属性加权的无中心聚类模型

聚类与样本间的相似性度量密切相关。与数值型数据相比，定义类属型特征之间的相似度较为困难。一种常用的度量是简单匹配系数（Simple Matching Coefficient，SMC）[67]。对于两个对象 $\boldsymbol{x}$ 和 $\boldsymbol{y}$，其第 d 维特征的 SMC 为

$$\mathrm{SMC}(x_d, y_d) = \begin{cases} 1, & x_d = y_d \\ 0, & x_d \neq y_d \end{cases}$$

我们注意到，上述定义中的 1 可以用其他大于 0 的常数代替，这是因为对于同一个类属属性，其符号间的关系只能区分出相同或不相同两种情形（因而用于衡量相同程度

的数值只要大于 0)；而对于不同属性，这种相同的程度是有区别的（因而可能有不同的数值)。为此，为每个簇类 c_k 的第 d 维特征引入一个记号 w_{kd} 衡量该属性符号间的相同程度，并定义该属性上两个对象间的相异度（距离）为

$$\phi_k(x_d, y_d) = 1 - \begin{cases} w_{kd}^{-\beta}, & x_d = y_d \\ 0, & x_d \neq y_d \end{cases} = \begin{cases} 1 - w_{kd}^{-\beta}, & x_d = y_d \\ 1, & x_d \neq y_d \end{cases} \tag{5.48}$$

式中，$\beta(>0)$是一个预定义参数；$w_{kd}(k=1,2,\cdots,K;\ d=1,2,\cdots,D)$满足约束条件:

$$\begin{cases} \forall k,d: w_{kd} > 0 \\ \forall k: \sum_{d=1}^{D} \dfrac{1}{w_{kd}} = 1 \end{cases} \tag{5.49}$$

由式（5.49）易知 $0 < \dfrac{1}{w_{kd}} \leqslant 1$。当 $w_{kd}=1$ 时，$\phi_k(x_d, y_d) = 1 - \mathrm{SMC}(x_d, y_d)$；当 $\dfrac{1}{w_{kd}} \to 0$ 时，$\phi_k(x_d, y_d) \approx 1$，意味着特征 d 上不同符号间的差异被平滑掉。因此，w_{kd} 的引入实际上起到平滑估计的作用。

通常，基于划分的聚类算法定义簇为分散度最小（或紧凑度最大）的对象集合，其中的分散度以对象到簇中心的距离之和来衡量。考虑无中心聚类时，改由样本间的平均距离衡量簇的分散度，分散度越低，则簇类的质量越高。形式地，c_k 在第 d 维属性上簇的分散度定义为

$$\begin{aligned} \mathrm{Scat}(k,d) &= \frac{1}{|c_k|(|c_k|-1)} \sum_{\boldsymbol{x}\in c_k} \sum_{\boldsymbol{y}\in c_k, \boldsymbol{y}\neq \boldsymbol{x}} \phi_k(x_d, y_d) \\ &= \frac{1}{|c_k|(|c_k|-1)} \sum_{\boldsymbol{x}\in c_k} [(\#_{k,d}(x_d)-1)(1-w_{kd}^{-\beta}) + (|c_k| - \#_{k,d}(x_d)) \times 1] \\ &= 1 - \frac{|c_k|}{|c_k|-1} w_{kd}^{-\beta} \left(\sum_{o\in O_d} [f_{k,d}(o)]^2 - \frac{1}{|c_k|} \right) \end{aligned} \tag{5.50}$$

式中，$\#_{k,d}(x_d)$表示 c_k 中第 d 维特征取值同 x_d 的样本数；$f_{k,d}(o)$为符号 o 的频度。式（5.50）中第 1 行到第 2 行的计算依据如下：$\forall \boldsymbol{x}\in c_k$, c_k 中特征 A_d 取值与 x_d 相同的其他样本数目为$\#_{k,d}(x_d)-1$，根据式（5.48），x_d 与其中每个样本的距离为 $1-w_{kd}^{-\beta}$；c_k 中余下的$|c_k|-\#_{k,d}(x_d)$个样本的取值均不同于 x_d，根据式（5.48），x_d 与这些样本的距离总和为（$|c_k|-\#_{k,d}(x_d)$）×1，二者相加得到式（5.50）的第 2 行。忽略 Scat（k, d）中的常数，并对 $k=1,2,\cdots,K$ 和 $d=1,2,\cdots,D$ 累加，可推导出新的聚类模型：给定 DB，所要搜索的目标簇类 $c_1, c_2, \cdots, c_K$ 是受式（5.49）约束的优化问题

$$\min J_{\mathrm{NMCC}}(C, W) = \sum_{k=1}^{K} \frac{|c_k|}{|c_k|-1} \sum_{d=1}^{D} w_{kd}^{-\beta} \left(\frac{1}{|c_k|} - \sum_{o\in O_d} [f_{k,d}(o)]^2 \right) \tag{5.51}$$

的解，其中 $W=\{w_{kd}\mid k=1,2,\cdots,K;d=1,2,\cdots,D\}$。

模型中的 w_{kd} 可以视为衡量第 d 维类属属性与簇 c_k 相关性的特征权重。下面通过推导任一对象 $\boldsymbol{x}$ 与簇 c_k 之间的距离计算公式来分析这个结论：根据式(5.48)、式(5.50)，$\boldsymbol{x}$ 与 c_k 所有样本间的平均距离为

$$\begin{aligned}\mathrm{Dist}(\boldsymbol{x},c_k)&=\frac{1}{|c_k|}\sum_{d=1}^{D}\sum_{\boldsymbol{y}\in c_k}\phi_k(x_d,y_d)\\&=\sum_{d=1}^{D}[(1-w_{kd}^{-\beta})f_{k,d}(x_d)+(1-f_{k,d}(x_d))\times 1]\\&=D-\sum_{d=1}^{D}w_{kd}^{-\beta}f_{k,d}(x_d)\end{aligned}\tag{5.52}$$

从式（5.52）可知，给定β，w_{kd} 的大小反映了特征 d 对距离度量的贡献程度。w_{kd} 的数值较大时，测试对象 $\boldsymbol{x}$ 的特征 d 取值的差异将被放大，这意味着该特征与 c_k 具有较强的相关性。根据这个观察，以下称 w_{kd} 为特征 d 相对于簇 c_k 的特征权重，并记 $\boldsymbol{w}_k=(w_{k1},\cdots,w_{kj},\cdots,w_{kD})^{\mathrm{T}}$ 为 c_k 的权重向量。下面对式（5.51）定义的优化目标进行进一步分析。用 $1-\frac{|c_k|-1}{|c_k|}$ 替换式（5.51）中的 $\frac{1}{|c_k|}$ 项，整理后，目标函数改写为

$$J_{\mathrm{NMCC}}(C,W)=\sum_{k=1}^{K}\frac{|c_k|}{|c_k|-1}\sum_{d=1}^{D}w_{kd}^{-\beta}\left(1-\sum_{o\in O_d}[f_{k,d}(o)]^2\right)-\sum_{k=1}^{K}\sum_{d=1}^{D}w_{kd}^{-\beta}\tag{5.53}$$

注意到式（5.53）第 1 项中的因子 $1-\sum_{o\in O_d}[f_{k,d}(o)]^2$ 正是基尼指标，参见 4.2.1 节和式（4.5）。根据文献[68]的分析，基尼指标可用于表示类属型数据分布的“方差”，因此，最小化 J_{NMCC} 意味着最小化类内样本分布的加权“方差”，这与数值型数据聚类的目标是一致的（如自动特征加权的类 K-Means 型算法[3,6]）。另外，在新模型中，最小化 J_{NMCC} 还意味着最大化第 2 项 $\sum_{k=1}^{K}\sum_{d=1}^{D}w_{kj}^{-\beta}$。结合式（5.49）定义的权重归一化条件可知，当$\beta>1$ 时，有

$$D^{1-\beta}\leqslant\sum_{d=1}^{D}w_{kd}^{-\beta}\leqslant 1$$

而且 $\sum_{d=1}^{D}w_{kd}^{-\beta}$ 取得最小值当且仅当 $w_{k1}=w_{k2}=\cdots=w_{kD}=D$。

因此，当$\beta>1$ 时，式（5.51）定义的聚类模型体现了类属型数据软子空间聚类的目标：通过自动特征选择为每个簇选取一个最优投影子空间，使得投影子空间中簇内样本的分布具有最高的紧凑性。前者要求（对一个簇类而言）不同特征的权重值差异较大，数值上对应于式（5.53）的第 2 项取得较大的值；后者希望最小化簇内对象分布的加权方差，这要求式（5.53）的第 1 项取得较小的值。最佳聚类质量对应于令两项取值之差最小的一种数据集划分。

5.5.2 软特征选择方法及分析

待求解的聚类模型公式（5.51）是一个带约束的非线性优化问题，应用拉格朗日乘子法，优化目标函数转换为

$$J_{\text{NMCC-1}}(C,W)=\sum_{k=1}^{K}\frac{|c_k|}{|c_k|-1}\sum_{d=1}^{D}w_{kd}^{-\beta}\left(\frac{1}{|c_k|}-\sum_{o\in O_d}[f_{k,d}(o)]^2\right)+\sum_{k=1}^{K}\lambda_k\left(\sum_{d=1}^{D}\frac{1}{w_{kd}}-1\right) \tag{5.54}$$

式中，$\lambda_k(k=1,2,\cdots,K)$ 是对应于约束条件（5.49）的拉格朗日乘子。采用 EM 型迭代式算法过程求解式（5.54）的局部最优解，迭代过程分为两个步骤：首先，设定 $C=\hat{C}$ 以求解最小化 $J(\hat{C},W)$ 的 W，记为 $\hat{W}$；其次，在第 2 个迭代步骤中，设定 $W=\hat{W}$ 通过最小化 $J(C,\hat{W})$ 求解最优的 C，即 $\hat{C}$。与基于中心的聚类不同，后者需要根据样本与不同簇之间的差异将个样本划分到距离最近的簇，形式地，算法根据如下规则将样本 $\boldsymbol{x}$ 划分到簇 c_k 中，即

$$k=\text{argmin}_{l=1,2,\cdots,K}\text{Dist}(\boldsymbol{x},c_l) \tag{5.55}$$

从而生成新的聚类划分 $\hat{C}$。第 1 个问题的求解根据定理 5.5 进行。

定理 5.5　设 $C=\hat{C}$，目标函数值 $J(\hat{C},W)$ 最小化当且仅当（对于 $k=1, 2, \cdots, K$ 和 $j=1, 2, \cdots, D$）

$$\hat{w}_{kd}=\left[\sum_{o\in O_d}[f_{k,d}(o)]^2-\frac{1}{|\hat{c}_k|}\right]^{\frac{1}{\beta-1}}\sum_{l=1}^{D}\left[\sum_{o\in O_l}[f_{k,l}(o)]^2-\frac{1}{|\hat{c}_k|}\right]^{-\frac{1}{\beta-1}} \tag{5.56}$$

证明：设定 $C=\hat{C}$ 时，根据式（5.54），可以定义 K 个独立的（分别对应于 $k=1, 2, \cdots, K$）子优化目标函数：

$$J_{\text{NMCC-}k}(\boldsymbol{w}_k,\lambda_k)=\frac{|c_k|}{|c_k|-1}\sum_{d=1}^{D}w_{kd}^{-\beta}\left(\frac{1}{|c_k|}-\sum_{o\in O_d}[f_{k,d}(o)]^2\right)+\lambda_k\left(\sum_{d=1}^{D}\frac{1}{w_{kd}}-1\right)$$

设 $(\hat{\boldsymbol{w}}_k,\hat{\lambda}_k)$ 最小化 $J_k(\hat{\boldsymbol{w}}_k,\hat{\lambda}_k)$，有

$$\frac{\partial J_k(\hat{\boldsymbol{w}}_k,\hat{\lambda}_k)}{\partial\hat{w}_{kd}}=\beta\frac{|\hat{c}_k|}{|\hat{c}_k|-1}\hat{w}_{kd}^{-\beta-1}\left(\sum_{o\in O_d}[f_{k,d}(o)]^2-\frac{1}{|\hat{c}_k|}\right)-\hat{\lambda}_k\frac{1}{\hat{w}_{kj}^2}=0$$

$$\frac{\partial J_k(\hat{\boldsymbol{w}}_k,\hat{\lambda}_k)}{\partial\hat{\lambda}_k}=\sum_{d=1}^{D}\frac{1}{\hat{w}_{kd}}-1=0$$

合并以上两个公式，定理得证。

算法 5.6 给出了根据以上描述的 EM 型优化过程，以寻求无中心聚类模型（5.51）的局部优解。

算法 5.6　类属型数据无中心聚类（NMCC）算法的伪代码

输入: 类属型数据集 DB={$\boldsymbol{x}_1, \boldsymbol{x}_2, \cdots, \boldsymbol{x}_N$}及聚类数 K
过程:
1: 令 t 表示算法迭代次数，t=0;
2: 生成数据集初始划分，记为 $C^{(0)}$。
3: **repeat**
4: 设定 $\hat{C}=C^{(t)}$，使用式（5.56）更新特征权重，得到 $W^{(t+1)}$；
5: 设定 $\hat{W}=W^{(t+1)}$，根据式（5.55）将每个数据对象划分到簇，生成新的聚类集合 $C^{(t+1)}$；
6: 　$t=t+1$;
7: **until** $C^{(t)}=C^{(t+1)}$
输出: $C^{(t)}$及 $W^{(t)}$

算法 5.6 的初始状态是步骤 2 生成的数据集初始划分，采用了 K-Modes 算法划分数据集的思想。首先，随机选择 K 个样本为种子；然后，以 SMC 为相似性度量，将每个样本划分到最相似的种子，得到一个数据集的划分，将这个划分结果作为算法 5.6 的初始数据集划分。这个过程相当于 K-Modes 算法的一次迭代。算法的时间复杂度为 $O(KNDT)$，其中，T 表示迭代步数。定理 5.6 表明，T 是有限的，算法可以在有限的迭代步骤后收敛。

定理 5.6　给定 DB 和 K，NMCC 算法的迭代步数是有限的。

证明：令 $t>0$ 表示算法的一次迭代，$J(C^{(t)}, W^{(t)})$是该次迭代结束后的目标函数值。首先，证明算法 5.6 迭代过程中目标函数值递减。算法迭代中步骤 4 根据定理 5.5 更新参数 $W^{(t)}$为 $W^{(t+1)}$，因而 $J_{\text{NMCC}}(C^{(t)}, W^{(t)})\geqslant J_{\text{NMCC}}(C^{(t)}, W^{(t+1)})$；步骤 5 使用式（5.55）按照对象与簇之间距离最近的原则更新 $C^{(t)}$为 $C^{(t+1)}$，有 $J_{\text{NMCC}}(C^{(t)}, W^{(t+1)})\geqslant J_{\text{NMCC}}(C^{(t+1)}, W^{(t+1)})$，因此，$J_{\text{NMCC}}(C^{(t)}, W^{(t)})\geqslant J_{\text{NMCC}}(C^{(t+1)}, W^{(t+1)})$；另外，算法终止条件是 $C^{(t)}=C^{(t+1)}$，根据式(5.56)，若 $C^{(t)}=C^{(t+1)}$，则 $W^{(t)}=W^{(t+1)}$，这说明当 $J_{\text{NMCC}}(C^{(t)}, W^{(t)})=J_{\text{NMCC}}(C^{(t+1)}, W^{(t+1)})$时算法将终止。综上所述，在算法迭代终止前，$J_{\text{NMCC}}(C^{(t)}, W^{(t)})>J_{\text{NMCC}}(C^{(t+1)}, W^{(t+1)})$。

其次，证明目标函数 $J(C, W)$有下界。令 $\hat{C}=C^{(t+1)}$ 及 $\hat{W}=W^{(t+1)}$，根据以上结论并代入式（5.56），有

$$J_{\text{NMCC}}(C^{(t)},W^{(t)})\geqslant\sum_{k=1}^{K}\frac{|\hat{c}_k|}{|\hat{c}_k|-1}\sum_{d=1}^{D}\hat{w}_{kd}^{-\beta}\left(\frac{1}{|\hat{c}_k|}-\sum_{o\in O_d}[f_{k,d}(o)]^2\right)$$

$$=-\sum_{k=1}^{K}\frac{|\hat{c}_k|}{|\hat{c}_k|-1}\left[\sum_{d=1}^{D}\left(\sum_{o\in O_d}[f_{k,d}(o)]^2-\frac{1}{|\hat{c}_k|}\right)^{-\frac{1}{\beta-1}}\right]^{1-\beta}$$

易知 $\frac{1}{|O_d|}\leqslant\sum_{o\in O_d}[f_{k,d}(o)]^2\leqslant 1$ 和 $1<|O_d|\leqslant|\hat{c}_k|$，故

$$0 \leqslant \sum\nolimits_{o \in O_d} [f_{k,d}(o)]^2 - \frac{1}{|\hat{c}_k|} < 1$$

又因为$\beta > 1$，有

$$\sum_{d=1}^{D} \left(\sum_{o \in O_d} [f_{k,d}(o)]^2 - \frac{1}{|\hat{c}_k|} \right)^{-\frac{1}{\beta-1}} > 1$$

不等式可进一步转换为

$$J_{\text{NMCC}}(C^{(t)}, W^{(t)}) > -\sum_{k=1}^{K} \frac{|\hat{c}_k|}{|\hat{c}_k|-1} = -K - \sum_{k=1}^{K} \frac{1}{|\hat{c}_k|-1} \geqslant -2K$$

由于 t 表示任意一次算法的迭代，上式表明，$J(C, W)$存在一个下界$-2K$。结合前一部分的结论，即算法迭代过程目标函数值递减，因此，算法 5.6 的迭代步数是有限的。证毕。

在以上不依赖簇中心的聚类过程中，每个特征被赋予一个衡量其重要性的特征权重 w_{kd}，进行了自动特征选择。根据定理 5.6，簇 c_k 特征 A_d 的权重计算公式为

$$\begin{aligned} w_{kd}^{(\text{NMCC})} &\propto \left(\sum\nolimits_{o \in O_d} [f_{k,d}(o)]^2 - \frac{1}{|c_k|} \right)^{\frac{1}{\beta-1}} \\ &= \left(\frac{|c_k|-1}{|c_k|} - \left(1 - \sum\nolimits_{o \in O_d} [f_{k,d}(o)]^2 \right) \right)^{\frac{1}{\beta-1}} \end{aligned}$$

需要说明的是，上式的$1-\sum\nolimits_{o \in O_d} [f_{k,d}(o)]^2$ 是表示类属型数据分布离散程度的基尼指标，由此可知，特征权重与数据分布的离散程度成反比。这与 K-Means 式软子空间聚类方法的有关结论是一致的，即数据集中某个特征的取值越集中，其重要性就越高。注意到这种特征加权方式与基于符号中心的聚类方法（见 5.3.3 节）不同，在这些方法中，特征权重与模的频度联系在一起，例如，AWA 算法[35]计算的特征权重与模符号的频度成正比，如式（5.22）所示；MWKM 算法[43]每个特征两种权重，权值与模符号的频度成正比或反比，如式（5.23）所示。

下面通过一个实例来比较不同的自动特征选择方法。表 5.5 给出了三种方法对 1.5.2 节的表 1.3 所列的 3 个属性计算权重的结果，在这个例子中，取β=2，并设 MWKM 的两个常数 $\varepsilon_1=\varepsilon_2=1$。在表 5.5 中，使用 AWA 和 MWKM 的加权方法时，A_1 和 A_3 的权重相同，这是因为这两个特征上的模的频度相同：$f_1(m_{11})=f_1(m_{13})=0.4$。NMCC 的加权方法成功地区分出 A_1 和 A_3 的差异，如表 1.3 所示，A_3 上符号的分布比 A_1 更为分散，因而 NMCC 赋予 A_1 更大的权重。根据 NMCC 的特征加权结果，3 个特征的重要性排序为 $A_2 > A_1 > A_3$，这与表 1.3 数据的实际情况相吻合。

表 5.5 三种方法对表 1.3 数据的特征加权结果

特征加权方法	A_1	A_2	A_3
AWA（式（5.22））	0.20	0.60	0.20
MWKM（式（5.23）w_{kd}）	0.25	0.50	0.25
MWKM（式（5.23）$\tilde{w}_{kd}$）	0.38	0.24	0.38
NMCC（式（5.56））	3.33	10	1.67

参 考 文 献

[1] Yu L, Liu H. Feature selection for high-dimensional data: a fast correlation-based filter solution//The 20th International Conferences on Machine Learning, Washington, 2003.

[2] Xing E P, Jordan M I, Karp R M. Feature selection for high-dimensional genomic microarray data//The 18th International Conference on Machine Learning, Williamstown, 2001.

[3] Anil J, Douglas Z. Feature selection: evaluation, application, and small sample performance. IEEE Transactions on Pattern Analysis and Machine Intelligence, 1997, 19(2): 153-158.

[4] Aggarwal C C, Wolf J L, Yu P S, et al. Fast algorithm for projected clustering//The 1999 ACM SIGMOD International Conference on Management of Data, Philadelphia, 1999.

[5] Parsons L, Haque E, Liu H. Subspace clustering for high dimensional data: a review. ACM SIGKDD Explorations Newsletter, 2004, 6(1): 90-105.

[6] Patrikainen M, Meila M. Comparing subspace clusterings. IEEE Transactions on Knowledge and Data Engineering, 2006, 18(7): 902-916.

[7] Moise G, Sander J, Ester M. Robust projected clustering. Knowledge Information System, 2007, 14(3): 273-298.

[8] Agrawal R, Gehrke J, Gunopulos D, et al. Automatic subspace clustering of high dimensional data for data mining applications//The 1998 ACM SIGMOD International Conference on Management of Data, Washington, 1998.

[9] Chang J W, Jin D S. A new cell-based clustering method for large, high-dimensional data in data mining applications//The 2002 ACM Symposium on Applied Computing, Madrid, 2002.

[10] Procopiuc C M, Jones M, Agarwal P K, et al. A Monte Carlo algorithm for fast projective clustering// The 2002 ACM SIGMOD International Conference on Management of Data, Madison, 2002.

[11] Goil S, Nagesh H, Choudhary A. Mafia: efficient and scalable subspace clustering for very large data sets//The 5th ACM SIGKDD International Conference on Knowledge Discovery and Data Mining, San Diego, 1999.

[12] Cheng C H, Fu A W, Zhang Y. Entropy-based subspace clustering for mining numerical data//The 5th ACM SIGKDD International Conference on Knowledge Discovery and Data Mining, San Diego, 1999.

[13] Parsons L, Haque E, Liu H. Evaluating subspace clustering algorithms//The 4th SIAM International Conference on Data Mining, Lake Buena Vista, 2004.

[14] Gan G, Wu J, Yang Z. A fuzzy subspace algorithm for clustering high dimensional data//The 2nd Advanced Data Mining and Applications, Xi'an, 2006.

[15] Jing L, Ng M K, Huang J Z. An entropy weighting k-means algorithm for subspace clustering of high-dimensinoal sparse data. IEEE Transactions on Knowledge and Data Engineering, 2007, 19(8): 1026-1041.

[16] Jing L, Ng M K, Xu J, et al. On the performance of feature weighting k-means for text subspace clustering. Lecture Notes in Computer Science, 2005, 3739(3): 502-512.

[17] 陈黎飞, 郭躬德, 姜青山. 自适应的软子空间聚类算法. 软件学报, 2010, 21(10): 2513-2523.

[18] 吴涛, 陈黎飞, 郭躬德. 优化子空间的高维聚类算法. 计算机应用, 2014, 34(8): 2279-2284.

[19] Friedman J H, Meulman J J. Clustering objects on subsets of attributes. Journal of the Royal Statistical Society, 2004, 66(4): 815-849.

[20] Aggarwal C C, Yu P. Finding generalized projected clusters in dimensional spaces//The 2000 ACM SIGMOD International Conference on Management of Data, Dallas, 2000.

[21] Agarwal P K, Mustafa N H. K-means projective clustering//The 23rd ACM SIGMOD-SIGACT-SIGART Symposium on Principles of Database Systems, Baltimore, 2004.

[22] Ng E K K, Fu A W, Wong R C. Projective clustering by histograms. IEEE Transaction on Knowledge and Data Engineering, 2005, 17(3): 369-382.

[23] Vidal R, Ma Y, Sastry S. Generalized principal component analysis(GPCA). IEEE Transactions on Pattern Analysis and Machine Intelligence, 2005, 27(12): 1945 - 1959.

[24] Agrawal R, Srikant R. Fast algorithms for mining association rules//The 20th International Conference on Very Large Data Bases, Santiago, 1994.

[25] Agrawal R, Gehrke J, Gunopulos D, et al. Automatic subspace clustering of high dimensional data. Data Mining and Knowledge Discovery, 2005, 11(1): 5-33.

[26] Liu B, Xia Y, Yu P S. Clustering through decision tree construction//The 9th International Conference on Information and Knowledge Management, McLean, 2000.

[27] Han J, Kamber M, Pei J. Data Mining: Concepts and Techniques. Singapore: Elsevier, 2011.

[28] 陈慧萍, 王煜, 王建东. 子空间聚类算法的研究新进展. 计算机仿真, 2007, 24(3): 6-10.

[29] Bouguessa M, Wang S, Sun H. An objective approach to cluster validation. Pattern Recognition Letters, 2006, 27(13): 1419-1430.

[30] Woo K G, Lee J H, Kim M H, et al. FINDIT: a fast and intelligent subspace clustering algorithm using dimension voting. Information and Software Technology, 2004, 46(4): 255-271.

[31] Yang J, Wang W, Wang H. δ-Clusters: capturing subspace correlation in a large data set//The 18th International Conference on Data Engineering, San Jose, 2002.

[32] 王骏, 王士同, 邓赵红. 聚类分析研究中的若干问题. 控制与决策, 2012, 27(3): 321-328.

[33] Deng Z, Choi K, Chung F, et al. Enhanced soft subspace clustering integrating within-cluster and between-cluster information. Pattern Recognition, 2010, 43(3): 767-781.

[34] Domeniconi C, Gunopulos D, Ma S, et al. Locally adaptive metrics for clustering high dimensional data. Data Mining and Knowledge Discovery, 2007, 14(1): 63-97.

[35] Chan E, Ching W, Ng M, et al. An optimization algorithm for clustering using weighted dissimilarity measures. Pattern Recognition, 2004, 37(5): 943-952.

[36] Chen X, Ye Y, Xu X, et al. A feature group weighting method for subspace clustering of high-dimensional data. Pattern Recognition, 2012, 45(1): 434-446.

[37] Gan G, Ng M K P. Subspace clustering with automatic feature grouping. Pattern Recognition, 2015, 48(11): 3703-3713.

[38] Huang Z, Ng M K. A note on k-modes clustering. Journal of Classification, 2003, 20(2): 257-261.

[39] 陈卫东, 蔡荫林, 于诗源. 工程优化方法. 哈尔滨: 哈尔滨工程大学出版社, 2006.

[40] Press W H, Teukolsky S A, Vetterling W T, et al. Numerical Recipes in C++: the Art of Scientific Computing. Cambridge: Cambridge University Press, 2002.

[41] Domeniconi C, Papadopoulos D, Gunopulos D, et al. Subspace clustering of high dimensional data//The 4th SIAM International Conference on Data Mining, Florida, 2010.

[42] Ahmad A, Dey L. A k-means type clustering algorithm for subspace clustering of mixed numeric and categorical datasets. Pattern Recognition Letters, 2011, 32(7): 1062-1069.

[43] Bai L, Liang J, Dang C, et al. A novel attribute weighting algorithm for clustering high-dimensional categorical data. Pattern Recognition, 2011, 44(12): 2843-2861.

[44] Chen L, Wang S. Central clustering of categorical data with automated feature weighting//The 23rd International Joint Conference on Artificial Intelligence, Beijing, 2013.

[45] Cao F, Liang J, Li D, et al. A weighting k-modes algorithm for subspace clustering of categorical data. Neurocomputing, 2013, 108(5): 23-30.

[46] Chen L, Jiang Q, Wang S. Model-based method for projective clustering. IEEE Transactions on Knowledge and Data Engineering, 2012, 24(7): 1291-1305.

[47] Verleysen M. Learning high-dimensional data. Limitations and Future Trends in Neural Computation, 2003, 25(2): 141-162.

[48] Dasgupta S. Learning mixtures of Gaussians//The 40th Annual Symposium on Foundations of Computer Science, New York, 1999.

[49] Dasgupta S. Experiments with random projection//The 16th Conference on Uncertainty in Artificial Intelligence, San Francisco, 2000.

[50] Chen L, Jiang Q, Wang S. A new unsupervised term weighting scheme for document clustering. Journal of Computational Information Systems, 2007, 3(2): 1455-1464.

[51] 张敏, 于剑. 基于划分的模糊聚类算法. 软件学报, 2004, 15(6): 858-868.

[52] Hand D J, Mannila H, Smyth P. Principles of Data Mining. Massachusetts: Massachusetts Institute of

Technology Press, 2001.

[53] Xu L, Jordan M I. On convergence properties of the EM algorithm for Gaussian mixtures. Neural Computation, 1996, 8(1): 129-151.

[54] Chen L F. A probabilistic framework for optimizing projected clusters with categorical attributes. Sciece China Information Sciences, 2015, 58(7): 1-15.

[55] Ouyang D, Qi L, Jeffrey R. Cross-validation and the estimation of probability distributions with categorical data. Journal of Nonparametric Statistics, 2006, 18(1): 69-100.

[56] Li Q, Racine J S. Nonparametric Econometrics: Theory and Practice. Princeton: Princeton University Press, 2007.

[57] Chen L, Guo G, Wang S, et al. Kernel learning method for distance-based classification of categorical data//The 14th UK Workshop on Computational Intelligence, Bradford, 2014.

[58] Hofmann T, Schölkopf B, Smola A J. Kernel methods in machine learning. Annals of Statistics, 2008, 36(3): 1171-1220.

[59] 孙吉贵, 刘杰, 赵连宇. 聚类算法研究. 软件学报, 2008, 19(1): 48-61.

[60] 梁吉业, 白亮, 曹付元. 基于新的距离度量的 K-Modes 聚类算法. 计算机研究与发展, 2010, 47(10): 1749-1755.

[61] Mar O, Huynh V N, Nakamori Y. An alternative extension of the k-means algorithm for clustering categorical data. International Journal of Applied Mathematics and Computer Science, 2004, 14(2): 241-247.

[62] Kim D W, Lee K Y, Lee D, et al. A k-populations algorithm for clustering categorical data. Pattern Recognition, 2005, 38(7): 1131-1134.

[63] Guha S, Rastogi R, Shim K. Rock: a robust clustering algorithm for categorical attributes. Information Systems, 2001, 25(5): 345-366.

[64] Xiong T, Wang S, Mayers A, et al. DHCC: divisive hierarchical clustering of categorical data. Data Mining and Knowledge Discovery, 2012, 24(1): 103-135.

[65] Li T, Ma S, Ogihara M. Entropy-based criterion in categorical clustering//The 21st International Conference on Machine Learning, Alberta, 2004.

[66] 陈黎飞, 郭躬德. 属性加权的类属型数据非模聚类. 软件学报, 2013, (11): 2628-2641.

[67] Boriah S, Chandola V, Kumar V. Similarity measures for categorical data: a comparative evaluation. Red, 2008: 243-254.

[68] Light R J, Margolin B H. An analysis of variance for categorical data. Journal of the American Statistical Association, 1971, 66(335): 534-544.

第 6 章　子空间分类及其应用

分类是一种预测性数据挖掘任务，采用监督机器学习算法显式或隐式地从带有类别标号的训练数据中建立分类模型，运用于新数据的类别预测。作为数据挖掘的一个重要分支，分类方法已得到广泛研究和应用。本章探讨嵌入在分类模型中的特征选择技术，其目的是为每个训练类别选择最优的特征子集，以提高分类效率和分类性能。

这种自动特征选择过程是在建立分类模型之际进行的，从空间变换的角度看，它将训练样本投影到合适的子空间中，继而在投影子空间中建立每个类的分类模型，因此该型分类方法也称为子空间分类。本章讨论子空间分类的基本原理，在此基础上介绍子空间分类技术在文档分类、基因数据分类和网络入侵检测中的应用。

6.1　分类挖掘概述

经过多年的研究和发展，分类挖掘已经被广泛应用于日常生活的方方面面，在安全监控、金融保险、生物信息学等众多领域都可以看到它的身影。本节介绍分类挖掘的一般概念和常用的分类方法；因此，有基础的读者可以忽略本节。

6.1.1　分类及分类挖掘过程

首先让我们通过几个典型的应用了解分类挖掘任务。

1）垃圾邮件处理

随着互联网的普及应用，电子邮件已经逐渐成为了人们常用的通信手段之一，但大量的垃圾邮件也随之充斥人们的邮箱，带来了糟糕的用户体验。如何对接收到的邮件进行自动分类，过滤其中的垃圾邮件成为邮件服务商和邮件管理系统需要解决的重要问题。一种可行的解决方案是规则匹配或关键词匹配，通过预先定义一些规则或代表垃圾邮件的关键词，对邮件标题、内容以及邮件发件人、收件人等信息进行扫描，检查是否符合规则或包含特定的关键词，来判断邮件是否属于垃圾邮件。问题在于定义哪些规则或哪些关键词，为此，可以采用分类挖掘方法，从收集的邮件样本（称为语料库；经人工区分正常邮件或垃圾邮件两种类别）中自动建立分类规则或提取代表垃圾邮件的关键词。

2）银行贷款申请

众所周知，金融行业的竞争相当激烈。如何准确分析贷款申请人的信用风险，尽可能地批准最合适用户的贷款申请是每家商业银行关注的一项工作。为解决这个问题，需要建立客户风险模型对客户贷款风险进行分类，例如，把申请者分类为高风险、普通和低风险等类型。根据分类结果，拒绝那些高风险客户的贷款申请，将足够的资金贷款给低风险客户。为此，银行可以收集大量现有客户的个人资料以及贷款用途等信息，由行业专家标注每个客户的风险等级，再使用分类挖掘方法从这些“历史”资料中构造客户风险分类模型，最后运用构造好的分类模型预测新申请客户的风险等级。

3）医疗服务

当前，在先进仪器和技术的帮助下，医疗水平得到了显著提升，然而疾病诊断主要还是依靠医生的主观经验，这难免会出现错误和疏漏。未来的发展趋势是利用计算机技术对疾病进行自动识别以辅助医生进行诊断以及治疗。可行的方法是利用分类挖掘技术，首先对某种疾病的症状进行研究以抽取相应的特征，在此基础上建立分类模型并进一步建立医疗方案。

分类挖掘的基本过程如图 6.1 所示，可以分为 5 个阶段。如同数据挖掘的其他任务一样，在前 3 个阶段中为分类任务准备高质量的数据；后 2 个阶段体现了分类挖掘的特点，它由建立分类模型和应用分类模型进行分类预测两个阶段组成。

图 6.1　分类挖掘的不同阶段

（1）数据获取

数据获取就是对数据挖掘对象进行测量和量化，并将它们表达成矩阵或向量等易于处理的形式。对于分类挖掘任务，通过数据获取得到的数据中，每个数据对象通常用 $D+1$ 个属性描述，前 D 个属性描述对象的特征，构成一个列向量 $\boldsymbol{x}=(x_1, x_2, \cdots, x_D)^{\mathrm{T}}$，最后一个属性描述对象的类别信息，称为类别属性或类别标号 z，由此组成了一个二元组$(\boldsymbol{x}, z)$。在获得的数据中，一部分对象的类别属性是已知的，通称为训练数据(training data)；另一部分的类别属性未知，需要由分类挖掘算法预测其类别标号。

（2）数据预处理

在实施分类之前，为了提高所建立分类模型的有效性，通常要对数据进行预处理操作。常用的预处理过程包括数据清洗、数据变换等。数据清洗的目的是纠正由测量设备故障、人工录入错误等因素导致的数据不完整或数据错误，包括填充样本的缺失属性值、减少或者消除噪声数据以及清除重复数据等操作。对于缺失值问题，常用的处理方法如下[1]。

方法 1（常量替代法）：对所有不完整数据中缺失属性的取值采用同一个常量来填充。若是类属型属性，则这个常量可以看作一个新的类属符号。本节对类属型属性的缺失值处理均采用这种方法。

方法 2（平均值替代法）：采用数据集上同一属性的平均值代替不完整样本缺失属性的值。对于类属型属性，用模符号，即出现频度最高的类属符号来代替，这个方法也称为“最常见值替代法”。

方法 3（估算值替代法）：采用回归分析等一些机器学习方法预测缺失属性的可能值。在这种方法中，缺失值填补问题本身被作为一个数据挖掘任务看待。

噪声有两种含义。一种指“错误信息”，通常由测量错误或测量误差引起，例如，一个样本的年龄属性的值是–10，这显然不符合常理。对这种数据的处理除了人工检查校正外，还可以使用一些数据挖掘方法加以识别和排除，包括聚类分析和离群点挖掘等。另一种指对数据挖掘任务“没有贡献”的数据，如“噪声特征”，这些特征不但对分类任务没有贡献，有时还会产生副作用。识别这些噪声特征是“特征约简”的一项重要任务。

数据变换的目的是将数据转换或者统一为适合数据挖掘的形式，常用的变换方式包括向量长度单位化、规范化、标准化和离散化等。关于这些方法的相关信息，可以参考 1.5.1 节的内容。

（3）特征提取或选择

由于在实际应用中数据的特征数目往往较多，若直接对这些原始数据进行分类，则会导致分类性能的降低。特征提取或选择的作用就是提取对预测每个类别最有贡献的属性（集），进而利用这些特征代替原始数据中的所有特征进行分类。关于特征提取或选择的相关内容，本书已在第 3 章和第 4 章做了具体介绍，在此不再赘述。需要说明的是，这里的特征提取或选择是作为分类方法的一个预处理步骤出现的，可以理解为过滤型特征约简方法的一种实现。

（4）建立分类模型

建立分类模型旨在从训练样本中利用机器学习方法构建一个分类模型，以描述预先定义的数据类别。该分类模型的形式可以是分类规则、决策树或数学函数等，下面将对这些模型进行详细介绍。分类模型建立的流程如图 6.2 所示。

图 6.2　分类模型建立原理图

以分类规则为例简单说明分类模型建立阶段的任务。例如，若要预测是否举办某次活动（Yes 代表举办活动，No 代表不举办），则可以从表 6.1 介绍的天气（Weather）数据中学习形如

If Outlook(天气状况) = overcast(阴天) then Play(是否举办活动)=Yes　（6.1）

这样的规则。利用这些规则可以对未知数据样本进行分类，也可以对训练数据集提供

更好的理解。需要说明的是，“建立分类模型”阶段是可选的，例如，使用基于实例的“懒”分类器进行分类时，就不需要建立显式的分类模型。

表 6.1　Weather 数据

Outlook	Temperature	Humidity	Windy	Play（类别属性）
sunny	hot	high	false	No
sunny	hot	high	true	No
overcast	hot	high	false	Yes
rain	mild	high	false	Yes
rain	cool	normal	false	Yes
rain	cool	normal	true	No
overcast	cool	normal	true	Yes
sunny	mild	high	false	No
sunny	cool	normal	false	Yes
rain	mild	normal	false	Yes
sunny	mild	normal	true	Yes
overcast	mild	high	true	Yes
overcast	hot	normal	false	Yes
rain	mild	high	true	No

（5）分类预测

分类预测阶段使用分类模型为未知类别的样本预测其类别标号，基本原理如图 6.3 所示。这里的“分类模型”并不一定需要在建立分类模型阶段显式构造，它可能隐含在分类器的预测算法（也称为“测试算法”）中。

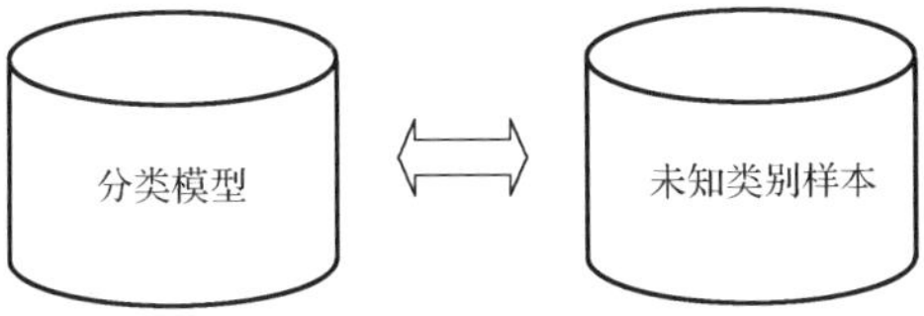

图 6.3　分类预测阶段原理图

还以天气数据分类问题为例。一旦建立了如式（6.1）的分类规则，就可以判断某次活动举办属于哪一种类别。例如，输入待预测类别的样本 $\boldsymbol{x}$=（Outlook（天气状况）=overcast, Temperature（温度）=hot, Humidity（湿度）=high, Windy（是否有风）=false）^{T}，根据式（6.1）的分类规则就将其分为 Yes 类（要举办活动）。

6.1.2　常用的分类方法

目前人们已提出了为数众多的分类方法。下面仅就本章涉及的若干种方法展开讨论，包括决策树（decision trees）[2]、支持向量机（SVM）[3]、贝叶斯分类（Bayesian classification）[4]、k 近邻（k-NN）[5]及 k 近邻模型（kNNModel）[6]和基于原型的分类器（Prototype-Based Classification，PBC）[7]。在这些方法中，仅 *k*-NN 是“懒”分类器。

1. 决策树分类

决策树是以训练数据为基础的归纳学习算法，它构造一种类似于流程图的树形结构，树上从根节点到叶节点的一条路径对应于一个 If-then 式的分类规则。决策树的内部节点是数据的特征或特征集合，每个分支表示对特征或特征集合的测试，叶节点代表样本所属类别。当预测待分类样本的类别时，从决策树的根节点开始对其相应的属性值进行测试，根据结果选择由该节点引出的分支直到决策树的叶节点。图 6.4 显示从表 6.1 介绍的 Weather 数据集上建立的一种决策树分类模型。

建立决策树的算法，即决策树的训练算法，是一种基于属性选择的递归算法。算法的核心是从样本数据中选择划分属性（spliting attribute），并根据该属性的不同取值产生节点的分支。例如，较早提出的 ID3 算法[8]选择信息增益最大的特征为划分属性；在 C4.5[9]中，选择信息增益比例最大的特征等。有关信息增益和信息增益比例可参见 4.2.3 节的第 1 部分。本节后续部分使用了 C4.5 在数据挖掘工具 Weka[10]（该工具可以从 http://www.cs.waikato.ac.nz/ml/weka 下载）中的实现 J48 为参照算法。

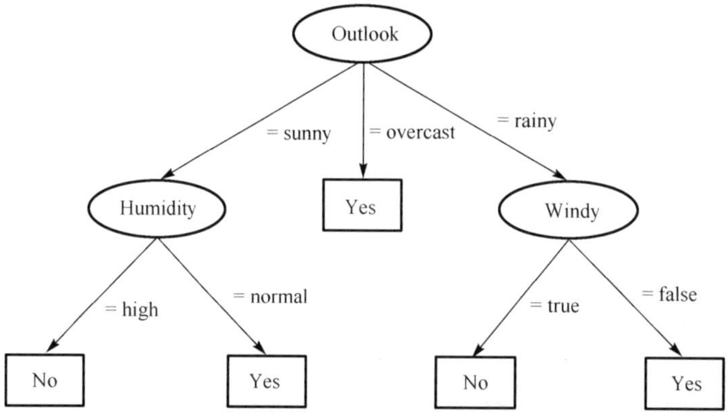

图 6.4　为 Weather 数据建立的一种决策树分类模型

决策树方法产生的分类模型可以直接生成出分类规则，易于理解和应用。但是，当数据的特征数较多时，生成的决策树将相当庞大，容易导致“过拟合”现象。需要说明的是，建立决策树时使用了特征选择技术，但是这里“特征选择”的目的并不是进行特征约简，而是利用所选择的特征对数据集进行划分，再在划分后的数据子集上递归地建立决策树。为处理特征数较多的数据，人们开发了随机森林（random forests）[11]等方法。

2. 支持向量机分类

支持向量机（SVM）是统计机器学习中的代表性方法[3,12,13]。SVM 首先通过一个

非线性映射 $\Phi(\cdot)$ 将在原始空间中（可能）线性不可分的样本映射到一个高维空间（称为特征空间）；然后，在特征空间中建立分类模型。SVM 作用于二分类问题，并约定两个类别的标号分别为 $z=-1$ 和 $z=1$，其分类模型是特征空间中的超平面 $\boldsymbol{w}^{\mathrm{T}}\Phi(\boldsymbol{x})+b=0$，其中 $\boldsymbol{w}$ 和 b 分别是超平面的权值向量和阈值。将该分类模型应用于分类预测时，根据 $\boldsymbol{w}^{\mathrm{T}}\Phi(\boldsymbol{x})+b<0$ 或 $\boldsymbol{w}^{\mathrm{T}}\Phi(\boldsymbol{x})+b>0$ 预测样本 $\boldsymbol{x}$ 的类别为−1 或 1。SVM 基于结构风险最小化原则，以最大化两个超平面 $\boldsymbol{w}^{\mathrm{T}}\Phi(\boldsymbol{x})+b=1$ 和 $\boldsymbol{w}^{\mathrm{T}}\Phi(\boldsymbol{x})+b=-1$ 的间隔为目标，从 N 个训练样本$(\boldsymbol{y}_i, z_i)(i=1,2,\cdots,N)$中学习分类模型，其优化目标为

$$\min \frac{1}{2}\boldsymbol{w}^{\mathrm{T}}\boldsymbol{w}$$
$$\text{s.t. } z_i(\boldsymbol{w}^{\mathrm{T}}\Phi(\boldsymbol{y}_i)+b)\geqslant 1,\quad i=1,2,\cdots,N$$

所谓“支持向量”就是那些处在超平面间隔区边缘的训练样本，这些样本对不同的类别具有良好的区分能力。SVM 使用了“核技巧”，利用核函数 $\kappa(\boldsymbol{x}_i,\boldsymbol{x}_j)=\Phi(\boldsymbol{x}_i)^{\mathrm{T}}\Phi(\boldsymbol{x}_j)$ 来简化非线性映射的计算。

SVM 分类器具有较好的泛化能力，并能够在一定程度上避免“维度灾难”对分类效果造成的不利影响，但在处理大规模数据集时，算法往往需要较长的训练时间。本节后续部分也使用了 SVM 为参照，采用的是 LibSVM[14]的实现。

3. 贝叶斯分类

贝叶斯分类[4]是一种基于统计学的方法，它提供了一种用于分类的概率架构。给定一个含 K 个训练类别 $c_1, c_2, \cdots, c_K$ 的样本集，贝叶斯分类器依据以下规则预测样本 $\boldsymbol{x}$ 的类别 z：

$$z=\underset{\forall k\in[1,K]}{\arg\max}\, p(k\mid\boldsymbol{x}) \tag{6.2}$$

式中，$p(k\mid\boldsymbol{x})$是样本 $\boldsymbol{x}$ 相对于类别 c_k 的后验概率。根据贝叶斯公式，该后验概率可以变换为

$$\begin{aligned}p(k\mid\boldsymbol{x})&=\frac{p(k)p(\boldsymbol{x}\mid k)}{p(\boldsymbol{x})}\\&\propto p(k)p(\boldsymbol{x}\mid k)\end{aligned} \tag{6.3}$$

式中，$p(\boldsymbol{x})$与 k 无关，因此可以被忽略；$p(k)$表示类 c_k 的概率，通常使用频度估计

$$p(k)=\frac{|c_k|}{N} \tag{6.4}$$

式(6.3)利用贝叶斯公式将后验概率 $p(k\mid\boldsymbol{x})$的估计问题转换为求解先验概率 $p(\boldsymbol{x}\mid k)$，因此，建立一个贝叶斯分类模型的主要工作便是估计 $p(\boldsymbol{x}\mid k)$。估计 $p(\boldsymbol{x}\mid k)$的理想方法是建立一个完整的贝叶斯网络（Bayesian network），但遗憾的是，人们已知从给定训练集建立完整的贝叶斯网络是一个 NP-hard 问题。在实际应用中，需要简化 $p(\boldsymbol{x}\mid k)$的

估计方法。一种最简单的方法是基于“朴素”假设[15]，即假定特征间是相互独立的，采用这个假设的贝叶斯分类器称为朴素贝叶斯（Naive Bayes，NB）。在 NB 中，先验概率 $p(\boldsymbol{x} \mid k)$用式（6.5）估计：

$$p_{\mathrm{NB}}(\boldsymbol{x} \mid k)=\prod_{j=1}^{D} p(x_j \mid k) \tag{6.5}$$

对于数值型特征，式（6.5）中的 $p(x_j \mid k)$需要使用概率密度函数 $p(X_j \mid k;\theta)$计算，其中参数θ通过最大似然法（MLE）从训练数据中学习得到。对于类属型特征（按约定，使用下标 d 而不是 j 表示类属型特征），通常使用频度估计器

$$f_{k,d}(x_d)=\frac{1}{|c_k|}\sum_{y\in c_k} I(x_d=y_d) \tag{6.6}$$

来估计，其中 $I(\cdot)$是指示函数，$I(\text{true})=1$ 和 $I(\text{false})=0$，见式（5.38）。

下面使用预测活动举办与否的天气数据来简要说明朴素贝叶斯分类方法的思想。数据集如表 6.1 所示，每个样本有 4 个类属型属性：Outlook、Temperature、Humidity、Windy 以及一个类别属性 Play，类标号是 Yes(c_1)或 No(c_2)。

给定待分类样本 $\boldsymbol{x}=(\text{Outlook}=\text{sunny},\text{Temperature}=\text{hot},\text{Humidity}=\text{normal},\text{Windy}=\text{false})^{\mathrm{T}}$，则

$$p(c_1)=\Pr[\text{Play}=\text{Yes}]=\frac{9}{14}=0.643,\quad p(c_2)=\Pr[\text{Play}=\text{No}]=\frac{5}{14}\approx 0.357$$

$$\Pr[\text{Outlook}=\text{sunny} \mid \text{Play}=\text{Yes}]=\frac{2}{9}\approx 0.222$$

$$\Pr[\text{Outlook}=\text{sunny} \mid \text{Play}=\text{No}]=\frac{3}{5}=0.600$$

$$\Pr[\text{Temperature}=\text{hot} \mid \text{Play}=\text{Yes}]=\frac{2}{9}\approx 0.222$$

$$\Pr[\text{Temperature}=\text{hot} \mid \text{Play}=\text{No})=\frac{2}{5}=0.400$$

$$\Pr[\text{Humidity}=\text{normal} \mid \text{Play}=\text{Yes}]=\frac{6}{9}\approx 0.667$$

$$\Pr[\text{Humidity}=\text{normal} \mid \text{Play}=\text{No}]=\frac{1}{5}=0.200$$

$$\Pr[\text{Windy}=\text{false} \mid \text{Play}=\text{Yes}]=\frac{6}{9}\approx 0.667$$

$$\Pr[\text{Windy}=\text{false} \mid \text{Play}=\text{No}]=\frac{2}{5}=0.400$$

由以上式子可以推出：

$$p(\boldsymbol{x}\mid c_1)=0.222\times 0.222\times 0.667\times 0.667\approx 0.022$$

$$p(\boldsymbol{x}\mid c_2)=0.600\times 0.400\times 0.200\times 0.400=0.019$$

且有

$$p(\boldsymbol{x}\mid c_1)p(c_1)=0.022\times 0.643\approx 0.014,\qquad p(\boldsymbol{x}\mid c_2)p(c_2)=0.019\times 0.357\approx 0.007$$

由于 $p(\boldsymbol{x}\mid c_1)p(c_1)\geqslant p(\boldsymbol{x}\mid c_2)p(c_2)$，所以判断 $\boldsymbol{x}$ 的类别为 c_1，即 Play=Yes。

朴素贝叶斯分类器简单、高效，能够运用于大规模数据的分类分析。但该算法的特征独立假设在多数实际数据中并不成立，这在一定程度上影响了算法的有效性。

4. *k* 近邻分类

最近邻分类（nearest neighbor classification）方法基于如下事实：同类对象是相似的。所谓“最近邻”就是与给定待分类样本 $\boldsymbol{x}$ 最相似的训练样本。样本间相似性度量依数据类型而异，对于数值型数据，通常采用余弦度量：

$$\cos(\boldsymbol{x},\boldsymbol{y})=\frac{\boldsymbol{x}^{\mathrm{T}}\cdot\boldsymbol{y}}{\|\boldsymbol{x}\|_2\times\|\boldsymbol{y}\|_2} \tag{6.7}$$

注意到若 $\|\boldsymbol{x}\|_2=\|\boldsymbol{y}\|_2=1$，则

$$\cos(\boldsymbol{x},\boldsymbol{y})=\boldsymbol{x}^{\mathrm{T}}\cdot\boldsymbol{y}=1-\frac{1}{2}\|\boldsymbol{x}-\boldsymbol{y}\|_2^2 \tag{6.8}$$

式（6.8）给出了余弦度量和欧几里得距离（简称欧氏距离，即$\|\cdot\|_2$）的对应关系，前者是相似性度量，而后者是相异性度量。

给定 $k>0$ 和相似性度量，k 近邻（k-NN）分类方法为 $\boldsymbol{x}$ 搜索 k 个最相似的训练样本组成近邻集合 NN$\boldsymbol{x}$，随后根据 NN$\boldsymbol{x}$ 中样本的类别标号分布情况预测 $\boldsymbol{x}$ 的类别 z，分类原理如图 6.5 所示。图上显示“+”和“−”两类训练样本，任务是预测样本 $\boldsymbol{x}$ 的类别。设 k=1，要为 $\boldsymbol{x}$ 查找 1 个最相似的样本，即如图显示的虚线圈内的样本。由于该近邻样本是属于类别“−”的，这样就预测 $\boldsymbol{x}$ 的类别为“−”。

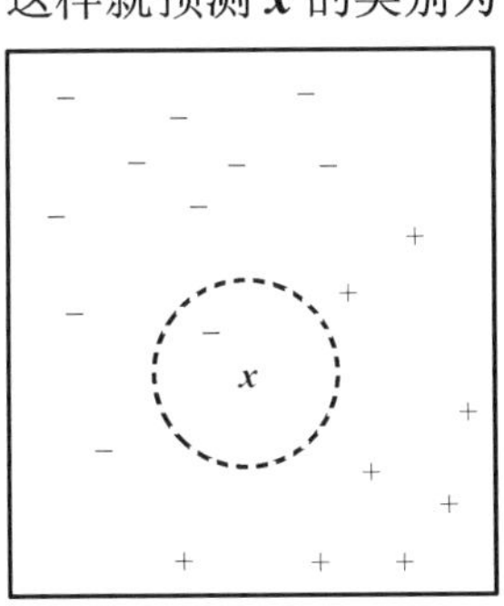

图 6.5　*k* 近邻分类方法原理图（*k*=1）

根据上面介绍，k-NN 分类器并没有显式地建立分类模型，是一种基于实例的分类方法，其测试阶段的算法如算法 6.1 所示。算法采用多数投票（major voting）思想，输出为 k 个最近邻的类别中占优势的类别。

算法 6.1　k 近邻分类方法测试算法伪代码

输入：待分类样本 $\boldsymbol{x}$，训练数据集 Tr，最近邻数目 k
过程:
1: 使用相似性度量或距离度量 $\text{dis}(\boldsymbol{x}, \boldsymbol{y})$ 计算 $\boldsymbol{x}$ 与每个训练样本 $(\boldsymbol{y}, z) \in \text{Tr}$ 间的相似性或距离；
2: 根据计算相似性或距离选择 k 个与 $\boldsymbol{x}$ 相似的训练样本组成的 $\text{NN}\boldsymbol{x}$，$\text{NN}\boldsymbol{x} \subseteq \text{Tr}$。
输出：$\boldsymbol{x}$ 的类别 $\arg\max_{\forall k} \sum_{(\boldsymbol{y},z)\in \text{NN}\boldsymbol{x}} I(k=z)$

k-NN 是一种非参数分类方法，具有简单、易实现等优点。但它是一种“懒”分类方法，在对未知样本进行分类时，需计算样本与各训练样本间的相似性，降低了分类效率且算法的空间复杂度也较高。此外，近邻算法还存在近邻数目 k 难以确定的缺点。

5. 基于原型的分类

基于原型的分类（PBC）方法也称为基于中心点的分类（centroid-based classification）[7,16]，因其简单、线性时间复杂度等优点，近年来得到广泛关注，尤其在文本分类领域。其算法原理如图 6.6 所示。在训练阶段，算法简单地从训练样本中计算出每个类的中心作为代表该类的“原型”（prototype）。对于数据型数据，类中心即是该类样本的平均向量；类 c_k 的中心 $\boldsymbol{v}_k$ 为

$$\boldsymbol{v}_k = \frac{1}{|c_k|}\sum_{\boldsymbol{y}\in c_k}\boldsymbol{y} \tag{6.9}$$

在测试阶段，对待分类样本 $\boldsymbol{x}$，基于式（6.7）定义的余弦函数等相似性度量计算 $\boldsymbol{x}$ 与 K 个中心向量之间的相似度，将 $\boldsymbol{x}$ 归类到与其最相似的中心（代表的训练类别），即按如下规则确定待分类样本的类别 z：

$$z = \arg\max_{\forall k} \cos(\boldsymbol{x}, \boldsymbol{v}_k)$$

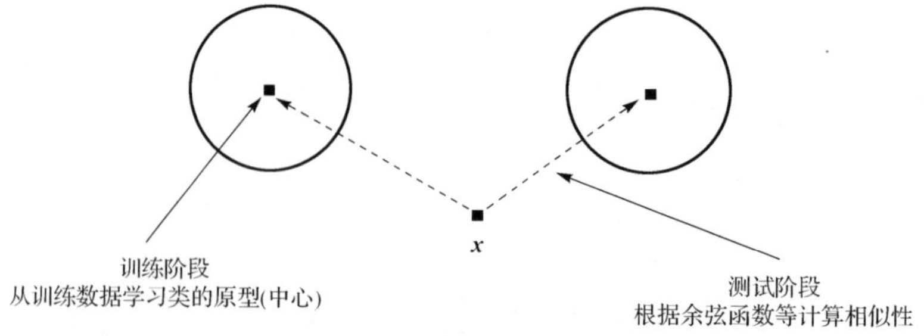

图 6.6　PBC 方法原理图

根据以上分析可知，基于原型的分类器不管训练过程还是分类测试过程都非常简单。尽管简单，但文献[7]以及其他大量的研究表明，在多种语料库上，其分类性能可以达到或超过其他类型的分类器。需要说明的是，PBC 的性能与数据质量有关，一般而言，PBC 要求数据是经单位向量规范化的，即

$$\forall \boldsymbol{x}:\|\boldsymbol{x}\|_2=1$$

在这个前提下，有

$$\begin{aligned}\cos(\boldsymbol{x},\boldsymbol{v}_k)&=\frac{\boldsymbol{x}^{\mathrm{T}}\cdot\boldsymbol{v}_k}{\|\boldsymbol{v}_k\|_2}=\frac{1}{\|\boldsymbol{v}_k\|_2}\boldsymbol{x}^{\mathrm{T}}\cdot\frac{1}{|c_k|}\sum_{\boldsymbol{y}\in c_k}\boldsymbol{y}\\&=\frac{1}{\sqrt{\boldsymbol{v}_k^{\mathrm{T}}\cdot\boldsymbol{v}_k}}\frac{1}{|c_k|}\sum_{\boldsymbol{y}\in c_k}\cos(\boldsymbol{x},\boldsymbol{y})\\&=\left(\sum\nolimits_{\boldsymbol{y}_i\in c_k}\boldsymbol{y}_i^{\mathrm{T}}\cdot\sum\nolimits_{\boldsymbol{y}_j\in c_k}\boldsymbol{y}_j\right)^{-\frac{1}{2}}\sum\nolimits_{\boldsymbol{y}\in c_k}\cos(\boldsymbol{x},\boldsymbol{y})\\&=\left(\sum\nolimits_{\boldsymbol{y}_i\in c_k}\sum\nolimits_{\boldsymbol{y}_j\in c_k}\cos(\boldsymbol{y}_i,\boldsymbol{y}_j)\right)^{-\frac{1}{2}}\sum\nolimits_{\boldsymbol{y}\in c_k}\cos(\boldsymbol{x},\boldsymbol{y})\end{aligned}$$

上式可以解释 PBC 能取得优良性能的原因[7]：尽管 PBC 只进行了一次计算（待测样本与某类中心间的相似性计算），但是根据最后一行公式，其效果却等价于与该类所有训练样本进行了相似性比较，从这个意义上说，PBC 也是一种近邻分类器；不同的是，根据上式最后一行，在计算待测样本与某类训练样本间的相似性时，PBC 自动赋予了每个类别一个权重（最后一行等式右边第一项）。

6. *k* 近邻模型分类

k 近邻模型（*k*NNModel）分类方法[6]是经典 *k*-NN 的一种改良，是针对 *k*-NN 近邻数目 *k* 难以确定以及没有显式建立分类模型导致分类效率低等缺点提出的。*k*NNModel 基于近邻原则建立分类模型，称为“模型簇”。每个模型簇是一个空间区域，用于表示落入这个空间区域的所有样本。图 6.7 给出一个 *k*NNModel 模型簇的例子，其中三角形和椭圆分别代表一类训练样本，每个圆圈表示一个 *k*NNModel 模型簇，它以位于中心的样本（标记为黑色的块）为模型簇的中心，代表了该区域内所有样本。注意到每个模型簇覆盖区域的样本具有相同的类别标号。这样，就可以用少量的模型簇代替大量的训练样本。

*k*NNModel 的训练算法基本过程如下：首先，以每个训练样本为中心向外扩展成一个区域，使这个区域覆盖最多同类样本的同时不覆盖任何异类样本；然后，选择覆盖最多样本的区域构造模型簇。算法进行多次迭代，直至所有的训练样本至少被一个模型簇覆盖。在测试阶段，对于待分类样本，*k*NNModel 根据其落入的模型簇（即检查待分类样本被哪些模型簇所覆盖）确定类别。若样本被多个模型簇覆盖，则赋予它

样本数最多的模型簇所对应的类别；若测试样本未被任何模型簇覆盖，则赋予它边界距离最近的模型簇的类别。

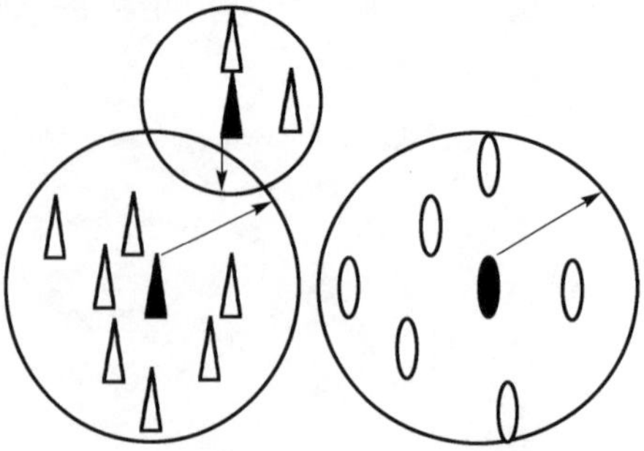

图 6.7　*k*NNModel 分类方法中的模型簇示意图

实际上，*k*NNModel 采用数据约简方法减少了样本量（由大量的原始样本变为小部分模型簇的中心样本），并自动确定了 *k*-NN 算法中的近邻数目 *k*（模型簇的半径根据样本分布自动确定）。但该方法的训练时间复杂度达到 $O(N^2)$（N 为训练样本数目）；另外，当类间存在重叠现象时，将产生大量很小的模型簇。

6.2　子空间分类技术

随着数据量的不断增加，分类技术也在向处理大规模数据的方向发展。这些数据的主要特点是维度高、类结构复杂，这些特点对传统的分类方法提出了挑战。例如，决策树方法容易受到不相关属性的干扰，且无法处理高维数据分类问题；朴素贝叶斯分类的特征独立假设在高维空间通常不成立；近邻算法所依赖的全空间距离度量易受到“维灾”的影响等（见 1.3.2 节）。针对这些问题，一种直接的方法是对高维数据进行特征约简，通过去除数据的冗余特征或冗余信息，得到高维数据的低维表达，使得传统分类方法可以在低维空间中进行。关于这方面的相关内容在第 2～4 章进行了系统论述，在此不再赘述。

过滤型特征约简通常是在分类前的数据预处理步骤完成的，它独立于分类过程，无法保证所得到的约简特征集对分类效果都有促进作用；而封装型特征约简处理大规模数据的分类任务时效率低下，无法满足高维数据分类应用的需求。相比之下，采用嵌入型特征约简的分类方法显得更为实用，在这样的分类器中，特征约简是与分类模型的构造同时进行的，换句话说，分类模型是在约简的子空间上建立的，因此称为子空间分类技术。这里的子空间可以是全局的，也可以是局部的、类依赖的，相较而言，采用嵌入局部特征约简的子空间分类更为常见，下面介绍几个代表性的应用。

1）文档分类

因特网的普及引发了 Web 文本信息的爆炸性增长，在此背景下，对文档组织与管理的需求大大增加。由于能够自动地将文档归类到某个预定义类别，文档分类成为文档管理的一种重要方法。在文档分类挖掘中，文档通常以向量空间模型（VSM）表示，在这种模型中，文档中出现的词或短语作为特征加以处理。由于构成文档的词条往往很多，文档数据的维度通常高。即使在经过预处理操作后，其特征空间仍然会达到上万维。目前，大多数文档分类方法是基于全局方式的特征约简技术进行的，并没有考虑到特征与不同文档类的相关性存在差异的特点。同时，该类方法忽略了文档数据在子空间上呈现的结构特性：每个文档类都有自己的主题，而不同的主题与不同的特征词相关联；也就是说，不同文档类的样本往往只在由不同特征集构成的子空间中形成密集区域。因此，将子空间分类技术应用到文档分类势在必行，6.4.3 节将详细介绍文档子空间分类方法。

2）基因数据分类

作为一种新的分子生物学实验技术，微阵列技术能够同时测量生物样本在成千上万个基因中的表达水平[17]。利用这一实验手段可以获得全基因组的基因表达数据，并以矩阵的形式来表示，矩阵的行代表一个样本，每个列对应一个基因，其数值表示该基因在样本上的表达水平。通过对基因表达数据的分析，可以辅助开展疾病的基因诊断、疾病预报以及厘清人类生物学的奥秘等，而这些问题的解决将给人类带来极大的益处。目前，针对基因表达数据中的挖掘问题，很大程度上都与分类分析相关。然而，基因表达数据通常是 $D>>N$ 的，即特征数远大于样本数；此外，一些基因可能与多个类具有相关性，也可能不与任何类产生相关，而一个类通常仅与少量基因有关。这些特性导致传统分类方法以及特征约简方法在基因数据中很难取得良好的效果。因此，有必要采用子空间分类技术进行基因表达数据的分类分析。这部分的内容将在 6.3.3 节介绍。

3）网络入侵检测

如何保障网络信息安全、防范网络入侵是人们关心的问题。入侵检测系统（Intrusion Detection Systems，IDS）作为重要的网络安全工具，可以对系统和网络资源进行实际检测，及时发现闯入系统或网络的入侵者，也可以预防合法用户对资源的误操作。影响入侵检测系统性能的因素很多，其中一个重要因素是执行效率问题[18]。例如，基于网络的入侵系统，其工作是否正常取决于所截获网络的数据包中是否有某种攻击的特征，一个典型的系统通常需要分析多达几十种的攻击特征[19]，这需要花费大量的 CPU 时间和其他系统资源，尤其在大流量的网络环境中。为提高系统的实时处理能力，一种很自然的应对措施是通过选择网络入侵检测关键特征，来降低检测系统的压力，同时将误报率和漏报率控制在一个可以接受的水平。实际上，网络数据的不同特征对入侵检测的贡献是不一样的；换言之，这些特征并不是对入侵检测都具有相同重要的作用，非法入侵的行为（类别）往往只与少量的部分特征相关，只存在于低维特征子空间中。因此，运用子空间分类技术进行网络入侵检测是一种行之有效的方法。关于该部分应用，我们将在 6.5 节进行具体介绍。

子空间分类一般通过嵌入式特征加权技术实现。给定包含 K 个类 $c_1, c_2, \cdots, c_K$ 的训练样本，每个样本有 D 个特征，采用全局特征加权方式时，为每个特征 A_j 赋予一个唯一的特征权重 $\varpi_j \geqslant 0$（$j=1,2,\cdots,D$），权重值大小反映了特征的重要性，记权重向量为 $\boldsymbol{\varpi}$。全局特征加权方式实现全局软特征约简，如图 6.8 所示；效果上相当于把所有样本投影到一个由权重向量 $\boldsymbol{\varpi}=(\varpi_1,\cdots,\varpi_j,\cdots,\varpi_D)^{\mathrm{T}}$ 定义的（一个唯一的）约简子空间中，特别地，若 $\varpi_j=0$，则意味着特征 A_j 被排除在投影子空间之外。对于数值型数据，投影空间中两个样本间的距离用式（6.10）计算：

$$\mathrm{dis}_{\boldsymbol{\varpi}}(\boldsymbol{x},\boldsymbol{y})=\sqrt{\sum\nolimits_{j=1}^{D}\varpi_j(x_j-y_j)^2} \tag{6.10}$$

式（6.10）是全局特征加权的欧几里得距离。

		A_1	A_2	A_3	A_4	A_5
c_1	y_1	2	3	1	0	2
	y_2	3	1	2	0	2
c_2	y_3	0	0	3	3	2
	y_4	0	0	3	1	1

ϖ_1　　ϖ_4

图 6.8　全局特征加权方式示意图

在局部特征加权方法中，每个特征 A_j 被赋予 K 个权重 $w_{kj}(k=1,2,\cdots,K)$，满足 $0\leqslant w_{kj}\leqslant 1$，权重值大小表达了特征相对于特定类别的重要性，而同一个特征对不同类别的重要性可能存在差异。这些特征权重组成了 K 个权重向量 $\boldsymbol{w}_k=(w_{k1},\cdots,w_{kj},\cdots,w_{kD})^{\mathrm{T}}$，$k=1,2,\cdots,K$，如图 6.9 所示。每个权重向量 $\boldsymbol{w}_k$ 刻画了类 c_k 的投影子空间，各类的投影子空间可能是不一样的，以此达到局部软特征约简的目的。这里，$w_{kj}=0$ 意味着特征 A_j 被排除在类 c_k 的投影子空间之外。用式（6.11）计算样本在 c_k 类投影子空间中的距离：

$$\mathrm{dis}_{\boldsymbol{w}_k}(\boldsymbol{x},\boldsymbol{y})=\sqrt{\sum\nolimits_{j=1}^{D}w_{kj}(x_j-y_j)^2} \tag{6.11}$$

注意到式（6.11）是“类依赖”的，是类 c_k 的加权欧几里得距离函数。局部特征权重通常需要满足归一化条件 $\forall k: w_{k1}+w_{k2}+\cdots+w_{kD}=1$。以上特征加权方式的另一个好处是，从训练样本学习到特征的权重之后，按权重值从大到小排序就可以提取出关键特征的集合。

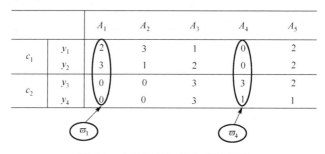

为学习每个类的最优投影子空间（最优的特征权重向量），我们把给定的训练类别 $c_1, c_2, \cdots, c_K$ 看作距离度量下子空间聚类的结果。这似乎是矛盾的，因为在传统方法分类体系中，聚类属于无指导的方法。这里说的“指导”，是指训练样本对算法提供的

数据背景知识，集中体现在训练样本所携带的类别标号中，分类算法根据这些类别标号学习得到分类模型，故是“有指导”的。根据聚类的定义（见 1.2 节），聚类在给定数据点间距离度量的前提下，根据数据内在的相似关系将数据划分为若干个有明显差异的类别。这里，“给定数据点间距离度量”可以看作另一种形式的指导，距离度量隐含地指导了算法以判断数据点间的相似程度。若将训练样本看作在式（6.11）距离度量下子空间聚类的结果，则式中的权值 w_{kj} 可以从训练样本中学习得到。

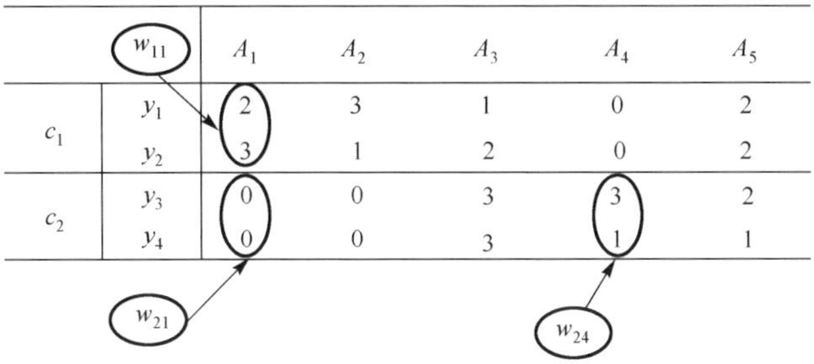

图 6.9　局部特征加权方式示意图

下面以数值型数据的子空间原型分类方法为例说明子空间分类技术的具体实现。子空间原型分类（Subspace Prototype Classification，SPC）方法是 PBC 方法的一种扩展，它使用局部特征加权方法将每个训练类别投影到各自的子空间中，学习它们在投影空间的原型，并基于类依赖的加权欧几里得距离进行基于原型的分类。现在，我们将训练类别 $c_1, c_2, \cdots, c_K$ 看作使用式（6.11）为距离度量的子空间聚类的结果，它最小化了目标优化函数

$$J_{\text{SPC}}(V_n, W) = \sum_{k=1}^{K}\sum_{j=1}^{D}\sum_{y\in c_k} w_{kj}(y_j - v_{kj})^2 + \gamma\sum_{k=1}^{K}\sum_{j=1}^{D} w_{kj}\ln w_{kj}$$

$$\text{s.t.}\ \forall k: \sum\nolimits_{j=1}^{D} w_{kj} = 1$$

式中，$V_n = \{\boldsymbol{v}_1, \cdots, \boldsymbol{v}_k, \cdots, \boldsymbol{v}_K\}$，$W = \{\boldsymbol{w}_1, \cdots, \boldsymbol{w}_k, \cdots, \boldsymbol{w}_K\}$。注意到 J_{SPC} 与 EWKM 子空间聚类算法[20]的目标函数类似，不同的是，这里 $C = \{c_1, c_2, \cdots, c_K\}$ 是给定的，并不是需要优化的参数之一。引入拉格朗日乘子 $\lambda_1, \cdots, \lambda_k, \cdots, \lambda_K$，目标优化函数修改为

$$J_{\text{SPC-1}}(V_n, W) = J_{\text{SPC}}(V_n, W) + \sum_{k=1}^{K}\lambda_k\left(1 - \sum_{j=1}^{D} w_{kj}\right)$$

那么，给定了 C，令 $\dfrac{\partial J_{\text{SPC-1}}}{\partial v_{kj}} = 0$，$k = 1, 2, \cdots, K$，$j = 1, 2, \cdots, D$，就得到每个类第 j 维的最优中心（原型）：

$$v_{kj} = \frac{1}{|c_k|}\sum_{y\in c_k} y_j$$

上式与式（6.9）是一致的，也就是说，进行子空间分类时类的原型不会发生改变。同理，对于 $k=1,2,\cdots,K$ 和 $j=1,2,\cdots,D$，令

$$\frac{\partial J_{\text{SPC-1}}}{\partial w_{kj}}=\sum_{\boldsymbol{y}\in c_k}(y_j-v_{kj})^2+\gamma(1+\ln w_{kj})+\lambda_k=0$$

和

$$\frac{\partial J_{\text{SPC-1}}}{\partial \lambda_k}=1-\sum_{j=1}^{D}w_{kj}=0$$

联立上两式得到每个类第 j 维特征的最优权重：

$$w_{kj}=\left(\sum_{j'=1}^{D}\mathrm{e}^{-\frac{1}{\gamma}\sum_{\boldsymbol{y}\in c_k}(y_{j'}-v_{kj'})^2}\right)^{-1}\mathrm{e}^{-\frac{1}{\gamma}\sum_{\boldsymbol{y}\in c_k}(y_j-v_{kj})^2}\tag{6.12}$$

以图 6.9 中的数据为例说明用式（6.12）计算特征权重的效果。首先，为应用基于原型的分类方法，将所有样本单位向量化，变换之后的各样本为：$\boldsymbol{y}_1$=(0.4714, 0.7071, 0.2357, 0.0000, 0.4714)^{T}，$\boldsymbol{y}_2$=(0.7071, 0.2357, 0.4714, 0.0000, 0.4714)^{T}，$\boldsymbol{y}_3$=(0.0000, 0.0000, 0.6396, 0.6396, 0.4264)^{T} 和 $\boldsymbol{y}_4$=(0.0000, 0.0000, 0.9045, 0.3015, 0.3015)^{T}。注意到尽管 $\boldsymbol{y}_3$ 和 $\boldsymbol{y}_4$ 的 A_3 特征有相同的原始值，但经规范化后的新值是不同的，原因在于它们的向量长度并不相同；然后，取 $\gamma=0.5$ 依式（6.12）计算各类中各个特征的权重，结果如表 6.2 所示。如所预期的，对于 c_1 类，A_4 和 A_5 获得了最大的权重，而在 c_2 类中，最大权重出现在 A_1 和 A_2，A_4 仅获得了最小的特征权重。

表 6.2　基于原型的子空间分类中图 6.9 数据的局部特征加权结果

类别	A_1	A_2	A_3	A_4	A_5
c_1	0.2016	0.1706	0.2016	0.2131	0.2131
c_2	0.2080	0.2080	0.1938	0.1855	0.2047

根据上面推导和分析，定义子空间原型分类器的过程如下：①数据预处理。将所有样本根据 1.5.1 节所述方法变换成单位向量。②模型训练。分别根据式（6.9）和式（6.12）计算每个类每个特征的原型和权重。③新样本分类预测。根据式（6.11）计算新样本 $\boldsymbol{x}$ 到各类原型 $\boldsymbol{v}_k(k=1,\ 2,\cdots,K)$间的加权欧几里得距离 $\mathrm{dis}_{\boldsymbol{w}_k}(\boldsymbol{x},\boldsymbol{v}_k)$，预测 $\boldsymbol{x}$ 的类别为最小距离对应的类。下面将把子空间分类思想推广到朴素贝叶斯分类、k-NN 分类和类属型数据的原型分类等。

6.3　子空间贝叶斯分类及其应用

朴素贝叶斯（NB）是一种简单有效的分类器，其分类预测结果体现了明确的概率语义，更重要的，由于 NB 基于特征间的独立假设（所谓“朴素”假设），模型不需要太多参数，能有效降低“维灾”带来的影响，具备了处理高维数据分类问题的潜力。

近年来，对 NB 的主要改进方向是如何在保持 NB 模型简单、高效优点的同时，降低朴素假设带来的影响，合称为半贝叶斯（Semi-Naive Bayes，SNB）方法[21]，主要可以分为两种类型：基于结构的方法和基于数据的方法。基于结构的方法通过扩展贝叶斯的结构来改进 NB 模型，主要有两种途径：一是引入潜在变量来描述某一特征与其他特征之间的相关性（如 HNB（Hidden Naive Bayes）[22]），二是显式地表示属性间的依赖关系。后者通常基于 *n*-dependence 模型[21]。在 *n*-dependence 模型中，每个特征依赖于类标号属性和最多其他 n 个特征；出于模型复杂度方面的考虑，多数现有方法使用 1-dependence 模型，如 TAN（Tree Augmented Naive Bayes）[4]，AODE（Averaged One-Dependence Estimators）[23]以及它们的诸多改进方法。基于结构的方法一般具有较高的时间和空间复杂度，在处理高维数据时效率较低。

基于数据的 SNB 方法旨在选取部分训练数据（数据对象或特征集）以使它们之间的依赖性弱于原始数据。局部学习方法，如懒惰贝叶斯规则（Lazy Bayesian Rules，LBR）和局部加权朴素贝叶斯（Locally Weighted Naive Bayes，LWNB）[24]等，基于如下观察：尽管特征独立性假设在全数据集中并不成立，但是适当选择的训练数据对象子集可以使得该假设成立或近似成立。在这类方法中，数据对象子集通过搜索局部近邻样本获得，因此应用于高维数据时会遇到一些问题，例如，在高维空间中，数据的稀疏性可能导致欧几里得距离等常用的距离度量函数失效（见 1.3.2 节讨论）。

设 $\boldsymbol{x}=(x_1,\cdots,x_j,\cdots,x_D)^{\mathrm{T}}$ 为待分类样本，$k=1,2,\cdots,K$ 为训练样本的类别标号，如 6.1.2 节的第 3 部分所述，建立 NB 模型的最重要的一个步骤是估计 $\boldsymbol{x}$ 的先验概率 $p_{\mathrm{NB}}(\boldsymbol{x}\,|\,k)=p(x_1\,|\,k)\times p(x_2\,|\,k)\times\cdots\times p(x_D\,|\,k)$，注意到这里所有特征是被“同等对待”的。而在高维数据中，通常存在大量冗余特征和对分类没有贡献或贡献有限的特征，它们需要被区别对待。另一类基于数据的半朴素方法正是着眼于这个角度，通过特征选择去除数据中不相关和冗余的特征，只选择部分特征构建 NB 模型。例如，ARD（Automatic Relevance Determination）[25]使用一个参数化的先验分布调整解空间，从而有效地去除冗余特征；文献[26]、[27]则使用加权朴素贝叶斯（Weighted Naive Bayes，WNB）方案，将后验概率估计式修改为

$$p_{\mathrm{WNB}}(\boldsymbol{x}\,|\,k)=\prod_{j=1}^{D}[p(x_j\,|\,k)]^{\lambda(j)} \tag{6.13}$$

式中，$\lambda(j)\geqslant 0$ 表示赋予特征 A_j 的权重，其大小衡量特征对分类的贡献程度，通过一些监督特征评价函数（如信息增益、信息增益率等；见 4.2.2 节）计算。这种特征选择方法是“过滤式”的，是在数据的预处理阶段完成的。文献[28]等则使用了封装型方法，它通过利用前向或后向的搜索策略方法来选取所需要的特征子集；文献[29]给出的算法在预处理步骤选取能最大程度减小训练误差的特征，可以看作式（6.13）的 0/1 加权实现方案。但是，对于高维数据，候选特征子集数量非常庞大，导致该型方法效率低，在实际应用中难以实现。

本节讨论嵌入式软特征选择方法，将重点放在局部软特征选择方案上。主要原因在于，在许多实际应用的高维数据中，例如，在基因表达数据中，与不同数据类别相关的特征子集（称为类别的投影子空间）往往是不一样的。式（6.13）所示的全局软特征选择方式并不能反映这个特点。

6.3.1　类属型数据子空间贝叶斯分类

对于类属型数据，构造 NB 模型时一般通过类属符号的频度估计计算先验概率，即

$$p_{\mathrm{NB}}(\boldsymbol{x} \mid k)=\prod_{d=1}^{D} f_{k,d}(x_d) \tag{6.14}$$

式中，用 d 表示类属型特征的序号，以示与数值型特征的区别；$f_{k,d}(x_d)$是训练集 Tr 中 c_k 类样本符号 x_d 的频度估计，见式（6.6）。对于有限样本集，频度估计将导致较大的方差[30]。为此，使用核平滑估计（kernel smoothing estimate）法，它可以较好地平衡样本偏差和估计方差。

1. 核平滑估计模型

设 X_d 为对应于训练类别 c_k 特征 A_d 上观测值的离散随机变量，用 $p(X_d)$表示其概率密度。记特征 A_d 的符号集合为 O_d，o_d 为 O_d 中的任一符号，X_d 的核密度估计函数定义为

$$\ell(X_d,o_d;h_{kd})=\frac{1}{\gamma_{kd}}\begin{cases}1-(\alpha-\beta)h_{kd}, & X_d=o_d\\ \beta h_{kd}, & X_d\neq o_d\end{cases} \tag{6.15}$$

式中，$\alpha \geqslant \beta > 0$ 为两个待定系数；

$$\gamma_{kd}=1-\alpha h_{kd}+|O_d|\beta h_{kd} \tag{6.16}$$

为标准化系数；h_{kd} 是核函数的带宽，$0 \leqslant h_{kd} \leqslant 1/\alpha$。基于式（6.15），推导 $p(X_d)$的核估计为

$$\begin{aligned}\hat{p}(X_d \mid c_k)&=\frac{1}{|c_k|}\sum_{y\in c_k}\ell(X_d,o_d;h_{kd})\\&=\frac{1}{\gamma_{kd}}\left(\beta h_{kd}+(1-\alpha h_{kd})f_{k,d}(X_d)\right)\\&=(1-w_{kd})\frac{1}{|O_d|}+w_{kd}f_{k,d}(X_d)\end{aligned} \tag{6.17}$$

式中

$$w_{kd}=\frac{1-\alpha h_{kd}}{\gamma_{kd}} \tag{6.18}$$

根据式（6.16）和 $0 \leqslant h_{kd} \leqslant 1/\alpha$ 可知 $0 \leqslant w_{kd} \leqslant 1$。

通过以下分析可知式（6.18）定义的 w_{kd} 即是赋予 A_d 的特征权重，表示其对预测 c_k 类的贡献程度。首先，我们利用核密度估计函数将符号 x_d 表示成概率空间的一个向量

$$\boldsymbol{x}'_d = (x_1'^{(d)}, \cdots, x_l'^{(d)}, \cdots, x_{|O_d|}'^{(d)})^{\mathrm{T}} \tag{6.19}$$

其对应于符号 $o_l \in O_d$ 的向量元素为

$$x_l'^{(d)} = \ell(x_d, o_l; h_{kd})$$

这样，两个样本 $\boldsymbol{x}, \boldsymbol{y} \in c_k$ 间的距离 $\phi_k(\boldsymbol{x}, \boldsymbol{y})$ 就可以通过它们在概率空间 D 个向量间的差距来衡量，即

$$\begin{aligned}\phi_k^2(\boldsymbol{x}, \boldsymbol{y}) &= \sum_{d=1}^{D} \|\boldsymbol{x}'_d - \boldsymbol{y}'_d\|_2^2 \\ &= 2\sum_{d=1}^{D} w_{kd}^2 \times I(x_d \neq y_d)\end{aligned} \tag{6.20}$$

式中，$I(\cdot)$ 是指示函数，定义见式（5.38）。式（6.20）正是特征加权的简单匹配距离（SMD），见式（5.20）；这里 w_{kd} 是特征的权重。根据式（6.18），核函数的带宽 h_{kd} 越大，特征权重 w_{kd} 就越小。

根据上述定义，可以给出核加权朴素贝叶斯（Kernel Weighting Naive Bayes，KWNB）模型，在这个模型中，$\boldsymbol{x}$ 的先验概率估计为

$$\begin{aligned}p_{\mathrm{KWNB}}(\boldsymbol{x} \mid k) &= \prod_{d=1}^{D} \hat{p}(x_d \mid c_k) \\ &= \prod_{d=1}^{D} \left((1 - w_{kd}) \frac{1}{|O_d|} + w_{kd} f_{k,d}(x_d) \right)\end{aligned} \tag{6.21}$$

在式（6.21）中，若带宽 h_{kd}=0，根据带宽-权重关系式（6.18），这意味着 w_{kd}=1，则 $p_{\mathrm{KWNB}}(\boldsymbol{x} \mid k)$退化为 $p_{\mathrm{NB}}(\boldsymbol{x} \mid k)$，如式（6.14）所示。

2. 监督式软特征选择

在训练核加权贝叶斯模型中，根据带宽-权重关系式（6.18），一个类属型特征是否被选择，即它被赋予的特征权重的大小，取决于该特征带宽的大小（成“反比”）。因此，可以运用 5.4.2 节的第 4 部分给出的最小均方误差法等进行带宽选择，再基于带宽-权重关系计算特征的权重。由这些方法选择的带宽的收敛率（convergence rate）为 $O_p(|c_k|^{-1})$，对不同的特征是无差别的。下面介绍一种“反向”方法，通过优化特征权重来选择带宽，不同特征的带宽将具有不同的收敛率。实际上，这也是一种“直接”的方法，因为训练核加权贝叶斯模型的主要目的就是学习各特征的权重。

该优化算法称为 AWO（Attribute Weight Optimization）[31]，基本思想来自软子空间聚类分析：理想的特征权重集合应使得每个类投影到所定义的软子空间上时，具有

最好的类紧凑性。对于数值型数据，类 c_k 紧凑性通常用 $\frac{1}{|c_k|}\sum_{x\in c_k}\|x-\bar{x}\|_2^2$ 来衡量，此式等价于 $\frac{1}{2|c_k|^2}\sum_{x\in c_k}\sum_{y\in c_k}\|x-y\|_2^2$，其中的 $\|x-y\|_2^2$ 可以视为两个样本间的平方距离。注意式（6.20）已经定义了类属型对象间的平方距离 $\phi_k^2(x,y)$，因此，用 $\phi_k^2(x,y)$ 替换其中的 $\|x-y\|_2^2$ 即可推出类属型数据的类紧凑性度量 $\frac{1}{2|c_k|^2}\sum_{x\in c_k}\sum_{y\in c_k}\phi_k^2(x,y)=\sum_{d=1}^{D}w_{kd}^2 s_{kd}^2$，这里

$$s_{kd}^2=1-\sum_{o\in O_d}[f_{k,d}(o)]^2 \tag{6.22}$$

注意到 s_{kd}^2 是衡量符号分布分散程度的基尼指标[32]，且 $0\leqslant s_{kd}^2\leqslant 1-1/|O_d|$。为控制每个特征的带宽收敛率，引入收缩系数（shrinking coefficient）$\theta_k>1$，并替换 w_{kd}^2 为 $\tilde{w}_{kd}^{\theta_k}$，这样，类属型数据的平均类紧凑性变为

$$\mathrm{AS}(c_k)=\sum_{d=1}^{D}\tilde{w}_{kd}^{\theta_k}s_{kd}^2$$

显然，$\tilde{w}_{kd}\equiv 0$ 是最小化上式的一个解。为避开这个平凡解，为每个特征引入惩罚项 $(1-\tilde{w}_{kd})^{\theta_k}$ 和平衡因子 $1-1/|O_d|$，最终定义优化特征权重的目标函数为

$$J_{\mathrm{KWNB}}(\tilde{\boldsymbol{w}}_k)=\sum_{d=1}^{D}\tilde{w}_{kd}^{\theta_k}s_{kd}^2+\sum_{d=1}^{D}\frac{|O_d|-1}{|O_d|}(1-\tilde{w}_{kd})^{\theta_k}$$

式中，$\tilde{\boldsymbol{w}}_k=(\tilde{w}_{k1},\cdots,\tilde{w}_{kd},\cdots,\tilde{w}_{kD})^{\mathrm{T}}$。令目标函数相对于 $\tilde{w}_{kd}\,(d=1,2,\cdots,D)$ 的梯度为 0，即得 KWNB 的特征权重表达式为

$$w_{kd}^{(\mathrm{KWNB})}=\tilde{w}_{kd}^{\frac{\theta_k}{2}}=\left(1+\left(\frac{|O_d|-1}{|O_d|}s_{kd}^2\right)^{\frac{1}{\theta_k-1}}\right)^{-\frac{\theta_k}{2}} \tag{6.23}$$

模型参数 θ_k 可以通过分析带宽的渐进性质来设定。根据式（6.23），$s_{kd}^2\neq 0$ 时 $w_{kd}^{(\mathrm{KWNB})}\to 1$ 和相应带宽 $h_{kd}\to 0$ 当且仅当 $\theta_k\to 1$。另外，核密度估计方法的渐进性质要求样本数 $|c_k|\to+\infty$ 时有 $h_{kd}\to 0$，因此，模型参数 θ_k 可设置为

$$\theta_k=\frac{1}{1-(\tau\ln|c_k|)} \tag{6.24}$$

式中，$\tau>1/\ln|c_k|$ 是一个常数。式（6.24）既保证了 $\theta_k>1$，也使得根据式（6.23）估计的带宽满足渐进性质。分析可知，采用上述设置时，带宽收敛率为 $O_p\left(|c_k|^{\tau\ln\left(\frac{|O_d|}{|O_d|-1}s_{kd}^2\right)}\right)$，因此为不同特征选择的带宽可能具有不同的收敛率，具体证明参见文献[31]。

3. 分类器及其应用

算法 6.2 给出了基于核加权的贝叶斯分类器的训练算法。给定数据集，该算法的目的是学习特征权重集合 $W=\{w_{kd} \mid k=1,2,\cdots,K; d=1,2,\cdots,D\}$ 以及类属符号的 Laplace 校正频度集 $F=\{f_{k,d}^{(\text{Laplace})}(o_{dl}) \mid k=1,2,\cdots,K; l=1,2,\cdots,|O_d|; d=1,2,\cdots,D\}$。

算法 6.2　基于核加权的贝叶斯分类器训练算法伪代码

输入: 含有 K 个类 $c_1, c_2, \cdots, c_K$ 的训练样本集 Tr，参数 τ

过程:

1: **For** $k=1$ **to** K **do**

2: 　根据式（6.26）计算每个符号 o_{dl} 的 Laplace 校正频度，$l=1, 2, \cdots, |O_d|$，$d=1, 2, \cdots, D$。

3: 　根据式（6.24）确定 θ_k；

4: 　根据式（6.23）计算 w_{kd}，$d=1, 2, \cdots, D$;

5: **End for**

输出: W 和 F

经过训练得到的 W 和 F 运用于对待分类样本的分类预测。对于样本 $\boldsymbol{x}$，根据下式预测其类别为

$$z=\arg\max_{k}\ p(k)\prod_{d=1}^{D}\left((1-w_{kd})\frac{1}{|O_d|}+w_{kd}f_{k,d}^{(\text{Laplace})}(x_d)\right)$$

式中，$f_{k,d}^{(\text{Laplace})}(x_d)$ 为符号 o_{dl} 的 Laplace 校正频度估计：

$$f_{k,d}^{(\text{Laplace})}(o_{dl})=\frac{1+\sum_{(y,z)\in \text{Tr}} I(z=k \wedge y_d=o_{dl})}{|O_d|+|c_k|} \tag{6.25}$$

实际应用中可能存在一些符号未出现在训练数据中的情况，此时需要进行频度校正。

运用这种嵌入软特征选择的分类器，不但可以完成分类预测功能，还可以应用于重要特征的选择。这对于许多实际应用是至关重要的，如疾病辅助诊断应用。临床上收集患者资料并标注出疾病类型等需要较大代价，因此病辅助诊断应用的数据大多存在 $D>N$ 的现象，某些场合下甚至 $D>>N$，即样本特征数目远大于样本数目。特征选择在这样的应用中有两重意义：一方面，特征为数众多影响了分类器的性能，有必要通过降低约简提高分类预测的精度；另一方面，特征选择也是实际应用的需要，辅助诊断不仅要求预测疾病类型，专家还需要知道哪些因素与疾病的发生关系密切，这就需要封装型或嵌入型特征选择方法。较之于封装型方法，如算法 6.2 所示的嵌入式分类模型有更高的效率，尤其对于高维数据分类将更具有实用性。

表 6.3 列出了一个用于肺癌诊断的数据 Lungcancer（可以从 UCI Machine Learning Repository 上下载该数据）的信息。Lungcancer 数据集只有 32 个样本，却有 56 个特

征，每个特征是描述患者状态的生理指标，用一些类属型符号来表示，还有一些缺失数据。表上同时列出了三种分类器 20 次 10 折交叉验证（cross validation）的平均分类精度(±1 个标准差)，分类精度以 Micro-F1 指标衡量，见 4.2.2 节的第 4 部分和式(4.17)（本节以下部分涉及的分类精度同此，不再重复说明）。

表 6.3　Lungcancer 数据及三种分类器的平均分类精度

数据集	样本数	特征数	类别数	朴素贝叶斯	C4.5	KWNB
Lungcancer	32	56	3	0.529±0.283	0.403±0.269	0.566±0.259

图 6.10 显示 KWNB 训练算法从 Lungcancer 数据中学习到的每个特征的带宽值。带宽值是特征权重经式（6.18）逆变换而来的，使用的核函数为 Aitchison & Aitken 核[33]，它是式（6.15）中 $\alpha=|O_d|/(|O_d|-1)$ 和 $\beta=1|(|O_d|-1)$ 的特殊情形。由于带宽也是“类依赖”的，图中显示的是每个特征（在三个类别中）最小的带宽值，带宽值越小意味着权重越大，说明特征越重要。Lungcancer 数据有很多特征拥有很大的带宽值，前三位分别是第 26 个（0.571）、第 29 个（0.279）和第 35 个特征（0.241），与其他特征相比，它们显得不那么重要，可以约简；带宽值较小的，也就是较重要的特征包括第 9 个特征（甄别类别'3'）、第 17 个特征（甄别类别'1'）和第 46 个特征（甄别类别'2'）等。

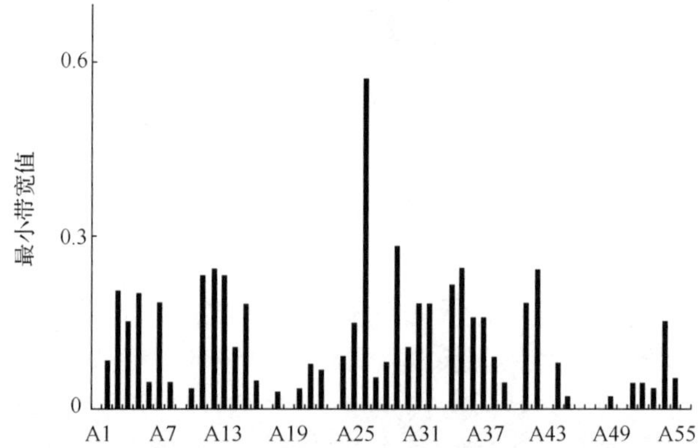

图 6.10　Lungcancer 数据 56 个特征（A1～A56）的带宽值

如表 6.3 所示，决策树算法 C4.5 在 Lungcancer 数据上分类精度较差，主要原因是该数据特征多、样本少，所构造的决策树过于庞大。较之于传统的朴素分类器，基于特征加权的贝叶斯分类方法明显提高了分类精度，稳定性也得到提高（反映在精度的标准差上）。这些性能的提高得益于嵌入型软特征选择方法的应用，根据以下分析，这种特征加权机制可以放大类间隔，使得类的识别更为准确。

考虑标号分别为 k 和 l 的两个类（$k\neq l$），我们通过类属符号概率分布间的差异来衡量二者每个维度 d 上的类间隔（Class Separability，CS），有

$$\mathrm{CS}(k,l;w_{kd},w_{ld})=\sum_{o\in O_d}\left[\hat{p}(o\mid c_k)-\hat{p}(o\mid c_l)\right]^2$$

$$=\sum_{o\in O_d}\left[(w_{ld}-w_{kd})\frac{1}{|O_d|}+w_{kd}f_{k,d}(o)-w_{ld}f_{l,d}(o)\right]^2$$

在无特征选择功能的传统贝叶斯分类器中，类间隔为 CS(k,l; 1, 1)。

定理 6.1　$\mathrm{CS}(k,l;w_{kd},w_{ld})\geqslant\mathrm{CS}(k,l;1,1)$，等式成立当且仅当 $s_{kd}^2=s_{ld}^2$。

证明：首先，根据特征权重计算公式（6.23），有

$$\frac{\mathrm{d}w_{kd}}{\mathrm{d}s_{kd}^2}=-\frac{\theta_k}{2}\frac{1}{\theta_k-1}\frac{|O_d|-1}{|O_d|}\left(1+\left(\frac{|O_d|-1}{|O_d|}s_{kd}^2\right)^{\frac{1}{\theta_k-1}}\right)^{-\frac{\theta_k}{2}-1}\left(\frac{|O_d|-1}{|O_d|}s_{kd}^2\right)^{\frac{1}{\theta_k-1}-1}<0$$

这说明 w_{kd} 是 s_{kd}^2 的单调递减函数；接着，构造新函数 $\varphi(w_{kd},w_{ld})=\mathrm{CS}(k,l;w_{kd},w_{ld})-\mathrm{CS}(k,l;1,1)$，并设 $\varphi(\tilde{w}_{kd},\tilde{w}_{ld})$ 是函数的极小值，$\frac{\partial\varphi}{\partial\tilde{w}_{kd}}=\frac{\partial\varphi}{\partial\tilde{w}_{ld}}=0$，经推导有 $\varphi(\tilde{w}_{kd},\tilde{w}_{ld})=\frac{\tilde{w}_{kd}-\tilde{w}_{ld}}{\tilde{w}_{kd}+\tilde{w}_{ld}}[\varphi_1(\tilde{w}_{kd},s_{kd})-\varphi_1(\tilde{w}_{ld},s_{ld})]$，这里 $\varphi_1(w,s)=(1-s^2)(1+w^2)-\frac{1}{|O_d|}w^2$。注意到 $0\leqslant s^2\leqslant 1-1/\left|O_d\right|$ 且 $w>0$ 以及 $\frac{\partial\varphi_1}{\partial w}=-(1+w^2)/\frac{\partial w}{\partial s^2}+2w\left(1-s^2-\frac{1}{|O_d|}\right)$，因 $\frac{\partial w}{\partial s^2}<0$，有 $\frac{\partial\varphi_1}{\partial w}>0$，由此可知，函数 $\varphi(w_{kd},w_{ld})$ 的极小值 $\varphi(\tilde{w}_{kd},\tilde{w}_{ld})\geqslant 0$。另外，$\varphi(\tilde{w}_{kd},\tilde{w}_{ld})=0$ 当且仅当 $\tilde{w}_{kd}=\tilde{w}_{ld}$，此时 $s_{kd}^2=s_{ld}^2$。证毕。

根据定理 6.1，经过软特征选择，类间隔会被放大，除非两个类所有符号的分布是一致的（此时，类间隔保持不变）。此外，定理证明过程告诉我们，这个结论成立的充分条件是 $\frac{\mathrm{d}w_{kd}}{\mathrm{d}s_{kd}^2}<0$，也就是说，只要加权模型中特征权重与符号分布的离散程度是成“反比”的（这与 4.2.1 节和第 5 章的观点是一致的），嵌入型软特征选择方法可以放大类间差异，从而提高类识别的精度。

6.3.2　数值型高维数据子空间贝叶斯分类

生物信息学等领域产生了大量数值型高维数据，例如，基因表达数据，数据的一个重要特点是 D>>N。为数值型数据建立 NB 模型时，最主要的任务是为每个特征建立一个连续型概率模型。现有两种估计方法：有参估计和无参估计方法，对于后者，核密度估计是一种常用的方法，例如，文献[34]基于高斯核的无参估计提出了 FlexNB（Flexible Naive Bayes），样本 $\boldsymbol{x}$ 的先验概率估计为

$$p_{\text{FlexNB}}(\boldsymbol{x}\mid k)=\prod_{j=1}^{D}\frac{1}{|c_k|h_k}\sum_{y\in c_k}\frac{1}{\sqrt{2\pi}}\mathrm{e}^{-\frac{(x_j-y_j)^2}{2h_k^2}}$$

式中，j 是数值型特征的序号；$h_k=|c_k|^{-\frac{1}{2}}$ 为高斯核的带宽。对于 $D>>N$ 的数据，这种无参估计法容易导致“过拟合”问题。有参估计方法需要假设数据服从某种已知的分布，通常假定为正态分布，此时 $\boldsymbol{x}$ 的先验概率为

$$\begin{aligned}p_{\text{NB}}(\boldsymbol{x}\mid k)&=\prod_{j=1}^{D}\frac{1}{\sqrt{2\pi}\sigma_{kj}}\mathrm{e}^{-\frac{(x_j-\mu_{kj})^2}{2\sigma_{kj}^2}}\\&=\left(\prod_{j=1}^{D}\frac{1}{\sqrt{2\pi}\sigma_{kj}}\right)\mathrm{e}^{-\frac{1}{2\sigma_{kj}^2}\sum_{j=d}^{D}(x_j-\mu_{kj})^2}\end{aligned}\tag{6.26}$$

式中，均值 μ_{kj} 和 $\sigma_{kj}^2(j=1,2,\cdots,D)$ 用最大似然法等从训练数据中估计。在式（6.26）中，所有特征是“同等”的，并不区分特征在类预测中不同的贡献度。下面首先介绍嵌入软特征选择的高斯概率密度函数。

1. 权重稀疏化的加权高斯模型

在高维数据中，类通常仅与部分特征相关，同时不同类关联的特征也是不一样的。为此，使用局部特征加权技术，赋予每个特征 A_j 相对于类 c_k 的权重，衡量 A_j 对于预测 c_k 的贡献度，其值越大表示贡献度越高，且满足

$$0<w_{kj}<1,\quad k=1,2,\cdots,K;\quad j=1,2,\cdots,D\tag{6.27}$$

根据 6.2 节的观点，这种软特征选择方式实质上是将每个类的样本投影到一个“类依赖”的子空间中。

若在投影空间为样本 $\boldsymbol{x}$ 估计其先验概率，则相当于在贝叶斯模型中嵌入了这种软特征选择机制，这种模型称为子空间加权朴素贝叶斯（Subspace Weighting Naive Bayes，SWNB）模型[35]。这里采用 5.4.1 节的第 1 部分介绍的加权高斯模型，随机变量 X_j（对应于连续型特征 A_j）的加权高斯密度为

$$p(X_j;\mu_{kj},w_{kj},\sigma_k)=\frac{\sqrt{w_{kj}}}{\sqrt{2\pi}\sigma_k}\mathrm{e}^{-\frac{w_{kj}}{2\sigma_k^2}(X_j-\mu_{kj})^2}\tag{6.28}$$

$\boldsymbol{x}$ 的先验概率估计为

$$\begin{aligned}p_{\text{SWNB}}(\boldsymbol{x}\mid k)&=\prod_{j=1}^{D}p(x_j;\mu_{kj},w_{kj},\sigma_k)\\&=(\sqrt{2\pi}\sigma_k)^{-D}\left(\prod_{j=1}^{D}\sqrt{w_{kj}}\right)\mathrm{e}^{-\frac{1}{2\sigma_k^2}\sum_{j=d}^{D}w_{kj}(x_j-\mu_{kj})^2}\end{aligned}$$

上式在 $w_{k1}=w_{k2}=\cdots=w_{kD}=1$ 时退化为传统 NB 使用的式（6.26）。与之相比，特征加权的 NB 模型有以下两个特点：①引入权重向量 $\boldsymbol{w}_k=(w_{k1},w_{k2},\cdots,w_{kD})^{\mathrm{T}}$ 进行嵌入型软特征选择，识别类相关的特征子空间；②每个类只有一个唯一的方差 σ_k^2，将每个维度 j 的方差 $\tilde{\sigma}_{kj}^2$ 视为 σ_k^2 投影在 A_j 上的结果，二者的关系为

$$\tilde{\sigma}_{kj}^2=\frac{\sigma_k^2}{w_{kj}} \tag{6.29}$$

根据式（6.29）可知，若数据集某个特征的样本方差为 0（这种情况下，传统 NB 被迫引入一个很小的经验常数来代替），则 SWNB 模型将会根据其他特征的分布情况赋予其一个非零的投影方差。更重要的是，这种方差变换有助于降低特征间的相关性，从而降低“朴素”假设带来的负面影响，详见本节第 3 部分的分析。基于这个模型，SWNB 依据下式预测样本 $\boldsymbol{x}$ 的类别标号为

$$z=\arg\max_k\ p(k)\prod_{j=1}^{D}p(x_j;\mu_{kj},w_{kj},\sigma_k)$$

在实际应用中，人们通常希望权重向量 $\boldsymbol{w}_k$ 是稀疏的，即向量中大部分元素为 0 或接近 0。权重稀疏化对 $D>>N$ 的数据尤其重要，因为在这种数据中一般仅有一小部分特征对类预测起显著作用[36]，根据软特征选择的原理，只有这些少量的特征会被分配较大的权重，而其他大部分特征只能有较小的权重甚至为 0。常用的稀疏化手段是“正则化”（见 2.5 节），例如，引入正则项 $\|\boldsymbol{w}_k\|_1$ 约束特征权重的优化过程，但是在实际应用中优化这种 L_1 型正则项比较困难。SWNB 模型采用了一种新的权重稀疏化思路：假设每个类 c_k 的特征权重 $w_{k1},w_{k2},\cdots,w_{kD}$ 服从 Logit-Normal 分布，并将该分布作为模型的约束条件，则达到权重稀疏化的目的。图 6.11 显示了 Logit-Normal 分布概率密度函数的若干曲线。

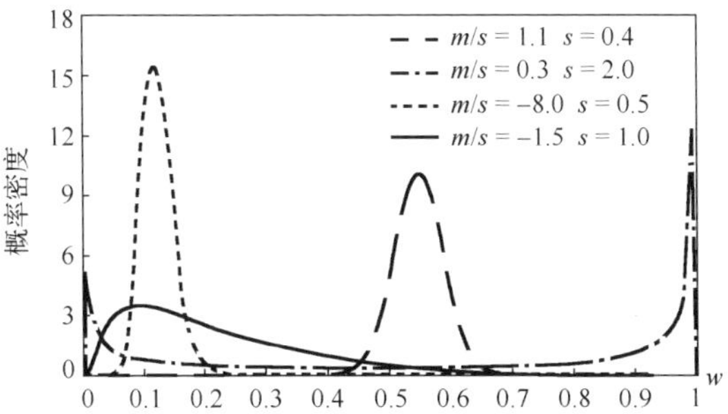

图 6.11　不同标准差（s）和均值（m_k）的 Logit-Normal 概率密度函数

令 Y_k 代表 c_k 类特征权重对应的随机变量，m_k 和 s 分别表示 Logit-Normal 分布的均值和标准差，其概率密度函数定义为

$$\mathrm{LN}(Y_k;m_k,s)=\frac{1}{\sqrt{2\pi}s}\frac{1}{Y_k(1-Y_k)}\mathrm{e}^{-\frac{1}{2s^2}(\mathrm{Logit}(Y_k)-m_k)^2} \tag{6.30}$$

式中

$$\mathrm{Logit}(Y_k)=\ln(Y_k)-\ln(1-Y_k)\quad \text{s.t.}\quad 0<Y_k<1$$

如图 6.11 所示，如果 s 取值较小，则概率密度函数曲线是单峰的。另外，根据图示和式（6.30），当 s 固定时，曲线的扭曲度由 m_k 决定，仅当 m_k=ln(0.5/(1–0.5))=0 时，曲线是对称的。由此，我们固定 s=0.5 以保证 Y_k 的分布是单峰的，同时约定 $m_k\leqslant 0$，以保证函数峰值出现在小于均值的部分，表示为

$$\forall k:\frac{m_k}{s}\leqslant -\tau \tag{6.31}$$

式中，$\dfrac{m_k}{s}$ 也称为信噪比（SNR）；$\tau(\tau\geqslant 0)$ 表示 SNR 的下界。

经过上面约束的 LN(Y_k; m_k, s)很好地契合了特征权重稀疏化的需求。首先，$0<Y_k<1$ 与式（6.27）要求的特征权重取值范围是一致的；其次，式（6.31）约束下的权重概率密度函数刻画了权重稀疏分布的特性：大部分特征权重为 0 或接近 0（函数曲线是单峰的且峰值出现在接近 0 的位置），而只有小部分特征可能获得较大的权重。另外，根据约束条件（6.31）和分布函数可知

$$0<\prod_{j=1}^{D}\frac{w_{kj}}{1-w_{kj}}\leqslant \mathrm{e}^{-\tau sD}\leqslant 1$$

这与常用的特征权重约束条件不同。通常人们采用权重归一化约束，也就是 $w_{k1}+w_{k2}+\cdots+w_{kD}=1$，这样的约束条件容易产生一组平凡解：具有最小样本方差的特征权重为 1，而其他特征的权重被设为 0[37]。约束条件（6.31）则可以避免这种平凡解的出现。由于不等式约束难以运用于最大似然估计等优化方法，在实际应用中，我们根据定理 6.2 将它转换为等式约束：

$$\sum_{j=1}^{D}w_{kj}=\frac{D}{1+\mathrm{e}^{\tau s}}<\frac{D}{2} \tag{6.32}$$

定理 6.2　若 $\gamma=\sum_{j=1}^{D}w_{kj}<\dfrac{D}{2}$，则 $m_k\leqslant -\ln\left(\dfrac{D}{\gamma}-1\right)$。

证明：考虑优化问题

$$\max\ \varphi_1(\boldsymbol{w}_k)=m_k=\frac{1}{D}\sum_{j=1}^{D}\ln\frac{w_{kj}}{1-w_{kj}}$$

$$\text{s.t.}\sum_{j=1}^{D}w_{kj}=\gamma<\frac{D}{2}$$

上式可转换为无约束的优化问题 $\max \varphi_2(\boldsymbol{w}_k,\lambda)=\varphi_1(\boldsymbol{w}_k)+\lambda\left(\gamma-\sum_{j=1}^{D} w_{kj}\right)$，其中 λ 为拉格朗日乘子。设 $(\hat{\boldsymbol{w}}_k,\hat{\lambda})$ 是最大化 $\varphi_2(\cdot,\cdot)$ 的解，则对 $j=1,2,\cdots,D$，有 $\dfrac{\partial\varphi_2}{\partial\hat{w}_{kj}}=0$ 和 $\dfrac{\partial\varphi_2}{\partial\hat{\lambda}}=0$，解得 $\hat{w}_{kj}=\dfrac{\gamma}{D}<\dfrac{1}{2}$。由于 Hessian 矩阵

$$\operatorname{diag}\left[\frac{2\hat{w}_{k1}-1}{D\hat{w}_{k1}^2(1-\hat{w}_{k1})^2},\cdots,\frac{2\hat{w}_{kj}-1}{D\hat{w}_{kj}^2(1-\hat{w}_{kj})^2},\cdots,\frac{2\hat{w}_{kD}-1}{D\hat{w}_{kD}^2(1-\hat{w}_{kD})^2}\right]$$

是负定的，当 $\boldsymbol{w}_k=\hat{\boldsymbol{w}}_k$ 时，$\varphi_1(\cdot)$ 取得最大值 $\varphi_1(\hat{\boldsymbol{w}}_k)=-\ln\left(\dfrac{D}{\gamma}-1\right)$，因此，$m_k\leqslant-\ln\left(\dfrac{D}{\gamma}-1\right)$。证毕。

2. 模型训练算法

训练 SWNB 模型的目的是从训练数据集学习一组参数 $\theta_k=\{\sigma_k,u_k,\boldsymbol{w}_k\}$，$k=1,2,\cdots,K$，其中 $u_k=\{\mu_{kj}\mid j=1,2,\cdots,D\}$。由于附加了特征权重的 Logit-Normal 分布约束，使用最大后验概率（Maximum a Posteriori，MAP）方法学习模型的这些参数。对于每个类，MAP 的目标是选择 $\hat{\theta}_k$ 来最大化后验概率 $p(\theta_k\mid c_k)$，即

$$\hat{\theta}_k=\underset{\theta_k}{\arg\max}\, p(\theta_k\mid c_k)$$

因此，最优参数应使以下目标函数的值最大化：

$$\begin{aligned}J_{\text{SWNB}}(\theta_k)&=p(\theta_k\mid c_k)\\&=\prod\nolimits_{\boldsymbol{y}\in c_k}p(\theta_k\mid\boldsymbol{y})\\&\propto\prod\nolimits_{\boldsymbol{y}\in c_k}p(\theta_k)p(\boldsymbol{y}\mid\theta_k)\end{aligned}$$

式中，$p(\theta_k)$ 为参数的先验概率，这里即是式（6.30）定义的特征权重先验分布。对上式进行指数变换，可得

$$\begin{aligned}J_{\text{SWNB-1}}(\theta_k)&=\sum_{\boldsymbol{y}\in c_k}\left(\ln p(\theta_k)+\ln p(\boldsymbol{y}\mid\theta_k)\right)\\&=\sum_{\boldsymbol{y}\in c_k}\sum_{j=1}^{D}\left(\ln LN(w_{kj};m_k,s)+\ln p(y_j;\mu_{kj},w_{kj},\sigma_k)\right)\end{aligned}$$

上式的约束条件为式（6.32）和式（6.34）：

$$\hat{s}^2=\frac{1}{D}\sum_{j=1}^{D}(\operatorname{Logit}(w_{kj})-m_k)^2 \tag{6.33}$$

（注：式（6.33）是 s^2 的最大似然估计；如本节第 1 部分所述，s 被固定为一个常数，

因此要将它作为目标函数的一个约束条件）。分别用式（6.28）和式（6.30）替换目标函数中的两个概率函数，并令λ_1和λ_2为约束条件（式（6.32）和式（6.33））的拉格朗日乘子，经过推导解得

$$\mu_{kj}=\frac{1}{|c_k|}\sum_{y\in c_k}y_j \tag{6.34}$$

$$\sigma_k^2=\frac{1}{D|c_k|}\sum_{j=1}^{D}w_{kj}\Delta_{kj},\quad \Delta_{kj}=\sum_{y\in c_k}(y_j-\mu_{kj})^2 \tag{6.35}$$

$$m_k=\frac{1}{D}\sum_{j=1}^{D}\mathrm{Logit}(w_{kj}) \tag{6.36}$$

$$\mathrm{Logit}(w_{kj})=m_k+\frac{1}{4\lambda_1}g(w_{kj},\lambda_2,\sigma_k) \tag{6.37}$$

式中

$$\begin{gathered}(4\lambda_1)^2=\frac{1}{Ds^2}\sum\nolimits_{j=1}^{D}g^2(w_{kj},\lambda_2,\sigma_k)\\ g(w_{kj},\lambda_2,\sigma_k)=(3w_{kj}-1)-w_{kj}(1-w_{kj})\left(\frac{\Delta_{kj}}{|c_k|\sigma_k^2}+2\lambda_2\right)\end{gathered} \tag{6.38}$$

由于式（6.37）的右边也包含w_{kj}，其不能产生w_{kj}的闭合解。SWNB算法利用一个迭代过程来学习这些参数，如算法6.3所示。

算法 6.3　SWNB 模型训练算法伪代码

输入：类c_k的训练样本$\boldsymbol{y}_i(i=1,2,\cdots,|c_k|)$

过程：

1: 初始化：设$w_{kj}=(1+\mathrm{e}^{\tau s})^{-1}$，$\lambda_2=0$；使用式（6.34）计算$\mu_{kj}$，$j=1,2,\cdots,D$；

2: **repeat**

3: 　根据式（6.35）、式（6.36）分别计算σ_k和m_k；

4: 　根据式（6.38）计算λ_1；

5: 　根据非线性方程（6.40）求解λ_2；

6: 　根据式（6.39）更新特征权中w_{kj}，$j=1,2,\cdots,D$；

7: **until** 满足收敛条件

输出：模型参数θ_k

在算法的每一次迭代过程中，首先根据式（6.35）、式（6.36）和式（6.38）重新估计参数σ_k、m_k及λ_1，随后利用这些参数求解λ_2。注意到式（6.37）可重写为

$$w_{kj}=1-\left(1+\mathrm{e}^{m_k+\frac{1}{4\lambda_1}\varphi(w_{kj},\lambda_2,\sigma_k)}\right)^{-1} \tag{6.39}$$

因此，λ_2 的最优解对应下列方程 $\psi(\lambda_2)$ 的根：

$$\psi(\lambda_2)=\frac{D\mathrm{e}^{\tau s}}{1+\mathrm{e}^{\tau s}}-\sum_{j=1}^{D}\left(1+\mathrm{e}^{m_k+\frac{1}{4\lambda_1}\varphi(w_{kj},\lambda_2,\sigma_k)}\right)^{-1}=0 \tag{6.40}$$

上述非线性方程可使用牛顿法等数值解法求解。最后根据式（6.39）重新估计权重，并用于下一次迭代，直到满足终止条件时停止，如权重的变化值小于某个很小的阈值。

3. 特征间相关性的讨论

根据子空间加权朴素贝叶斯模型（6.26）可知，该模型是建立在传统 NB 的“朴素”假设基础上，即假设特征间是相互独立的。实际上，在许多应用的高维数据中，特征间总存在或多或少的相关性，并不满足上述朴素假设。式（6.26）通过嵌入软特征选择机制，使得 NB 分类可以在每个类的投影子空间（由软特征选择产生的空间）进行；由此引发了一个有趣的问题：在这个新的空间中特征间（可能存在）的相关性是否得到弱化，以降低朴素假设对分类性能带来的影响。以下分析给出了正面答案，即式（6.26）所示的贝叶斯模型和由算法 6.3 学习得到的软特征选择方案，在给定 SNR 的下界 $\tau>0$ 时，可以降低特征间的线性相关性。

我们用 Pearson 系数衡量特征间的线性相关性（见 4.2.2 节的第 2 部分）。考虑类 c_k 的两个特征 $j,l\in[1,D](j\neq l)$，原空间中的特征 A_j 和 A_l 间的 Pearson 相关系数计算为

$$\mathrm{Corr}_{\mathrm{Old}}(j,l)=\frac{\sum_{y\in c_k}(y_j-\mu_{kj})(y_l-\mu_{kl})}{\sqrt{\Delta_{kj}}\sqrt{\Delta_{kj}}}$$

空间变换后的相关系数变为

$$\begin{aligned}\mathrm{Corr}_{\mathrm{New}}(j,l)&=\frac{\sum_{y\in c_k}(y_j-\mu_{kj})(y_l-\mu_{kl})}{|c_k|\tilde{\sigma}_{kj}\tilde{\sigma}_{kl}}\\&=\frac{\sum_{y\in c_k}(y_j-\mu_{kj})(y_l-\mu_{kl})}{|c_k|\sqrt{\frac{\sigma_k^2}{w_{kj}}}\sqrt{\frac{\sigma_k^2}{w_{kl}}}}\end{aligned}$$

上式最后一步使用了式（6.29）进行方差变换。这样，A_j 和 A_l 间的相关性下降率计算为

$$\frac{\mathrm{Corr}_{\mathrm{New}}(j,l)}{\mathrm{Corr}_{\mathrm{Old}}(j,l)}=\frac{\sqrt{w_{kj}\Delta_{kj}}\sqrt{w_{kl}\Delta_{kl}}}{|c_k|\sigma_k^2}$$

汇总两两特征间的相关性变换情况，c_k 类平均特征相关性下降率为

$$
\begin{aligned}
\rho_k &= \frac{1}{D(D-1)}\sum_{j=1}^{D}\sum_{l=1,\neq j}^{D}\frac{\sqrt{w_{kj}\Delta_{kj}}\sqrt{w_{kl}\Delta_{kl}}}{|c_k|\sigma_k^2} \\
&= \frac{1}{|c_k|\sigma_k^2}\frac{1}{D(D-1)}\left(\left(\sum_{j=1}^{D}\sqrt{w_{kj}\Delta_{kj}}\right)^2 - \sum_{j=1}^{D}w_{kj}\Delta_{kj}\right) \\
&\leqslant \frac{1}{|c_k|\sigma_k^2}\frac{1}{D(D-1)}\left(D\sum_{j=1}^{D}w_{kj}\Delta_{kj} - \sum_{j=1}^{D}w_{kj}\Delta_{kj}\right) \\
&= \frac{1}{\sigma_k^2}\frac{1}{D|c_k|}\sum_{j=1}^{D}w_{kj}\Delta_{kj} \\
&= 1
\end{aligned}
$$

上式第 3 步运用了 Chebyshev 不等式，其中等号成立的条件是 $\forall j: w_{kj}\Delta_{kj} = \mathcal{C}$（一个常数），根据算法 6.3，这种情况只会在 $\tau = 0$ 时发生。$\tau = 0$ 意味着特征权重的分布是对称的，直观上，就是大部分特征的权重值分布在 0.5 附近，这并不符合 SWNB 模型的假设。因此，$\rho_k < 1$，说明 SWNB 采取的软特征选择方案可以有效降低特征间的相关性。

6.3.3　基因数据子空间分类应用

基因表达数据的一个突出特点是 D>>N，即特征数远大于样本数。对这样的数据进行有效分类，事先进行特征选择或在分类模型中嵌入特征选择是极其必要的。此外，基于基因表达数据进行疾病辅助诊断时，数据展现出另一个特点：与不同类别（疾病类型等）相关的特征集会有很大差异，这要求分类方法能进行局部特征选择。本节将 6.3.2 节介绍的 SWNB 分类模型和算法应用于基于基因表达数据的疾病辅助诊断，并为每种疾病类型提取其重要的相关基因（组）。以下以著名的 ALL-AML 数据集[38]（可以从 http://sdmc.lit.org.sg/GEDatasets/ Datasets.html 下载）为例说明子空间加权贝叶斯分类器的应用。

ALL-AML 数据主要用于急性白血病诊断研究，由 72 个样本（47 个 ALL 类别和 25 个 AML 类别）组成，每个样本包含 7129 个不同表达能力的基因，注意到 D= 7129>>N=72。该数据集已划分为一个标准训练集（27 个 ALL 类样本和 11 个 AML 类样本）和一个测试集（20 个 ALL 和 14 个 AML 类的样本）。我们对 ALL-AML 数据集做了预处理，将其中每个特征（基因表达水平）的数值标准化到[0, 1]区间（方法见 1.5.1 节），主要原因是软特征选择方法计算的特征权重通常取决于样本分布的离差，为使得不同特征的权重具有可比性，需通过标准化将它们转换到相同区间。

图 6.12 显示在 ALL-AML 训练集中，利用 SWNB 算法为 ALL 和 AML 类学习到的特征权重的对数直方图，纵轴表示权重落在某个范围内的频率（取对数变换后的值）。两个类别的大部分特征都被赋予接近 0 的权重，这与均值较小的单峰 Logit-Normal 分布吻合（两个 Logit-Normal 密度函数的均值分别为–4.253 和–4.246）。经过统计，两个

类别特征权重小于 0.1 的特征数目分别达到 7043 个和 7052 个，这表明训练集中仅有 86 个和 77 个基因分别有助于识别 ALL 类和 AML 类。

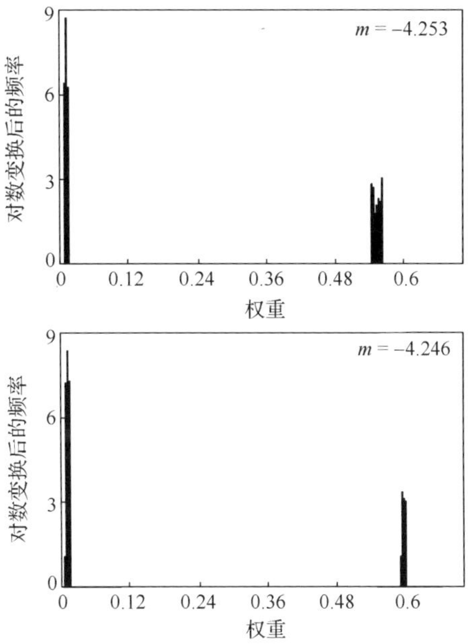

图 6.12　ALL-AML 训练数据中两个类别特征权重的对数直方图

图 6.13 给出了训练集中两个类别所有特征的权重分布，其横轴为特征编号（1～7129），纵轴为特征的权重值。根据特征权重的分布情况，可以为每个类别提取约简的特征子集（仅抽取权重大于 0.4 的重要特征）；另外，我们注意到，尽管有部分重叠，但是两个类别相关的重要特征差异者居多。合并两个子集得到一个包含 149 个基因的特征集，达到 98%的特征约简率（149/7129<0.02）。仔细观察图 6.13，可以找出一些重要的特征，这些特征代表的基因对急性白血病诊断具有重要意义，包括文献[39]验证过的 M96326 和 U05259 等。

表 6.4 给出了三种分类器在 ALL-AML 测试数据集上获得的分类精度。在 7129 维的原始数据上，两个 NB 型分类器的分类精度都超过了 SVM，由此可见，对如此高维和稀疏的数据，SVM 分类器的预测性能有限。SWNB 的性能要好于传统的 NB 分类器，这是 SWNB 内嵌的特征选择功能所致。

表 6.4　ALL-AML 测试集上不同分类器的分类精度

特征数	类别	SWNB	NB	LibSVM
7129（全集）	ALL	0.976	0.947	0.889
	AML	0.963	0.933	0.783
		$_{\text{SWNB+}}$SWNB	$_{\text{SWNB+}}$NB	$_{\text{SWNB+}}$LibSVM
149（约简集）	ALL	0.974	0.947	1.000
	AML	0.966	0.933	1.000

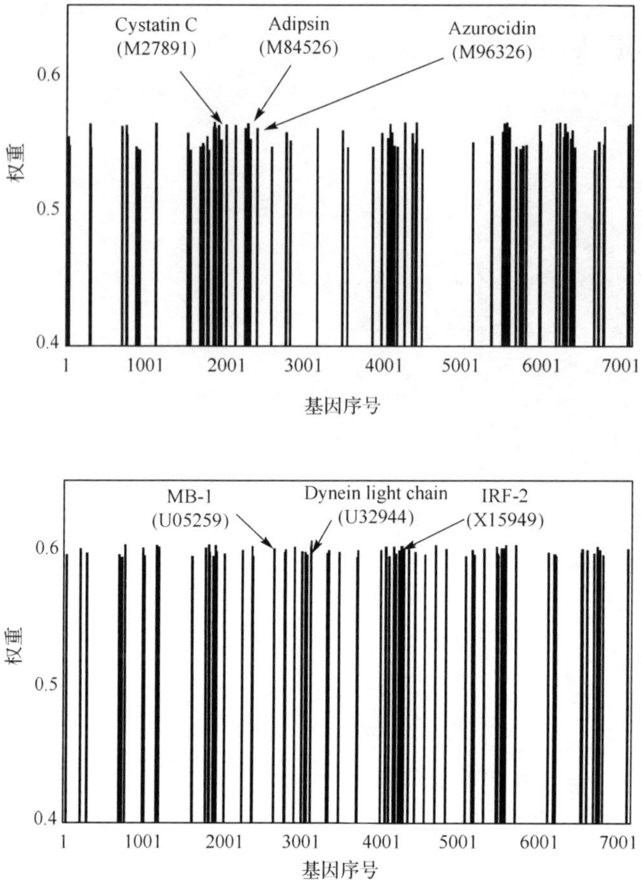

图 6.13　ALL-AML 训练集中两个类别的特征（基因）权重分布

表 6.4 还列出了在 SWNB 从训练集学习到约简特征集(仅有 149 个重要基因入选)上各分类器的表现。有趣的是，仅使用这个小的特征子集，SVM 对测试集的预测精度达到 100%。这充分说明了对基因表达数据进行特征约简的重要性，也说明了 SWNB 的子空间加权方法对识别具有较高权重的特征是有效的。NB 和 SWNB 的分类精度几乎没有变化，说明约简特征集是能够代表特征全集的，是比较充分的。

6.4　子空间近邻分类及其应用

与子空间贝叶斯分类器相比，子空间近邻分类器的实现更为直接，因为近邻分类是以样本间（或类-样本）的相似性比较为基础的，通过特征加权，可以较为容易地将(全空间)相似性度量推广到子空间分类情形。本节涉及的近邻分类器包括 *k*-NN 和 PBC。

6.4.1 特征加权的近邻分类

特征加权是实现子空间近邻分类的主要手段之一。当特征权重限定为 0/1 时，加权就是一个硬特征选择过程，效果上相当于把样本投影到一个子空间中，进而基于子空间距离度量进行近邻分类。较之于类属型数据，文献中更多见数值型数据的近邻分类研究，因此本节聚焦类属型数据介绍子空间近邻分类方法。由于硬特征选择算法通常具有较高的时间复杂度，以下仅考虑软特征选择方案。

1. 子空间距离度量

给定 N 个样本的训练集 $\mathrm{Tr}=\{(\boldsymbol{x}_1,z_1),(\boldsymbol{x}_2,z_2),\cdots,(\boldsymbol{x}_i,z_i),\cdots,(\boldsymbol{x}_N,z_N)\}$，记 $z=1,2,\cdots,K$ 为样本 $\boldsymbol{x}$ 的类别标号。与传统的 k-NN 分类器不同，子空间 k-NN 不再是纯粹的“懒”分类器，它有自己的训练算法，其任务是学习特征的权重。特征加权方式有全局的和局部的两种类型，前者不区分类别差异，给每个特征 A_d 赋予一个唯一的权重 ϖ_d；后者进行类依赖的特征加权，为 A_d 计算 K 个权重 $w_{1d},w_{2d},\cdots,w_{Kd}$，每个权重对应于一个类别。学习到的权重用于定义子空间距离度量。

加权方式不同，对应的距离度量也不同。采用全局特征加权时，两个类属型样本 $\boldsymbol{x}$ 和 $\boldsymbol{y}$ 的距离定义为

$$\mathrm{WSMD}_{\mathrm{global}}(\boldsymbol{x},\boldsymbol{y};\boldsymbol{\varpi})=\sum_{d=1}^{D}\varpi_d\times I(x_d\neq y_d) \tag{6.41}$$

式中，$\boldsymbol{\varpi}=(\varpi_1,\cdots,\varpi_d,\cdots,\varpi_D)^{\mathrm{T}}$ 是唯一的特征权重向量；$I(\cdot)$是指示函数。这里 WSMD 是加权简单匹配距离（Weighted Simple Matching Distance，WSMD）的简写，实际上，该式就是简单匹配距离函数的加权形式。关于简单匹配距离可参见 5.3.3 节。采用局部特征加权时，要区分类的差异，对于两个样本 $\boldsymbol{x},\boldsymbol{y}\in c_k$，其距离为

$$\mathrm{WSMD}_{\mathrm{local}}(\boldsymbol{x},\boldsymbol{y};\boldsymbol{w}_k)=\sum_{d=1}^{D}w_{kd}\times I(x_d\neq y_d) \tag{6.42}$$

式中，$\boldsymbol{w}_k=(w_{k1},w_{k2},\cdots,w_{kD})^{\mathrm{T}}$，$k=1,2,\cdots,K$，是作用于 c_k 类样本的特征权重向量。

现有很多方法可以为式（6.41）或式（6.42）学习特征权重，定义各式距离度量用于子空间近邻分类。例如，文献[31]使用了核加权式（6.23）计算局部特征权重，提出了 K2NN 近邻分类器等。下面介绍两种“直觉型”的特征加权思想[40]，其特点是每种思想既可以定义全局特征权重，又可以用于定义局部特征权重。

1）全局特征加权方法

第一种加权方法基于信息熵。如 4.2.3 节所述，信息熵是一种常用的“不确定性”度量方法，在监督式特征重要性评价中，它用于衡量每个特征上类属符号（相当于样

本的分类类别）的不确定性，不确定性越高，则特征的重要性越低。对于第 d 维特征上的每个符号 $o_d \in O_d$，用下列指标 GE(o_d)来计算这种不确定性：

$$\mathrm{GE}(o_d) = -\sum_{k=1}^{K} p(k \mid o_d)\log_2 p(k \mid o_d)$$

式中

$$p(k \mid o_d) = \frac{\sum_{(\boldsymbol{x},z)\in \mathrm{Tr}} I(z = k \wedge x_d = o_d)}{\sum_{(\boldsymbol{x},z)\in \mathrm{Tr}} I(x_d = o_d)} \tag{6.43}$$

用于估计取值 o_d 的样本中类别标号为 k 的概率。注意到 $0 \leqslant \mathrm{GE}(o_d) \leqslant \log_2 K$，由此可以将该指标的值规范化到[0, 1]区间：$\mathrm{NGE}(o_d) = \mathrm{GE}(o_d) / \log_2 K$；再进一步，通过加权平均 O_d 中所有符号的标准化指标值，计算第 d 维特征总的“不确定性”ANGE(d)。各符号的权重为符号的出现概率

$$p(o_d) = \frac{1}{N}\sum_{(\boldsymbol{x},z)\in \mathrm{Tr}} I(x_d = o_d) \tag{6.44}$$

为将 ANGE(d)指标用于特征权重，还需要一个变换过程，因为不确定性越小，意味着该特征越重要，特征权重值应该越大。一种常用的变换手段是应用高斯核函数，即特征权重 $\varpi_d = \exp[-\mathrm{ANGE}(d)/h]$，这里 h 是核函数的带宽。为简单起见，设定 h=1，得到第 d 维类属型特征基于信息熵的全局特征权重为

$$\varpi_d^{(\mathrm{GE})} = \mathrm{e}^{-\frac{1}{\log_2 K}\sum_{o_d \in O_d} p(o_d)\times \mathrm{GE}(o_d)} \tag{6.45}$$

第二种加权方法是基于类属型特征的基尼指标。如 4.2.1 节所述，基尼指标可以衡量符号分布的分散程度。这里将它运用于监督式特征重要性评价，利用它能够衡量每个类属符号中样本类别（也是一种符号）分布的分散程度，分散程度越高，则特征的重要性越低。用下列指标 GG(o_d)来计算第 d 维特征上类属符号 $o_d \in O_d$ 分布的分散程度，即

$$\mathrm{GG}(o_d) = 1 - \sum_{k=1}^{K} [p(k \mid o_d)]^2$$

易知上式的值域范围为 $0 \leqslant \mathrm{GG}(o_d) \leqslant 1 - 1/K$。与定义基于信息熵的指标类似，先对它进行规范化处理，再利用符号概率式（6.44）进行所有符号的加权平均，最后使用高斯核变换，定义第 d 维特征基于基尼指标的全局特征权重为

$$\varpi_d^{(\mathrm{GG})} = \mathrm{e}^{-\frac{K}{K-1}\sum_{o_d \in O_d} p(o_d)\times \mathrm{GG}(o_d)} \tag{6.46}$$

2）局部特征加权

基于信息熵和基于基尼指标的特征加权思想同样可以用于定义局部特征权重，所

不同的是，局部特征权重只能在单个训练类别的样本上计算。对于类 c_k，由信息熵衡量的（符号分布）不确定性为

$$\mathrm{LE}(k,d) = -\sum_{o_d \in O_d} p(o_d \mid k) \log_2 p(o_d \mid k)$$

式中

$$p(o_d \mid k) = \frac{1}{|c_k|} \sum_{(\boldsymbol{x},z)\in \mathrm{Tr}} I(z = k \wedge x_d = o_d) \tag{6.47}$$

是类 c_k 样本中取值符号 o_d 的概率估计式。同样地，根据其取值范围 $0 \leqslant \mathrm{LE}(k,d) \leqslant \log_2 |O_d|$，将值规范化为 $\mathrm{LE}(k,d)/\log_2|O_d|$，再经高斯核转换，得到第 d 维特征基于信息熵的局部特征权重计算表达式为

$$w_{kd}^{(\mathrm{LE})} = \mathrm{e}^{-\frac{1}{\log_2|O_d|} \times \mathrm{LE}(k,d)} \tag{6.48}$$

基于基尼指标也可以衡量类 c_k 中符号 o_d 分布的分散程度，其定义为

$$\mathrm{LG}(k,d) = 1 - \sum_{o_d \in O_d} [p(o_d \mid k)]^2$$

其中的 $p(o_d \mid k)$ 用式（6.47）估计。注意到 $0 \leqslant \mathrm{LG}(k,d) \leqslant 1 - 1/|O_d|$，经上述规范化-高斯核转换后，基于基尼指标的局部特征权重定义为

$$w_{kd}^{(\mathrm{LG})} = \mathrm{e}^{-\frac{|O_d|}{|O_d|-1} \times \mathrm{LG}(k,d)} \tag{6.49}$$

2. 近邻分类方法及其应用

子空间近邻分类器训练阶段使用算法 6.4 或算法 6.5 学习特征权重。前者用于 GE（基于信息熵的）和 GG（基于基尼指标的）全局特征加权方式，后者用于学习 LE（基于信息熵的）和 LG（基于基尼指标的）局部特征权重的学习。在计算局部特征权重时，为消除不同类之间的差异，需要将由式（6.48）或式（6.49）计算的权重再进行一次规范化处理，如算法 6.5 所示，使得对于每个类 c_k 都有 $\|\boldsymbol{w}_k\|_1 = 1$。

算法 6.4　类属型特征全局特征加权学习算法伪代码

输入: 训练集 Tr，GE/GG 加权方法

过程:

1: **For** $d = 1$ **to** D **do**

2: 　若是 GE 加权方法，则根据式（6.45）计算 $\varpi_d = \varpi_d^{(\mathrm{GE})}$；

3: 　否则根据式（6.46）计算 $\varpi_d = \varpi_d^{(\mathrm{GG})}$。

4: **End for**

输出: $\boldsymbol{\varpi} = (\varpi_1, \varpi_2, \cdots, \varpi_D)^{\mathrm{T}}$

一旦训练完成，距离度量公式（式（6.41）或式（6.42））就可以用于近邻分类，分类预测算法同算法 6.1，其中的 dis(·, ·)分别用式（6.41）或式（6.42）替换。与其他子空间分类方法一样，子空间近邻分类方法不仅可以输出样本的类别预测结果，还附带产生了特征权重集，可以用于特征选择。

算法 6.5　类属型特征局部特征加权学习算法伪代码

输入: 类 c_k 的训练样本，LE/LG 加权方法
过程:
1: **For** $d = 1$ **to** D **do**
2: 　若是 LE 加权方法，则根据式（6.48）计算 $w'_{kd} = w_{kd}^{(\mathrm{LE})}$；
3: 　否则根据式（6.49）计算 $w'_{kd} = w_{kd}^{(\mathrm{LG})}$。
4: **End for**
5: **For** $d = 1$ **to** D **do**
6: 　$w_{kd} = w'_{kd} / (w'_{k1} + w'_{k2} + \cdots + w'_{kD})$；
7: **End for**
输出: $\boldsymbol{w}_k = (w_{k1}, w_{k2}, \cdots, w_{kD})^{\mathrm{T}}$

在许多应用中，这种附带的特征选择功能是重要的，如 DNA 序列启动子（Promoter）预测/识别任务。启动子是基因的一个组成部分，控制基因表达（转录）的起始时间和表达的程度。一旦基因的启动子部分发生改变（突变），则会导致基因表达的调节障碍，这种变化常见于恶性肿瘤。在启动子识别任务中，生物学家给定一组包含潜在启动子的 DNA 序列（但哪些子序列属于启动子是未知的）和已知不包含启动子的另一组序列作为训练样本，目的是预测新的 DNA 序列是否包含启动子，同时还要识别哪些子序列属于启动子。后者就需要运用到分类模型的“特征选择”功能。

下面以 E. Coil 启动子序列库[41]为例分析 6.4.1 节的第 1 部分介绍的四种特征加权方法。简称该序列库为 Promoters，数据的基本参数见表 6.5。Promoters 数据共有 106 条 DNA 序列，分为 promotors 和 non-promotors 两个类；每条序列由 57 个氨基酸构成，第 1 个位点到第 50 个位点记为 p-50, p-49, ⋯, p-1，而第 51 个位点到第 57 个位点记为 p+1, p+2, ⋯, p+7。每个氨基酸位点是一个类属型特征，取值{'A', 'T', 'G', 'C'}中的符号。

表 6.5　Promoters 数据及不同分类器的平均分类精度

样本数	特征数	类别数	*k*-NN	C4.5	GE-NN	GG-NN	LE-NN	LG-NN
106	57	2	0.80±0.12	0.79±0.13	0.86±0.10	0.86±0.10	0.87±0.10	0.87±0.10

表 6.5 列出采用 4 种特征加权方法的 *k*-NN 分类器（依加权方法分别命名为 GE-NN、GG-NN、LE-NN 和 LG-NN）取得的平均分类精度，并与采用 SMD 的 *k*-NN（即表上第 4 列的 *k*-NN）和决策树方法 C4.5 进行对比。结果显示，较之于两种对比方法，4 型子空间近邻分类器明显提高了分类精度。采用局部特征加权的 LE-NN 和 LG-NN 的分类精度略高于基于全局特征加权的方法，二者的差别体现在加权方式上，GE 和 GG 两

个全局加权方法得到的特征权重如图 6.14 所示，图 6.15 显示 LE 和 LG 两种局部加权方法为数据中两个类分别计算的特征权重。

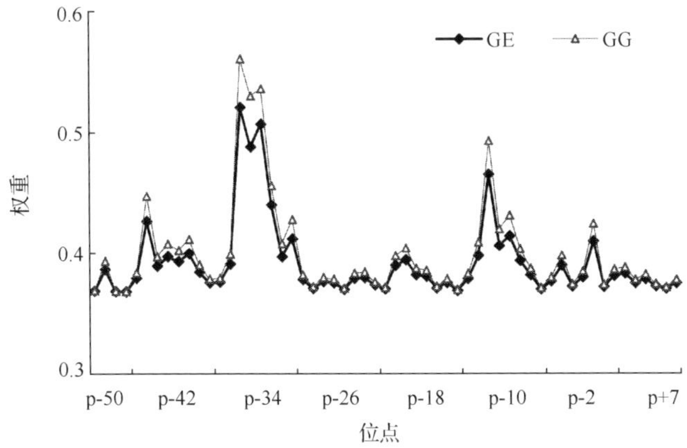

图 6.14　两个全局特征加权方法（GE 和 GG）为 Promoters 数据计算的特征权重

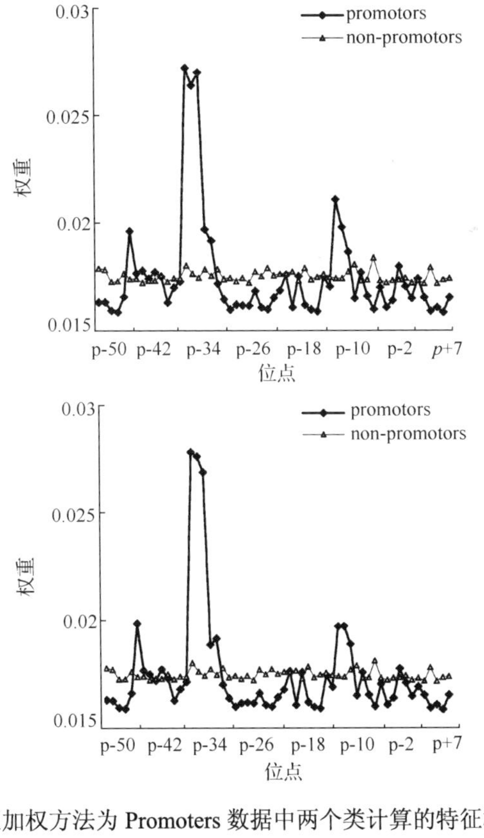

图 6.15　两种局部特征加权方法为 Promoters 数据中两个类计算的特征权重（上 LE、下 LG）

如图 6.14 所示，两种全局特征加权方法都识别出若干个启动子所在的区域，包括由权重较大的 p-45～p-41、p-36～p-32 和 p-12～p-10 特征组成连续的位点。图 6.15 显示的结果则更为直观，它表明这些启动子仅存在于 promotors 类的 DNA 序列中。这正是局部特征加权和全局特征加权方法的区别所在，局部特征加权方法可以为不同的类选择不一样的特征集。此外，从图上可以看出基于信息熵和基于基尼指标方法的细微差异，基于基尼指标的权重对不同特征上符号分布的差异更为敏感。

6.4.2 子空间原型分类

子空间原型分类器是一种内嵌特征选择的原型分类方法。基于原型的分类方法 PBC[7,16]根据待测样本与各原型（通常是类“中心”）之间的相似性预测样本的类别，具有简单、高效的优点，但也因依赖于原型受到限制，主要表现为两个方面：一是每个类仅用一个原型作为代表点，对一些复杂数据特别是类间有较大重叠性的数据并不适用；二是对于一些数据，如类属型数据，原型本身没有定义。对于前者有两种解决途径，一是为每个类训练多个原型，建立多原型的分类器；二是进行空间变换力求区分类边界，在这点上 3.7 节讨论的非线性特征变换方法将大有用武之地，而类依赖的特征选择方法是另一个选项，它将不同类的样本投影到不同的空间以区分边界，详见 6.4.3 节讨论。本节考虑上述第二个问题，即类属型数据的子空间原型分类问题。

为类属型数据建立基于原型的子空间分类模型需要解决两个子问题：一个是如何定义类属型的“原型”，另一个是如何为所建立的原型识别其所在的子空间。对第一个子问题，文献[31]给出了一个类属型原型的定义，它基于 6.3.1 节的第 1 部分介绍的核密度估计模型，将训练样本 $\boldsymbol{x}\in c_k$ 投影到概率空间，根据式（6.19）用向量 $\boldsymbol{x}'_d$ 表示每个特征 d 上的符号 x_d。具体地，令 $\boldsymbol{x}'=[\boldsymbol{x}'_1,\cdots,\boldsymbol{x}'_d,\cdots,\boldsymbol{x}'_D]$ 表示投影后的样本，$\boldsymbol{x}'_d=(x_1'^{(d)},\cdots,x_l'^{(d)},\cdots,x_{|O_d|}'^{(d)})^{\mathrm{T}}$，其中

$$x_l'^{(d)}=\frac{1}{\gamma_{kd}}[\beta h_{kd}+(1-\alpha h_{kd})I(x_d=o_l)]$$

式中，α,β 及 γ 是核函数确定的系数；$I(\cdot)$ 为指示函数。该方法称为基于核原型的分类（Kernel and Prototype Based Classification，KPBC）。

定义 6.1 类属型类 c_k 的原型是最小化式（6.50）的矩阵 $\boldsymbol{V}_k=[\boldsymbol{v}_{k1},\cdots,\boldsymbol{v}_{kd},\cdots,\boldsymbol{v}_{kD}]$，其中 $\boldsymbol{v}_{kd}=(v_{kd,1},\cdots,v_{kd,l},\cdots,v_{kd,|O_d|})^{\mathrm{T}}$ 表示 c_k 第 d 个特征上的原型。

$$J_{\mathrm{KPBC}}(\boldsymbol{V}_k)=\sum_{\boldsymbol{x}\in c_k}\sum_{d=1}^{D}\left\|\boldsymbol{x}'_d-\boldsymbol{v}_{kd}\right\|_2^2 \tag{6.50}$$

根据定义 6.1，给定类属型类 c_k，令 $\frac{\partial J_{\mathrm{KPBC}}}{\partial v_{kd,l}}=0$，$d=1,2,\cdots,D$，$l=1,2,\cdots,|O_d|$，解得 $v_{kd,l}=(1-w_{kd})\frac{1}{|O_d|}+w_{kd}f_{k,d}(o_{dl})$，其中 $o_{dl}\in O_d$ 是 O_d 中的第 l 个符号，其频度估

计 $f_{k,d}(o_{dl})$ 见式（5.21）；w_{kd} 是式（6.18）和式（6.23）定义的特征权重。注意基于原型的分类方法要求数据是经规范化过的(见 6.1.2 节的第 5 部分讨论)，为此，将 $f_{k,d}(o_{dl})$ 规范化为

$$\dot{f}_{k,d}(o_{dl})=\frac{f_{k,d}(o_{dl})}{\sqrt{\sum_{o\in O_d}[f_{k,d}(o)]^2}} \tag{6.51}$$

将 w_{kd} 规范化为

$$\dot{w}_{kd}=\frac{w_{kd}}{\sqrt{\sum_{d'=1}^{D}w_{kd'}^2}} \tag{6.52}$$

最后得到类 c_k 第 d 个特征上符号 o_{dl} 的规范化原型

$$v_{kd,l}=(1-\dot{w}_{kd})\frac{1}{|O_d|}+\dot{w}_{kd}\dot{f}_{k,d}(o_{dl}) \tag{6.53}$$

注意到式（6.53）定义的原型已经包含了特征权重，是一种经“特征选择”过的原型。有了类的原型，就可以根据原型-待测样本间的相似性进行基于原型的分类。根据定义 6.1，待测样本 $\boldsymbol{x}$ 与 c_k 类原型间的距离可以计算为

$$\begin{aligned}\text{Dist}(\boldsymbol{x},c_k)&=\sum_{d=1}^{D}\left\|\boldsymbol{x}'_d-\boldsymbol{v}_{kd}\right\|_2^2\\&=\sum_{d=1}^{D}\dot{w}_{kd}^2+\sum_{d=1}^{D}\dot{w}_{kd}^2\sum_{o_{dl}\in O_d}[\dot{f}_{k,d}(o_{dl})]^2-2\sum_{d=1}^{D}\dot{w}_{kd}^2\dot{f}_{k,d}(o_{dl})\\&=2-2\sum_{d=1}^{D}\dot{w}_{kd}^2\dot{f}_{k,d}(o_{dl})\end{aligned}$$

忽略常数项，样本 $\boldsymbol{x}$ 与类 c_k 的相似度简化为

$$\text{sim}(\boldsymbol{x},c_k)=\sum_{d=1}^{D}\dot{w}_{kd}^2\dot{f}_{k,d}(o_{dl}) \tag{6.54}$$

基于原型的类属数据分类器的训练算法如算法 6.6 所示，其目的是为训练数据集 Tr 中的每个类学习规范化的特征权重和估计各特征上类属符号的规范化频度。算法时间复杂度为 O（DN），与特征数及训练样本数都呈线性关系。

算法 6.6　基于原型的类属数据分类器（KPBC）训练算法伪代码

输入：训练数据集 Tr

过程：

1：根据式（6.23）计算特征权重 w_{kd}，并根据式（6.52）进行规范化处理得 $\dot{w}_{kd}$，$k=1,2,\cdots,K$，$d=1,2,\cdots,D$；

2: 根据式（5.21）计算每个符号的频度，并根据式（6.51）进行规范化处理得 $\dot{f}_{k,d}(o_{dl})$，$k=1,2,\cdots,K$，$d=1,2,\cdots,D$，$l=1,2,\cdots,|O_d|$；

输出: 规范化特征权重集 $\dot{W}=\{\dot{w}_{kd}\mid k\in[1,K];d\in[1,D]\}$ 和

符号频度集 $\dot{F}=\{\dot{f}_{k,d}(o_{dl})\mid k\in[1,K];d\in[1,D];l\in[1,|O_d|]\}$

算法 6.7 所示为基于原型的类属数据分类器的分类预测算法。给定待分类样本 $\boldsymbol{x}$ 和算法 6.6 输出的规范化特征权重集和规范化符号频度集，根据式（6.54）检查 $\boldsymbol{x}$ 与各类的相似性，并预测 $\boldsymbol{x}$ 的类别为最相似的那个类。因此，算法时间复杂度为 O（KD），与训练样本数无关。

算法 6.7　基于原型的类属数据分类器（KPBC）分类算法伪代码

输入: 待分类样本 $\boldsymbol{x}$，特征权重集 $\dot{W}$ 和符号频度集 $\dot{F}$

过程:

1: For $k=1$ to K

2: 　根据式（6.54）计算 $\boldsymbol{x}$ 与类 c_k 间的相似度 sim（$\boldsymbol{x}$, c_k）。

输出: $\boldsymbol{x}$ 的类别标号 $\mathrm{argmax}_{\forall k}\mathrm{sim}(\boldsymbol{x},c_k)$

基于原型的类属数据分类器（KPBC）可以应用于疾病辅助诊断，这种数据通常具有大量的类属型属性，而且样本量较少。在样本量较少的情况下，基于原型的分类方法在泛化性能上具有优势，还以 6.3.1 节使用的用于肺癌诊断的 Lungcancer 数据为例。如 6.3.1 节的第 3 部分所述，算法使用的嵌入型软特征选择方法，可以在构造分类模型的同时根据每个特征被赋予的权重进行特征选择。在模型训练完成后，将特征权重（$K\times D$ 个权重）按数值从大到小排序，提取占特征一定百分比的前若干个特征就可以组成数据的约简特征子集。图 6.16 显示 KPBC 和决策树算法 C4.5 在 Lungcancer 数据不同特征子集上 10 折交叉验证的平均分类精度。

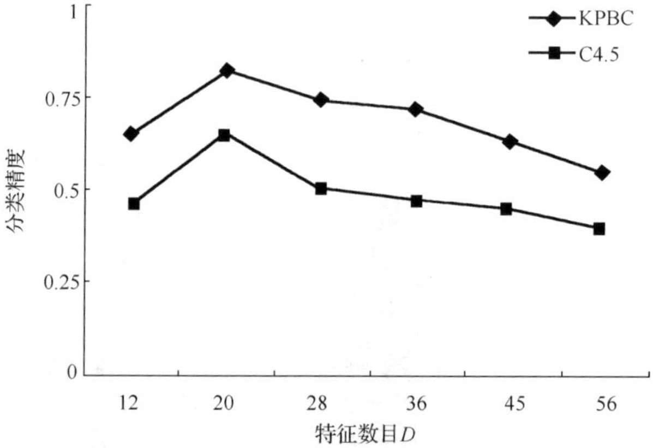

图 6.16　两种算法在 Lungcancer 数据上的分类结果对比示意图

图 6.16 显示的结果使用了特征权重值较大的前 20%特征（$D=12$）、35%特征

（$D = 20$）、50%特征（$D = 28$）、65%特征（$D = 36$）、80%特征（$D = 45$）和全部特征（$D = 56$）组成的特征集。结果显示 KPBC 的分类精度大幅超过决策树算法。有趣的是，使用约简特征子集时，两个分类器的性能都得到了提高，尤其是在仅占全部特征 35%的重要特征子集上，KPBC 的平均分类精度达到了 0.821，远高于在全特征集上的 0.550（作为参照，C4.5 算法的精度是 0.403）。这个结果再次说明了在数据挖掘算法中嵌入特征选择功能的重要性，也再次验证了 1.3.2 节及图 1.2 表达的仅在部分相关特征上建立的模型可能具有更好性能的观点。

6.4.3　文档子空间分类

自动文档归类（automatic document categorization）是子空间分类方法重要的应用之一。除了高维性等特点，文档数据普遍存在的另一个突出特点是，仅有部分特征（关键词）与一类文档表达的语义相关，而不同文档类相关的关键词集合通常是不一样的。这就要求分类算法要在识别文档类相关的、各异的特征集基础上进行文档分类，而这恰是子空间分类方法的长处。以下首先介绍关于文本分类的若干基础知识。

1. 文档分类

图 6.17 给出了一个典型的文档分类系统。文档分类的关键技术主要有：文档预处理、文档表示、特征选择和文档分类算法。

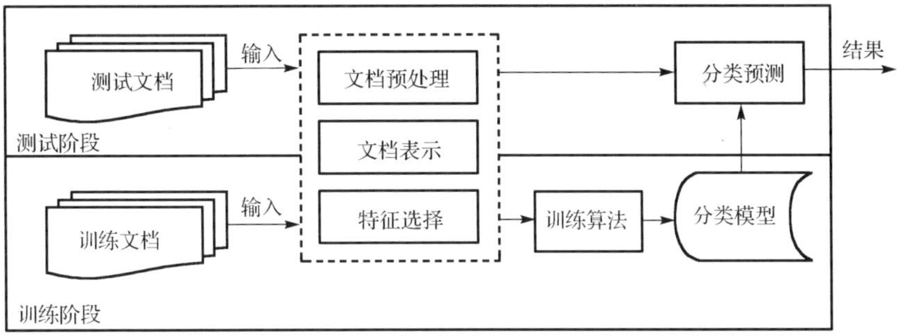

图 6.17　一个典型的文档分类系统结构图

在进行文档分类之前，需要将非结构化的文档进行结构化表示，在这个过程中不同格式的文档（包括 Plain text、HTML、XML、E-Mail 等）被转化成相同的表示模型。文档的向量空间模型 VSM[42]便是一种常见的表示方法。在最简单的 VSM 中，每篇文档用 TF（Term Frequency）向量 $\boldsymbol{x} = (\mathrm{tf}_1, \mathrm{tf}_2, \cdots, \mathrm{tf}_j, \cdots, \mathrm{tf}_D)^{\mathrm{T}}$ 表示，其中 tf_j 表示第 j 个词条或短语在文档中出现的频度，D 个不相同的词条构成了文档集的词汇表。表 6.6 显示了一个例子。在这个例子中，第一篇文档 $\boldsymbol{x}_1$ 包含 drug、vaccines、state 等单词，它们在 $\boldsymbol{x}_1$ 中分别出现了 1 次、1 次和 2 次。

表 6.6 以 VSM 表示的文档数据例子

文档类	文档（样本）	drug (A_1)	vaccines (A_2)	state (A_3)	…
c_1	$\boldsymbol{x}_1$	1	1	2	…
	$\boldsymbol{x}_2$	1	1	3	…
	$\boldsymbol{x}_3$	1	0	3	…
	$\boldsymbol{x}_4$	1	0	2	…
c_2	$\boldsymbol{x}_5$	0	1	1	…
	$\boldsymbol{x}_6$	0	0	1	…

为得到这些词，需要对文档进行预处理。文档预处理主要包括去除一些无用的标记和停用词（stop words）、词根还原（英文）、分词（中文）等。此外，在实际问题中，为避免文档的长度差异对分类算法造成影响，通常在预处理时将每个文本向量变换成单位长度，即$\|\boldsymbol{x}\|_2=1$，见 1.5.1 节。

在 VSM 表示的基础上，通常还为每个特征进行加权，这样向量 $\boldsymbol{x}$ 的第 j 个分量可表示为 $\mathrm{tf}_j \times w_j$，权值 w_j 体现第 j 个词条对文档的语义贡献程度[43]。常用的特征加权方式有 Idf[44]等，见 4.2.1 节；此时 $\boldsymbol{x}$ 的第 j 个分量表示为 $\mathrm{tf}_j \times \mathrm{Idf}_j$。需要说明的是，这里的“加权”与前面章节所述的“特征加权”是不同的，这里对词条的加权是 VSM 表示模型的一部分。为降低文档数据的维度，通常需要进行特征选择，常见的做法是基于一些评估函数，如信息增益、互信息、期望交叉熵等对每个原始特征的重要性进行评估，过滤掉那些认为不重要的特征，达到维度约简的目的。关于特征选择可以参考本书第 4 章的内容。

以 VSM 表示的文档也称为文档向量。通常这种表示模型具有大量的特征（词），作为训练样本的文档数量也很庞大，这对文档分类方法构成了挑战。实际上，早在 20 世纪 50 年代，人们就已经开始研究文档分类问题，提出了自动文档分类方法[45-47]。90 年代之后，基于专家规则的自动文本分类方法逐步被新兴的统计方法和机器学习方法所取代，这些方法大致可以分为两类[48]：一类为传统的机器学习方法，包括决策树（如 C4.5）、基于实例的分类器（如 k-NN）、贝叶斯分类器、SVM、基于原型的分类器等；另一类为信息检索领域开发的方法，如反馈网络、线性分类器等[49]。研究表明，SVM、k-NN、贝叶斯和基于原型的分类器等都可以取得较好的文档分类效果，其中又以 SVM 最受推崇。SVM 在处理高维、稀疏的文档数据上有较大的优势，但在时间效率上 SVM 略逊一筹[50]。在这些方法中，将数据投影到相关空间以提高分类精度的策略得到广泛应用。例如，SVM 通过变换将数据投影到更高维空间中，使得原空间中线性不可分的样本在核空间中变得容易分离[42,51]；而像 PCA 和 Fisher LDA 等方法则将样本投影到一个能够刻画或很好地使类别分离的空间（通常这是一个约简的向量空间）。这些投影技术都是针对整个数据集的，因而可称为全局方法。

文档数据通常具有复杂的类别结构。很多情况下文档类别只是由某些词（或关键字）构成的特征子集刻画的，从这个意义上说，文档类别只能在子空间而不是整个数据空间中进行模型化。更重要的是，与不同文档类别相关的子空间通常是不同的，这是因为在某个文档类中出现的关键字往往不会出现在其他文档类中。换句话说，刻画文档类别的最佳投影子空间可能是类依赖的。

这涉及子空间分类问题：在训练阶段为每个类别学习各自的子空间；在分类阶段，首先将每个待测样本投影到这些子空间中，再依据近邻原则进行分类。这里，投影子空间可以用类依赖的 PCA 变换[52,53]或线性规划方法[52,53]学习得到，但是这些方法往往难以确定子空间的维数，且学习算法时间复杂度较高。针对上述问题，近年来已提出多种基于子空间的文本分类新方法，如多代表点的子空间分类算法[54]、类依赖投影的文本分类[55]等。研究表明，这些方法可以取得较好的文档分类效果，且有较高的效率。

从分类效率的角度来说，在上述方法中当属朴素贝叶斯和基于原型的分类方法最受欢迎。因此，可以结合投影技术发展子空间贝叶斯和子空间原型分类方法（可参考 6.3.2 节和 6.4.2 节），用于子空间文档分类。本节以下部分考虑文档数据的另一个特点，如图 6.18 所示，介绍一种多原型的子空间分类方法。图 6.18 显示的文档集包含“明星”、“运动”和“评论”等类别，文档分类任务是将待测样本归为其中一类。但是，每个类的文档实际上还可以按主题差异区分不同的“小类”，例如，“运动”类还包括“高尔夫”、“篮球”和“足球”等主题的文档子类别。根据上面分析，每个子类别都与自己的特征子空间相关联，这意味着“运动”类跨越了多个不同的子空间，需要为一个类学习多个投影子空间。

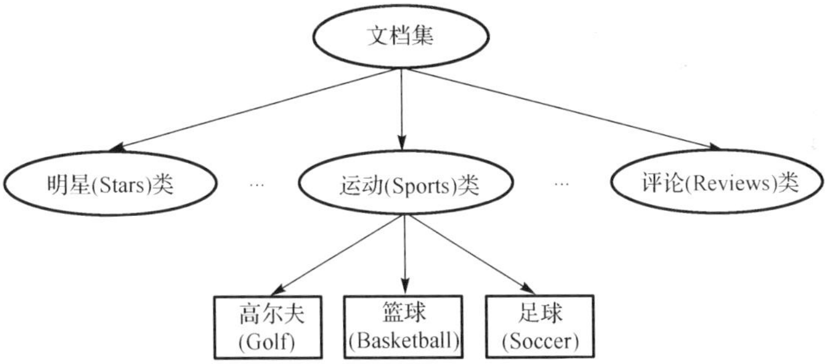

图 6.18　文档类别层次结构示意图

2. 多原型文档投影技术

在实际文档中，文档类通常相互重叠，而传统的原型分类器难以在全空间中构造模型用于区分不同的类。如图 6.19(a)所示，享有不同主题的两类文档分布在全空间中（假设文档由三个特征词组成：Jordan、champion、Messi，即所有文档分布在由这三个词构成的三维空间中）。这两类文档都与这三个特征词相关，因此在三维空间中，两类文档是重叠的。图 6.19(b)和图 6.19(c)分别给出 PBC 与 *k*NNModel 分类器[6]中的原型实例，前者为每个类构造一个原型（见 6.1.2 节的第 5 部分），后者以若干“球形”区域内位于中心的样本为一个类的原型（见 6.1.2 节的第 6 部分）。如图 6.19(b)所示，两个原型（中心点）难以准确描述样本的分布特点。例如，Sports 类中的一些样本距 Stars 类中心更近。图 6.19(c)中 *k*NNModel 分类器在类重叠区域往往会产生大量冗余的原型，其分类精度也会受到影响。

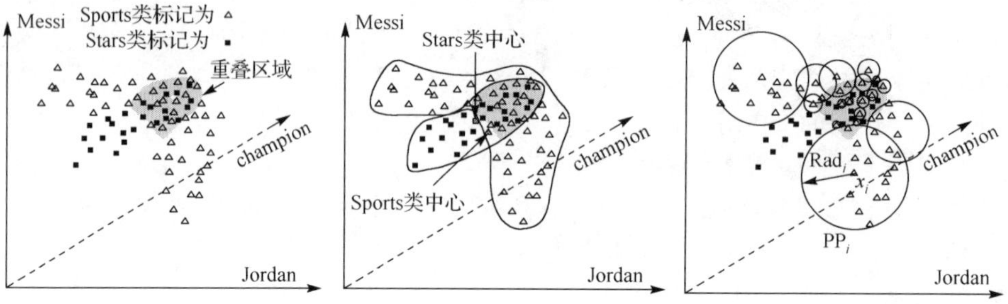

(a) 类重叠现象　　(b) PBC中的原型　　(c) *k*NNModel中的原型

图 6.19　重叠类以及两种分类器中的原型示意图

在文档分类中，不同文档类可以用不同特征子集刻画，某些文档与一组特征词相关，而另一些文档与其他特征词相关，也就是说，不同文档类可能存在于由不同特征词构成的子空间中。例如，图 6.20(a)中的两个子空间：Jordan-champion 和 Messi-champion 二维平面。为此，可以使用类依赖的投影（class-dependent projection）[55]方法将每个文档类投影到各自的子空间中，但图 6.20(a)显示两个类的样本仍然重叠在一起，其原因就在于一个文档类也可能会跨越多个不同的子空间。如图 6.20(b)所示，Sports 类可以分成两个子类：Basketball 和 Soccer。因此将同一类中不同子类的文档投影到不同的子空间上将有助于区分文档类边界。在图 6.20(b)中，Sprots 类中的样本被分别投影到 Jordan-champion（与子主题 Basketball 相关）和 Messi-champion（与子主题 Soccer 相关）二维空间中，并形成两个子类（图中的 M_1 和 M_2）。每个子类中的样本都属于同一个“父”类，因此这些样本要用一个“虚拟点”作为代表，我们称这个虚拟点为代表点。

与类依赖的投影方法相比，多代表点投影方法将一个文档类投影到不同的子空间中，从而将一个类划分为多个不同的子类，而每个子类都与一个子主题相关。子类中的样本用于学习代表点及其所存在的子空间，显然这些子空间是依赖于这些代表点所表示的样本，因此称该投影方法为多代表点依赖的。这种多代表点依赖的投影方法表明每个原型都存在于自己的子空间中，而每个特征对不同的子类具有不同的贡献。

考虑 K 类文档分类问题，假设第 k 个类 $c_k\,(k=1,2,\cdots,K)$ 可以进一步划分为 α_k 个子类，每个子类中的样本都有相同且唯一的类标号，则训练集 Tr 含有 $\beta=\alpha_1+\alpha_2+\cdots+\alpha_K$ 个子类，各子类记为 M_l，M_l 的代表点用 $\boldsymbol{v}_l$ 表示，$l=1,2,\cdots,\beta$。每个子类 M_l 拥有自己的投

影子空间，投影通过赋予每个特征 A_d 表示相关性的权重 w_{ld} 来实现，记特征权重向量为 $\boldsymbol{w}_l=(w_{l1},\cdots,w_{ld},\cdots,w_{lD})^{\mathrm{T}}$ 且满足归一化条件

$$\forall l:\|\boldsymbol{w}_l\|_1=1 \tag{6.55}$$

样本在投影空间中的距离通过式（6.11）定义的加权欧几里得距离函数 $\mathrm{dis}_{\boldsymbol{w}_l}(\cdot,\cdot)$ 计算。

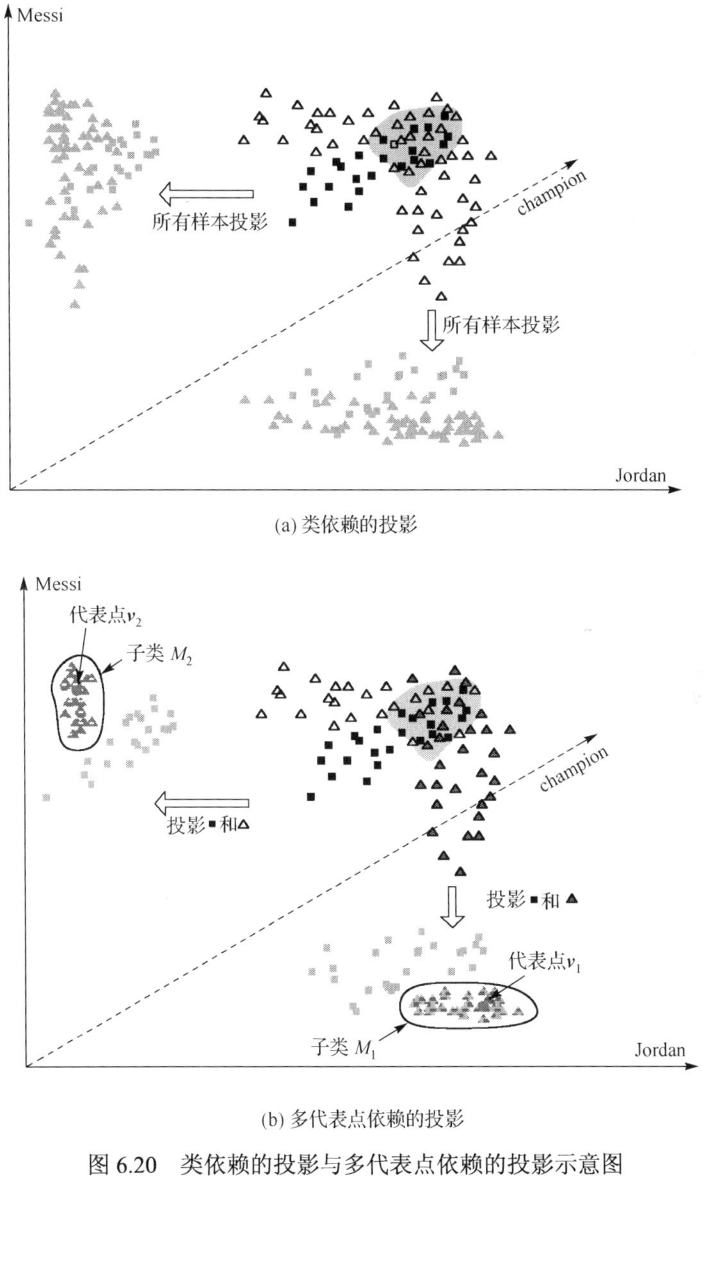

图 6.20　类依赖的投影与多代表点依赖的投影示意图

定义 6.2　令 $PP_l = (\boldsymbol{v}_l, \boldsymbol{w}_l, Rad_l, Num_l, Cls)$表示 M_l 的投影原型（projected prototype），用于表示 M_l 中的所有样本及其所在的投影子空间，这些样本拥有共同的类标号 Cls；其中，原型的半径 Rad_l 为

$$Rad_l = \begin{cases} dis_{\boldsymbol{w}_l}(\boldsymbol{v}_l, NM_l), & dist(\boldsymbol{v}_l, NM_l) > dist(\boldsymbol{v}_l, FH_l) \\ \dfrac{dis_{\boldsymbol{w}_l}(\boldsymbol{v}_l, NM_l) + dis_{\boldsymbol{w}_l}(\boldsymbol{v}_l, FH_l)}{2}, & 其他 \end{cases} \tag{6.56}$$

式中，NM_l 表示离代表点 $\boldsymbol{v}_l$ 最近的异类样本；FH_l 表示离代表点最远的同类样本；Num_l 表示 PP_l 覆盖区域（以 $\boldsymbol{v}_l$ 为中心，Rad_l 为半径的区域）内的样本数，即

$$Num_l = |\{\boldsymbol{x} \mid \boldsymbol{x} \in M_l, dis_{\boldsymbol{w}_l}(\boldsymbol{x}, \boldsymbol{v}_l) < Rad_l\}|$$

图 6.21 显示一个例子。这个例子中有两个类别的样本，分别用+和 Δ 表示。+类样本分为两个子类，每个子类用一个投影原型表示。注意到图中子类 2 样本的分布并不是理想的圆形，这就需要用到投影的“重塑”功能。利用一个适当的权重向量 $\boldsymbol{w}$，样本在投影空间的分布将被重塑以逼近圆形分布。学习算法将在下面介绍。为评价投影原型的质量，引入覆盖率概念，如定义 6.3 所示。

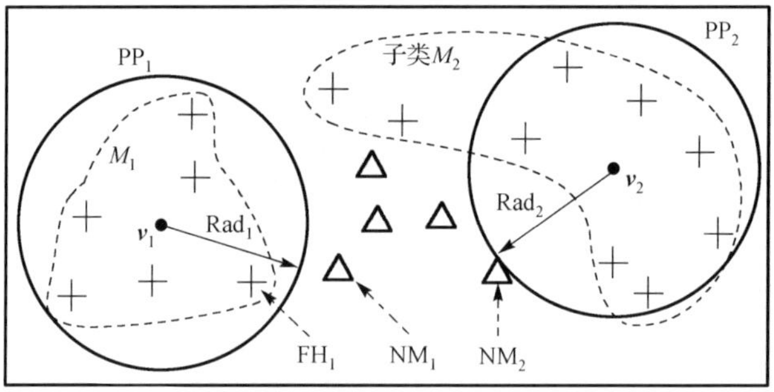

图 6.21　投影原型示意图

定义 6.3　$Cov(PP_l)$表示投影原型 PP_l 的覆盖率，即

$$Cov(PP_l) = \frac{Num_l}{|M_l|} \tag{6.57}$$

覆盖率 $Cov(PP_l)$的取值范围为[0, 1]。覆盖率越高，则其质量越好。基于以上定义，可以从训练集中学习分类模型 $CM = \{PP_l \mid l = 1, 2, \cdots, \beta\}$。分类器在建立模型的过程中通过不断优化每个投影原型的覆盖率以提高分类模型的质量。

3. 多原型文档子空间分类

基于上述多投影原型的文档子空间分类方法称为 PPC（Projected Prototype Based Classification）[56]，分类器的测试阶段算法如算法 6.8 所示。

算法 6.8　多投影原型的文档子空间分类器（PPC）测试算法伪代码

输入：待分类文档 $\boldsymbol{x}$ 以及分类模型 CM={$\text{PP}_l \mid l = 1, 2, \cdots, \beta$}
过程：
1: 投影原型集合 $\rho(\boldsymbol{x}) = \{\text{PP}_l \mid \text{dis}_{\boldsymbol{w}_l}(\boldsymbol{x}_t, \boldsymbol{v}_l) < \text{Rad}_l, l \in [1, \beta]\}$；
2: 若 $|\rho(\boldsymbol{x})| = 0$，则输出 $[\arg\min_{\text{PP}_l \in \text{CM}} \text{dis}_{\text{PP}_l.\boldsymbol{w}_l}(\boldsymbol{x}, \text{PP}_l.\boldsymbol{v}_l)].\text{Cls}$；
3: 若 $|\rho(\boldsymbol{x})| = 1$，则输出 PP.Cls, $\text{PP} \in \rho(\boldsymbol{x})$。
输出：类标号 $[\arg\max_{\text{PP}_l \in \rho(\boldsymbol{x})} \text{PP}_l.\text{Num}_l].\text{Cls}$

对于待分类文档 $\boldsymbol{x}$，算法首先根据式（6.11）计算 $\boldsymbol{x}$ 到每个投影原型代表点间的加权距离，然后按照以下规则对文档行分类。

规则 1：若 $\boldsymbol{x}$ 被一个投影原型 PP_l 覆盖，则赋予其标号 PP_l.Cls。

规则 2：若 $\boldsymbol{x}$ 被两个及以上的投影原型覆盖，则将覆盖样本最多的投影原型的类别标号赋予 $\boldsymbol{x}$。

规则 3：若 $\boldsymbol{x}$ 未被任何投影原型覆盖，则将距 $\boldsymbol{x}$ 最近的原型的类标号赋予 $\boldsymbol{x}$。

实际上该算法是传统基于原型分类方法 PBC 的一种扩展，不同的是在 PPC 中每个类有多个原型，且在每个原型的投影子空间中计算样本间距离。算法的时间复杂度是 $O(\beta)$。与投影原型的数目呈线性关系，且与训练样本的数目 N 无关。通常，$\beta \ll N$。

下面介绍分类模型的训练算法，其目标是学习投影原型并建立分类模型 CM。给定训练集，其每个类 c_k 包含的子类数目 α_k 是未知的。为此，采用一种迭代结构，从 α_k=1 开始持续增加子类数目，分别构造投影原型，直到投影原型的质量不再提高，过程如算法 6.9 所示。

算法 6.9　多投影原型的文档子空间分类器（PPC）训练算法伪代码

输入：文档类 c_k 中的训练样本
过程：
1: 初始化投影原型数目 α_k =0；
2: 令 M_{poorest} 表示覆盖率最小的子类，初始化 $M_{\text{poorest}}=c_k$；
3: 令 V 表示子类代表点集合，初始化为 $\varnothing$；
4: **repeat**
5: 　$\alpha_k = \alpha_k + 1$；
6: 　计算 M_{poorest} 中样本的平均向量，记为 $\boldsymbol{v}_{\text{poorest}}$；$\boldsymbol{V} = \boldsymbol{V} \cup \{\arg\max_{\boldsymbol{x} \in M_{\text{poorest}}} \text{dis}_{\boldsymbol{I}_D}(\boldsymbol{x}, \boldsymbol{v}_{\text{poorest}})\}$，其中 $\boldsymbol{I}_D$ 为 D 维单位向量；
7: 　用参数（c_k, α_k, V）调用算法 6.10，返回代表点 $\boldsymbol{v}_l$、特征权重向量 $\boldsymbol{w}_l$ 和子类 M_l，l=1..α_k；
8: 　根据定义 6.2 构造模型 $\text{CM}_k = \{\text{PP}_l \mid l = 1..\alpha_k\}$；根据定义 6.3 计算覆盖率 Cov($\text{PP}_l$)，$l$ = 1..α_k；
9: 　$M_{\text{poorest}} = M_{l'}$，这里 $l' = \arg\min_{l=1..\alpha_k} \text{Cov}(\text{PP}_l)$；
10: **until** 　$\alpha_k = |c_k|$ 或者所有的 Cov（PP_l）=1
输出：类 c_k 的投影原型集合 $\text{CM}_k = \{\text{PP}_l \mid l = 1..\alpha_k\}$

具体地，在算法的每次循环中，调用代表点学习算法之前确定 α_k 个初始中心点，这些中心点由两部分组成：上一轮循环产生的中心点，以及覆盖率最小的投影原型对应的子类中距中心点最远的那个样本点。之后，重新构造投影原型模型并计算每个投影原型的覆盖率。这种循环过程一直进行，直到每个投影原型的覆盖率达到 1，即每个子类中的样本都完全被相应的投影原型所覆盖。

现在考虑代表点及其投影子空间的学习算法。算法的给定条件是文档集 c_k、子类数 α_k 个和初始的 α_k 子类中心，目标是将 c_k 划分为 α_k 个子类的集合 $\{M_1,\cdots,M_l,\cdots,M_{\alpha_k}\}$，并为每个子类学习 M_l，以及最优的特征权重向量 $\boldsymbol{w}_l$。这实际上是一个软子空间聚类问题；因此，可以采用类似于 5.3.2 节介绍的方法对 c_k 内样本进行局部聚类，定义目标优化函数为受式（6.55）和式（6.59）约束的

$$J_{\mathrm{PPC}}(V,W,\Lambda)=\sum_{l=1}^{\alpha_k}\left(\frac{1}{|M_l|}\sum_{\boldsymbol{x}_i\in M_l}\lambda_i^{-1}\sum_{j=1}^{D}w_{lj}(x_{ij}-v_{lj})^2+\gamma\sum_{j=1}^{D}w_{lj}\ln w_{lj}\right)$$

式中，$\gamma>0$ 是加权参数；$W=\{w_l\mid l=1..\alpha_k\}$；$V=\{v_l\mid l=1..\alpha_k\}$；$\Lambda=\{\lambda_i\mid i=1..|c_k|\}$；$\lambda_i$ 是赋予第 i 个样本的权重，以区分样本对子类的作用，满足

$$\begin{cases}\sum_{i=1}^{|c_k|}\lambda_i=1\\ 0<\lambda_i\leqslant 1, i=1,2,\cdots,|c_k|\end{cases}\tag{6.58}$$

该目标函数是 LAC 算法[57]的扩展，LAC 的目标函数是 J_{PPC} 在 $\lambda_i\equiv 1/|c_k|$ 时的特例。因此，可以借鉴 LAC 算法[57]（实际上是一种 *K*-Means 式软子空间聚类算法，见算法 5.1）求解 J_{PPC} 的局部优解，如算法 6.10 所示。

算法 6.10　代表点学习算法伪代码

输入: c_k，α_k，初始中心点集合 $V^{(0)}$

过程:

1: 初始化: 初始所有特征权重为 $1/D$，记为 $W^{(0)}$；初始所有样本权重为 $1/|c_k|$，记为 $\Lambda^{(0)}$；设迭代次数 $t=0$;

2: **repeat**

3: 将样本 $\boldsymbol{x}_i\in c_k$ 归到子类 M_l，$l=\arg\min_{l'=1..a_k}u_i^{-1}\mathrm{dis}_{\boldsymbol{w}_l}(\boldsymbol{x}_i,\boldsymbol{v}_{l'})$，$\boldsymbol{v}_{l'}\in V^{(t)}$，$i=1,2,\cdots,|c_k|$；

4: $t=t+1$

5: 根据式（6.60）更新 $\Lambda^{(t)}$;

6: 根据式（6.61）更新 $V^{(t)}$;

7: 根据式（6.62）更新 $W^{(t)}$;

8: **until** $\left\|V^{(t+1)}-V^{(t)}\right\|<\varepsilon$

输出: $\{(\boldsymbol{v}_l,\boldsymbol{w}_l,M_l)\mid l=1,2,\cdots,\alpha_k\}$

算法的步骤 5 通过固定 V 和 W 求解最优的 Λ，步骤 6 固定 Λ 和 W 求解 V，在步

骤 7 中 Λ 和 V 固定，求解最优的 W。三个步骤的求解都是对目标函数 J_{PPC} 的局部优化，为此，运用拉格朗日乘子法将最小化 J_{PPC} 转换为无约束的优化问题：

$$\min J_{\text{PPC-1}}(V,W,\Lambda)=\sum_{l=1}^{\alpha_k}\left(\frac{1}{|M_l|}\sum_{\boldsymbol{x}_i\in M_l}\lambda_i^{-1}\sum_{j=1}^{D}w_{lj}(x_{ij}-v_{lj})^2+\gamma\sum_{j=1}^{D}w_{lj}\ln w_{lj}\right)$$
$$+\eta\left(\sum_{l=1}^{\alpha_k}\sum_{\boldsymbol{x}_i\in M_l}\lambda_i-1\right)+\sum_{l=1}^{\alpha_k}\xi_l\left(\sum_{j=1}^{D}w_{lj}-1\right)$$

式中，η 和 $\xi_l(l=1..\alpha_k)$ 为拉格朗日乘子。令 $\dfrac{\partial J_{\text{PPC-1}}}{\partial\eta}=0$ 及 $\dfrac{\partial J_{\text{PPC-1}}}{\partial\lambda_i}=0$， $i=1,2,\cdots,|c_k|$，

得到

$$\lambda_i=\frac{\text{dis}_{\boldsymbol{w}_l}(\boldsymbol{x}_i,\boldsymbol{v}_l)/\sqrt{|M_l|}}{\sum_{l'=1}^{\alpha_k}\sum_{\boldsymbol{x}_i\in M_{l'}}\text{dis}_{w_l}(\boldsymbol{x}_i,\boldsymbol{v}_{l'})/\sqrt{|M_{l'}|}},\quad \boldsymbol{x}_i\in M_l \tag{6.59}$$

令 $J_{\text{PPC-1}}(V,W,\Lambda)$ 关于 $v_{lj}(l=1,2,\cdots,\alpha_k;j=1,2,\cdots,D)$ 的偏导数为零，求解后可得最优的子类中心，即

$$v_{lj}=\frac{\sum_{\boldsymbol{x}_i\in M_l}\lambda_i^{-1}x_{ij}}{\sum_{\boldsymbol{x}_i\in M_l}\lambda_i^{-1}} \tag{6.60}$$

求解 $\dfrac{\partial J_{\text{PPC-1}}}{\partial\xi_l}=0$ 及 $\dfrac{\partial J_{\text{PPC-1}}}{\partial w_{lj}}=0(l=1,2,\cdots,\alpha_k;j=1,2,\cdots,D)$，可以获得特征权重值为

$$w_{lj}=\frac{\mathrm{e}^{-\frac{1}{\gamma}\tilde{\Delta}_{lj}}}{\sum_{j'=1}^{D}\mathrm{e}^{-\frac{1}{\gamma}\tilde{\Delta}_{lj'}}} \tag{6.61}$$

式中，$\tilde{\Delta}_{lj}=\dfrac{1}{|M_l|}\sum_{\boldsymbol{x}_i\in M_l}\lambda_i^{-1}(x_{ij}-v_{lj})^2$。

算法 6.10 所示的训练算法可以在有限的迭代次数内收敛，证明参见文献[56]。其时间复杂度为 $O(TD|c_k|\alpha_k)$，其中 T 是总的迭代次数；因此算法对于特征数、样本数以及原型数目都具有较好的可伸缩性。

多投影原型的文档子空间分类器 PPC 在以下两种极端情况下会分别退化为特征加权的原型分类器和加权 k-NN 分类器：$\alpha_k=1(k=1,2,\cdots,K)$ 和 $\alpha_k=|c_k|(k=1,2,\cdots,K)$。如果每个类的样本可以被唯一的一个投影原型所覆盖，那么对于每个 $c_k(k=1,2,\cdots,K)$ 而言，$\alpha_k=1$。这种情况下，$\beta=K$，PPC 与加权原型分类器[39]类似。另一种极端情况是每个投影原型只表示 c_k 中的一个训练样本，$\alpha_k=|c_k|$ 且 $\alpha=K$。此时 PPC 与加权 k-NN[58]类似，将每个样本看成一个投影原型。

6.5　网络入侵检测中的特征约简

本节介绍基于子空间分类方法的特征约简技术，应用于网络入侵检测系统，提取识别网络入侵行为关键特征（集）。计算机网络的国际化和开放化的特点，使得它在向人们提供信息资源共享的同时，也带来了不安全的隐患。计算机网络系统时常受到各种非法非授权的访问和攻击，严重威胁各个领域的信息系统的安全运行。网络入侵检测系统担负着保护系统和发现入侵的任务，由于需要实时处理海量的网络数据，特征约简对提高检测系统的效率和精度是相当重要的。本节利用嵌入软特征选择的子空间分类技术，能够在训练集上进行局部特征选择，因而无须生成候选特征子集，是一种"直接"的特征选择方法。

6.5.1　网络入侵检测数据

MIT Lincoln Labs 曾于 1999 年为 KDD 竞赛提供了实际的网络流量数据，每条数据记录的特征达 41 维，是从一个模拟美国空军所属局域网络导出的 9 周内的 TCP/IP 通信数据，该数据集是一种测试网络入侵技术公认的 benchmark 数据[59]，也称为 DARPA 数据。该数据集共有 494020 条记录（10% KDD CUP'99，http://kdd.ics.uci.edu/databases/kddcup99/kddcup99.html），包含 Normal、Probe、U2R、U2L 和 DoS 等几种攻击类型，我们仅使用其中的 Normal 和 DoS 类型的记录，二者合计占总记录数的 98.93%。DoS 攻击又可以分为 Smurf 等 6 个子类，各子类的具体描述见表 6.7。此数据已用于 4.3.5 节基于粗糙集理论和遗传算法的特征约简应用中。

表 6.7　用于网络入侵检测测试的 DARPA 数据集（部分）参数

类别		描述	记录数	占比
Normal		Normal	97277	19.904%
DoS	Smurf	Denial of Service ICMP echo reply flood	280790	57.452%
	Neptune	SYN flood Denial of Service on one or more ports	107201	21.934%
	Back	Denial of service attack against apache webserver where a client requests a URL containing many backslashes	2203	0.451%
	Teardrop	Denial of service where mis-fragmented UDP packets cause some systems to reboot	979	0.200%
	POD	Denial of service ping of death	264	0.054%
	Land	Denial of service where a remote host is sent a UDP packet with the same source and destination	21	0.004%

在 DARPA 数据集中，数据的每条记录由 41 个特征组成，其中有多个类属型特征，如表 6.8 所示。类属型特征 Protocol(2)和 Serivice(3)分别有 3 个（icmp, tcp 和 udp）和 66 个（domain, echo, finger 等）不同的取值，使用二值化方法将其变换成数值型数据（实际上是 0/1 二元型的，但可以当成数值型处理）。例如，Protocol(2)有 3 种可能的取值，为其生成 3 个新的数值型属性 protocol_icmp、protocol_tcp 和 protocol_udp，若

一条记录的 Protocol 属性取值为 tcp，则新属性 protocol_tcp 的值赋为 1，protocol_icmp 和 protocol_udp 均设为 0，以此类推。经过变换之后数据集有 108 维特征。最后，数据的每个特征都通过 0-1 规范化方法变换到[0,1]区间。关于二元化和 0-1 规范化方法详见 1.5 节。本应用的目标是从这 108 维特征中选择出一个最小且有效的特征子集。

表 6.8　DARPA 数据集特征列表

序号	属性名称	描述	特征类型
1	duration	length (number of seconds) of the connection	数值型
2	protocol_type	type of the protocol, e.g. tcp, udp, etc.	类属型
3	service	network service on the destination, e.g., http, telnet, etc.	类属型
4	flag	normal or error status of the connection	类属型
5	src_bytes	number of data bytes from source to destination	数值型
6	dst_bytes	number of data bytes from destination to source	数值型
7	land	1 if connection is from/to the same host/port; 0 otherwise	二元型
8	wrong_fragment	number of "wrong" fragments	数值型
9	urgent	number of urgent packets	数值型
10	hot	number of "hot" indicators	数值型
11	num_failed_logins	number of failed login attempts	数值型
12	logged_in	1 if successfully logged in; 0 otherwise	二元型
13	num_compromised	number of "compromised" conditions	数值型
14	root_shell	1 if root shell is obtained; 0 otherwise	二元型
15	su_attempted	1 if "su root" command attempted; 0 otherwise	二元型
16	num_root	number of "root" accesses	数值型
17	num_file_creations	number of file creation operations	数值型
18	num_shells	number of shell prompts	数值型
19	num_access_files	number of operations on access control files	数值型
20	num_outbound_cmds	number of outbound commands in an ftp session	数值型
21	is_host_login	1 if the login belongs to the "hot" list; 0 otherwise	二元型
22	is_guest_login	1 if the login is a "guest" login; 0 otherwise	二元型
23	count	number of connections to the same host as the current connection in the past two seconds	数值型
24	srv_count	number of connections to the same service as the current connection in the past two seconds	数值型
25	serror_rate	% of connections that have "SYN" errors	数值型
26	srv_serror_rate	% of connections that have "SYN" errors	数值型
27	rerror_rate	% of connections that have "REJ" errors	数值型
28	srv_rerror_rate	% of connections that have "REJ" errors	数值型
29	same_srv_rate	% of connections to the same service	数值型
30	diff_srv_rate	% of connections to different services	数值型
31	srv_diff_host_rate	—	数值型
32	dst_host_count	Number of destination hosts	数值型
33	dst_host_srv_count	Number of destination host services	数值型

续表

序号	属性名称	描述	特征类型
34	dst_host_same_srv_rate	% of connections to the same service of destination host	数值型
35	dst_host_diff_srv_rate	—	数值型
36	dst_host_same_src_port_rate	—	数值型
37	dst_host_srv_diff_host_rate	—	数值型
38	dst_host_serror_rate	—	数值型
39	dst_host_srv_serror_rate	—	数值型
40	dst_host_rerror_rate	—	数值型
41	dst_host_srv_rerror_rate	—	数值型

6.5.2 关键特征选择

网络入侵检测中特征选择方法的应用过程如图 6.22 所示，主要部分如下。

（1）抽样/变换：从 DARPA 中随机抽取 50%的样本生成建模数据。6 个子类分布很不均匀，为使得抽样样本能覆盖所有的类别，抽样根据每个子类进行。另外的 50%数据用于模型的评估，以检验选取的特征子集对未知样本分类（入侵检测）的有效性。

（2）建模：如下所述，采用子空间分类中嵌入型的局部特征选择方法抽取 DoS 攻击的关键特征集。

（3）模型评估：根据领域知识并利用 SVM 分类器对抽取出的关键特征进行性能评估。

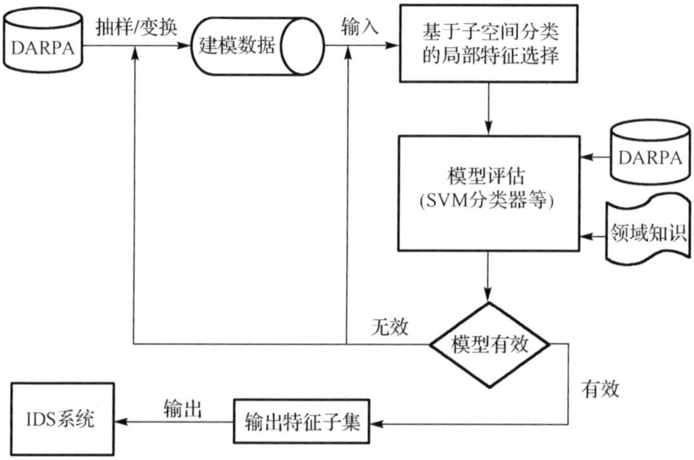

图 6.22　网络入侵检测中关键特征选择过程示意图

首先将本应用形式地描述为：给定特征集合 $\mathcal{A}=\{A_1,A_2,\cdots,A_D\}$、包括 K 个类别的训练样本集 $C=\{c_1,c_2,\cdots,c_K\}$ 和一个评估函数 $J_0(C,\mathcal{A})$，寻找一个特征子集 $\mathcal{A}'$，$\mathcal{A}'\subset\mathcal{A}$，使得 $\forall\mathcal{A}''\subset\mathcal{A}$：$J_0(C,\mathcal{A}')\leqslant J_0(C,\mathcal{A}'')$。这里，$D$=108，$K$=7。根据子空间分

类的思想，为每个类 $c_k(k=1,2,\cdots,K)$ 附加一个特征权重向量 $\boldsymbol{w}_k=(w_{k1},w_{k2},\cdots,w_{kD})^{\mathrm{T}}$，其中 $0\leqslant w_{kj}\leqslant 1$ 且满足 $w_{k1}+w_{k2}+\cdots+w_{kD}=1$，$w_{kj}$ 的大小表达了 A_j 对识别 c_k 类的重要性。这样评估函数改变为 $J_1(C,W)$，$W=\{\boldsymbol{w}_k\mid k=1,2,\cdots,K\}$。根据 W 的优化结果，用式（6.62）选择一个“硬”特征子集：

$$\mathcal{A}'=\bigcup_{k=1}^{K}\left\{A_j\mid\exists\, w_{kj}>\frac{1}{D},j=1,2,\cdots,D\right\}\tag{6.62}$$

包括 6.2～6.4 节介绍的子空间分类方法在内的方法都可以用于定义评估函数 $J_1(C,W)$并优化权重集 W。这里介绍文献[60]给出的方法，其思想如下：选取的特征集不但要使得每个类是紧凑的，还应该令类间差异最大。令 $\boldsymbol{\upsilon}_k=(\upsilon_{k1},\cdots,\upsilon_{kj},\cdots,\upsilon_{kD})^{\mathrm{T}}$ 表示类 c_k 的原型（代表点），它在 $\boldsymbol{w}_k$ 定义的空间中的投影为

$$\boldsymbol{\upsilon}'_k=\left(\sqrt{w_{k1}}\upsilon_{k1},\cdots,\sqrt{w_{kj}}\upsilon_{kj}\cdots,\sqrt{w_{kD}}\upsilon_{kD}\right)^{\mathrm{T}}\ \text{s.t.}\left\|\boldsymbol{\upsilon}'_k\right\|_2=1$$

令投影空间类 c_k 最紧凑就是最小化

$$\mathrm{Scat}(k)=\sum_{j=1}^{D}w_{kj}\sum_{\boldsymbol{x}\in c_k}(x_j-\upsilon_{kj})^2$$

类 c_k 与其他类的差异用它们投影原型间的差异来表示，由于投影原型具有相同的向量长度，这种差异可以简化地表达为

$$\mathrm{Sep}(k)=\left\|\boldsymbol{\upsilon}'_k\right\|_1^2$$

根据这个思想，定义评估函数也就是 W 的优化（最小化）目标函数为

$$J_2(W)=\sum_{k=1}^{K}\left(\mathrm{Scat}(k)-\lambda_k\times\mathrm{Sep}(k)\right)$$

式中，$\lambda_k(k=1,2,\cdots,K)$ 是平衡系数。

给定训练样本集，对 $k=1,2,\cdots,K$，$j=1,2,\cdots,D$，令

$$\frac{\partial J_2}{\partial\upsilon_{kj}}=-2w_{kj}\sum_{\boldsymbol{x}\in c_k}(x_j-\upsilon_{kj})-2\lambda_k\sqrt{w_{kj}}\left\|\boldsymbol{\upsilon}'_k\right\|_1=0\tag{6.63}$$

和

$$\frac{\partial J_2}{\partial w_{kj}}=\sum_{\boldsymbol{x}\in c_k}(x_j-\upsilon_{kj})^2-\frac{1}{\sqrt{w_{kj}}}\lambda_k\upsilon_{kj}\left\|\boldsymbol{\upsilon}'_k\right\|_1=0\tag{6.64}$$

得到（联立式（6.63）和式（6.64））

$$\upsilon_{kj}=\frac{\sum_{\boldsymbol{x}\in c_k}x_j^2}{\sum_{\boldsymbol{x}\in c_k}x_j}\tag{6.65}$$

需要说明的是，式（6.65）是一种 Lehmer 平均数，其定义为 $\sum x^q / \sum x^{q-1}$；因此式（6.65）是 q=2 的 Lehmer 平均数（q=1 为算术平均数；q=0 为调和平均数）。由于式（6.63）和式（6.64）都含有 $\|\boldsymbol{\upsilon}_k'\|_1$，而它内嵌了权重向量 $\boldsymbol{w}_k$，直接推导 w_{kj} 的解析表达式很困难。考虑到 $\boldsymbol{\upsilon}_k'$ 是一个单位向量，可以验证设置适当的 λ_k 时，下式是满足式（6.63）和式（6.64）的一个解，即

$$\hat{w}_{kj} = \frac{1}{D^2 \upsilon_{kj}^2}$$

结合权重归一化条件，得到特征权重的表达式为

$$w_{kj} = \frac{1}{\upsilon_{kj}^2} \sum_{j'=1}^{D} \frac{1}{\upsilon_{kj'}^2} \tag{6.66}$$

在实际应用中，我们首先根据式（6.65）和式（6.66）从训练数据集上直接计算每个特征相对于各类别的权重，最后根据式（6.62）汇总所有权重大于平均值的特征，组成输出的特征子集。根据上述特征选择的原理，这里的特征权重是区分类别差异的。在这个应用中，虽然一些 DoS 攻击子类的数据记录数只占总数的很小部分（表 6.8），但使用以上方法，也可以找出与这些攻击类型密切相关的重要特征。

6.5.3　特征选择结果及分析

在模型评估上，使用了 SVM 检验和对比使用全部特征和特征子集的性能，分析其误报率和漏检率降低的幅度。鉴于 DoS 攻击的严重危害性（实际上 DARPA 数据中正常网络通信数据和 DoS 攻击的数据占了总数的 98.93%），评估仅针对 DoS 攻击类型，并区分其中的 6 个小类 Smurf、Neptune、Back、Teardrop、POD 和 Land。

表 6.9 显示特征权重大于平均值的特征列表，由于采用了局部特征加权方法，每个类别有不同的特征子集。检查 DoS 攻击中最主要的攻击类型 Smurf。Smurf 利用 ICMP 的漏洞，冒充受害主机的 IP 地址，令局域网上的所有其他主机向受害主机发送回应报文，表现为短时间内有众多响应同种服务请求的报文同时发送给同一台主机。如表 6.9 所示，与 Smurf 相关的 3 个重要特征 src_bytes(5)、srv_count(24)和 count(23)准确地反映了 Smurf 攻击引起的上述后果。检查另一种主要攻击类型 Neptune。Neptune 通过假冒源 IP 地址，向受害主机发送大量建立会话连接的请求报文，表现为短时间内同一台主机接受众多的连接和服务请求。如表 6.9 所示，与 Neptune 相关的 2 个重要特征 srv_count(24)和 dst_host_srv_count (33)恰好反映了 Neptune 攻击引起的上述后果。

表 6.9　网络入侵检测数据中各类别的重要特征列表

类别	特征（序号）	特征权重
Normal	count(23)	0.26033
	dst_bytes(6)	0.24576

续表

类别	特征（序号）	特征权重
Normal	srv_count(24)	0.19277
	num_access_files(19)	0.06780
	src_bytes(5)	0.06115
	num_file_creations(17)	0.03438
Smurf	src_bytes(5)	0.91708
	srv_count(24)	0.00931
	count (23)	0.00931
Neptune	srv_count(24)	0.77594
	dst_host_srv_count(33)	0.17699
Back	num_compromised(13)	0.65504
	dst_bytes(6)	0.32231
	count(23)	0.01225
	srv_count(24)	0.01019
Teardrop	src_bytes(5)	0.99909
POD	srv_count(24)	0.55484
	count (23)	0.43244
Land	srv_count(24)	0.95549
	dst_host_srv_count(33)	0.03412
	dst_host_count(32)	0.00949

对其他不常见的攻击子类也有类似结论。例如，Teardrop 攻击。Teardrop 利用协议的漏洞，向受害主机发送大量具有重叠偏移量的 IP 报文碎片，若受害主机试图重组这些 IP 报文，则将耗费大量的资源以致系统重启或停机。如表 6.9 所示，与 Teardrop 相关的特征 src_bytes(5)直接体现了受害主机受 Teardrop 攻击在短时间内接受大量报文这一特点。汇总表 6.9 的特征，最后得到了一个关键特征子集，如表 6.10 所示。注意到表 6.10 与 4.3.5 节基于粗糙集理论和遗传算法的属性约简方法得到的特征子集（表 4.6）差异很大。

表 6.10　为 DoS 攻击选取的关键特征子集

序号	特征	描述
1	src_bytes(5)	从源端传向目的端的字节数
2	dst_bytes(6)	从目的端传向源端的字节数
3	num_compromised(13)	compromised 条件数
4	num_file_creations(17)	创建文件操作数
5	num_access_files(19)	访问控制文件操作数
6	count(23)	2 秒内当前连接向相同主机发起的连接数
7	srv_count(24)	2 秒内当前连接向相同服务发起的连接数
8	dst_host_count(32)	2 秒内目标主机的连接数
9	dst_host_srv_count(33)	2 秒内目标主机服务的连接数

如表 6.10 所示，本节介绍的方法成功地从原始特征中抽取出 9 个重要特征，通过上面结合领域知识的分析，这些特征集中体现了该类网络攻击的特点。由于约简了约 80%的特征，下面将这 9 个特征应用于未知的网络流量数据，检验其对误报率和漏报率的影响，并与相关结论[61]进行对比。

表 6.11 显示基于全体特征、文献[61]的结果（11 个特征，特征序号分别为 1, 5, 6, 23, 24, 25, 26, 32, 36, 38, 39）和表 6.10 所列的 9 个特征，SVM 分类器对数据的分类结果，分类结果采用训练精度和测试精度表示。如表 6.11 所示，使用全部原始特征时，SVM 的训练精度和测试精度都接近 100%，使用约简的特征子集时精度有所下降，但是误报率保持在 0.1%以下。使用本节介绍的方法得出的 9 个特征，误报率为 0.07%；漏报率也控制在 1%以下。对比文献[61]，本节介绍的方法得到了更小的特征子集，而 SVM 的训练精度和测试精度反而上升，这从另一方面表明抽取出的 9 个关键特征是有效的。

表 6.11　特征子集性能评估表

类别	全部特征		11 个特征[61]		9 个特征（表 6.10）	
	训练精度	测试精度	训练精度	测试精度	训练精度	测试精度
Normal	99.97%	99.97%	99.89%	99.91%	99.91%	99.93%
DoS	99.97%	99.97%	99.05%	99.01%	99.08%	99.04%

参 考 文 献

[1] 陈伟, 王昊, 朱文明. 基于孤立点检测的错误数据清理方法. 计算机应用研究, 2005, 5(11): 71-73.

[2] Quinlan J R. Induction of decision tree. Machine Learning, 1986, 1(1): 81-106.

[3] Boser B E, Guyon I M, Vapnik V N. A training algorithm for optimal margin classifiers//The 5th Annual ACM Conference on Computational Learning Theory, Pittsburgh, 1992.

[4] Friedman N, Geiger D, Goldszmidt M. Bayesian network classifiers. Machine Learning, 1997, 29(1): 131-163.

[5] Cover T M, Hart P E. Nearest neighbor pattern classification. IEEE Transactions on Information Theory, 1967, 13(1): 21-27.

[6] Guo G, Wang H, Bell D, et al. KNN model-based approach in classification//The 9th International Conference on Cooperative Information Systems, Catania, 2003.

[7] Han E H, Karypis G. Centroid-Based Document Classification: Analysis and Experimental Results. Berlin: Springer, 2000.

[8] Quinlan J R. Discovering rules from large collections of examples: a case study. Expert Systems in the Micro-electronic Age, 1979: 168-201.

[9] Quinlan J R. C4.5: Program for Machine Learning. San Mateo: Morgan Kaufmann Publishers, 1993.

[10] 威滕, 弗兰克. 数据挖掘: 实用机器学习技术. 北京: 机械工业出版社, 2007.

[11] Breiman L. Random forests. Machine Learning, 2001, 45(1): 5-32.

[12] Cortes C, Vapnik V. Support vector networks. Machine Learning, 1995, 20(3): 273-297.

[13] Vapnik V N. Statistical learning theory. Encyclopedia of the Sciences of Learning, 2010, 41(4): 3185.

[14] Chang C C, Lin C J. LIBSVM: a library for support vector machines. http: //www. csie. ntu. edu. tw/～cjlin/libsvm/.

[15] Lewis D D. Naive(Bayes) at forty: the independence assumption in information retrieval//The 10th European Conference on Machine Learning, Chemnitz, 1998.

[16] Tan S, Cheng X, Ghanem M, et al. A novel refinement approach for text categorization//The 14th ACM International Conference on Information and Knowledge Management, Bremen, 2005.

[17] Saeys Y, Inza I, Larrañaga P. A review of feature selection techniques in bioinformatics. Bioinformatics, 2007, 23(19): 2507-2517.

[18] Kabiri P, Ghorbani A A. Research on intrusion detection and response: a survey. International Journal of Network Security, 2005, 1(2): 84-102.

[19] Kuchimanchi G K, Phoha V V, Balagani K S, et al. Dimension reduction using feature extraction methods for real-time misuse detection systems//The E-Business Security and Information Assurance, Setúbal, 2004.

[20] Jing L, Ng M K, Huang J Z. An entropy weighting K-means algorithm for subspace clustering of high-dimensinoal sparse data. IEEE Transactions on Knowledge and Data Engineering, 2007, 19(8): 1026-1041.

[21] Sahami M. Learning limited dependence bayesian classifiers//The 2nd International Conference on Knowledge Discovery and Data Mining, Portland, 1996.

[22] Zhang H, Jiang L, Su J. Hidden naive Bayes//The 10th National Conference on Artificial Intelligence, Pittsburgh, 2005.

[23] Webb G I, Boughton J R, Wang Z. Not so naive Bayes: aggregating one-dependence estimators. Machine Learning, 2005, 58(1): 5-24.

[24] Frank E, Hall M, Pfahringer B. Locally weighted naive Bayes//The 18th Conference in Uncertainty in Artificial Intelligence, Edmonton, 2002.

[25] Wipf D P, Nagarajan S S. A new view of automatic relevance determination//The 21st Annual Conference on Neural Information Processing Systems, Vancouver, 2008.

[26] Rtner T, Flach P A. WBCsvm: weighted Bayesian classification based on support vector machines// The 18th International Conference on Machine Learning, Williamstown, 2001.

[27] Lee C H, Gutierrez F, Dou D. Calculating feature weights in naive Bayes with kullback-leibler measure// The 11th IEEE International Conference on Data Mining, Vancouver, 2011.

[28] Kohavi R, John G H. Wrappers for feature subset selection. Artificial Intelligence, 1997, 97(1): 273-324.

[29] Langley P, Sage S. Induction of selective Bayesian classifiers//The 10th Annual Conference on Uncertainty in Artificial Intelligence, Washington, 1994.

[30] Ouyang D, Qi L, Jeffrey R. Cross-validation and the estimation of probability distributions with categorical data. Journal of Nonparametric Statistics, 2006, 18(1): 69-100.

[31] Chen L, Ye Y, Guo G, et al. Kernel-based linear classification on categorical data. Soft Computing, 2015: 1-13.

[32] Light R J, Margolin B H. An analysis of variance for categorical data. Journal of the American Statistical Association, 1971, 66(335): 534-544.

[33] Aitchison J, Aitken C G G. Multivariate binary discrimination by the kernel method. Biometrika, 1976, 63(3): 413-420.

[34] John G H, Langley P. Estimating continuous distributions in Bayesian classifiers//The 11th Conference on Uncertainty in Artificial Intelligence, Montreal, 1995.

[35] Chen L, Wang S. Automated feature weighting in naive Bayes for high-dimensional data classification//The 21st ACM International Conference on Information and Knowledge Management, Maui, 2012.

[36] Seeger M. Bayesian modelling in machine learning: a tutorial review. https: //www. researchgate. net/publication/49459404_Bayesian_Modelling_in_Machine_Learning_A_Tutorial_Review.

[37] Cheng H, Hua K A, Vu K. Constrained locally weighted clustering. Proceedings of the Very Large Data Bases Endowment, 2008, 1(1): 90-101.

[38] Golub T R, Slonim D K, Tamayo P, et al. Molecular classification of cancer: class discovery and class prediction by gene expression monitoring. Science, 1999, 286(5439): 531-537.

[39] Chen L, Ye Y, Jiang Q. A new centroid-based classifier for text categorization//The 22nd International Conference on Advanced Information Networking and Applications, GinoWan, 2008.

[40] Chen L, Guo G. Nearest neighbor classification of categorical data by attributes weighting. Expert Systems with Applications, 2015, 42(6): 3142-3149.

[41] Towell G G, Shavlik J W, Noordewier M O. Refinement of approximate domain theories by knowledge-based neural networks//The 8th National Conference on Artificial Intelligence, Boston, 1990.

[42] Leopold E, Kindermann J. Text categorization with support vector machines: how to represent texts in input space. Machine Learning, 2002, 46: 423-444.

[43] Lan M, Sung S Y, Low H B, et al. A comparative study on term weighting schemes for text categorization//The 2005 IEEE International Joint Conference on Neural Networks, Montreal, 2005.

[44] Debole F, Sebastiani F. Supervised term weighting for automated text categorization. Studies in Fuzziness and Soft Computing, 2002, 138: 81-97.

[45] Jones K S. Readings in Information Retrieval. San Francisco: Morgan Kaufmann Publisher, 1997.

[46] Salton G, Wong A, Yang C S. A vector space model for automatic indexing. Communications of the

ACM, 1975, 18(11): 613-620.
[47] Salton G, Buckley C. Term-weighting approaches in automatic text retrieval. Information Processing and Management, 1988, 24(5): 513-523.
[48] Aggarwal C C, Zhai C. Mining Text Data. New York: Springer, 2012.
[49] 陈晓云. 文本挖掘若干关键技术研究. 上海: 复旦大学, 2005.
[50] 赵晖. 支持向量机分类方法及其在文本分类中的应用研究. 大连: 大连理工大学, 2005.
[51] Burges C J C. A tutorial on support vector machines for pattern recognition. Data Mining and Knowledge Discovery, 1998, 2(2): 121-167.
[52] Veenman C J, Tax D M J. A weighted nearest mean classifier for sparse subspaces//The 2005 IEEE Computer Society Conference on Computer Vision and Pattern Recognition(CVPR 2005), San Diego, 2005.
[53] Cohen M, Paliwal K K. Classifying microarray cancer datasets using nearest subspace classification// The 3rd International Conference on Pattern Recognition in Bioinformatics, Melbourne, 2008.
[54] 张健飞, 陈黎飞, 郭躬德, 等. 多代表点的子空间分类算法. 计算机科学与探索, 2011, 5(11): 1037-1047.
[55] Chen L, Guo G, Wang K. Class-dependent projection based method for text categorization. Pattern Recognition Letters, 2011, 32(10): 1493-1501.
[56] Zhang J, Chen L, Guo G. Projected-prototype based classifier for text categorization. Knowledge Based System, 2013, 49(49): 179-189.
[57] Domeniconi C, Gunopulos D, Ma S, et al. Locally adaptive metrics for clustering high dimensional data. Data Mining and Knowledge Discovery, 2007, 14(1): 63-97.
[58] Gao Y, Gao F. Edited adaboost by weighted KNN. Neurocomputing, 2010, 73: 3079-3088.
[59] Xin X. Adaptive intrusion detection based on machine learning: feature extraction, classifier construction and sequential pattern prediction. International Journal of Web Services Practices, 2006, 2: 49-58.
[60] Chen L, Shi L, Jiang Q, et al. Supervised feature selection for DoS detection problems using a new clustering criterion. Journal of Computational Information Systems, 2007, 3(5): 1983-1992.
[61] Sung A H, Mukkamala S. Feature selection for intrusion detection with neural networks and support vector machines. Journal of the Transportation Research Board, 2003, 1822(2): 189-198.